目次

自分にあった学習法を
見つけよう!

成績アップのための 学習メソッド

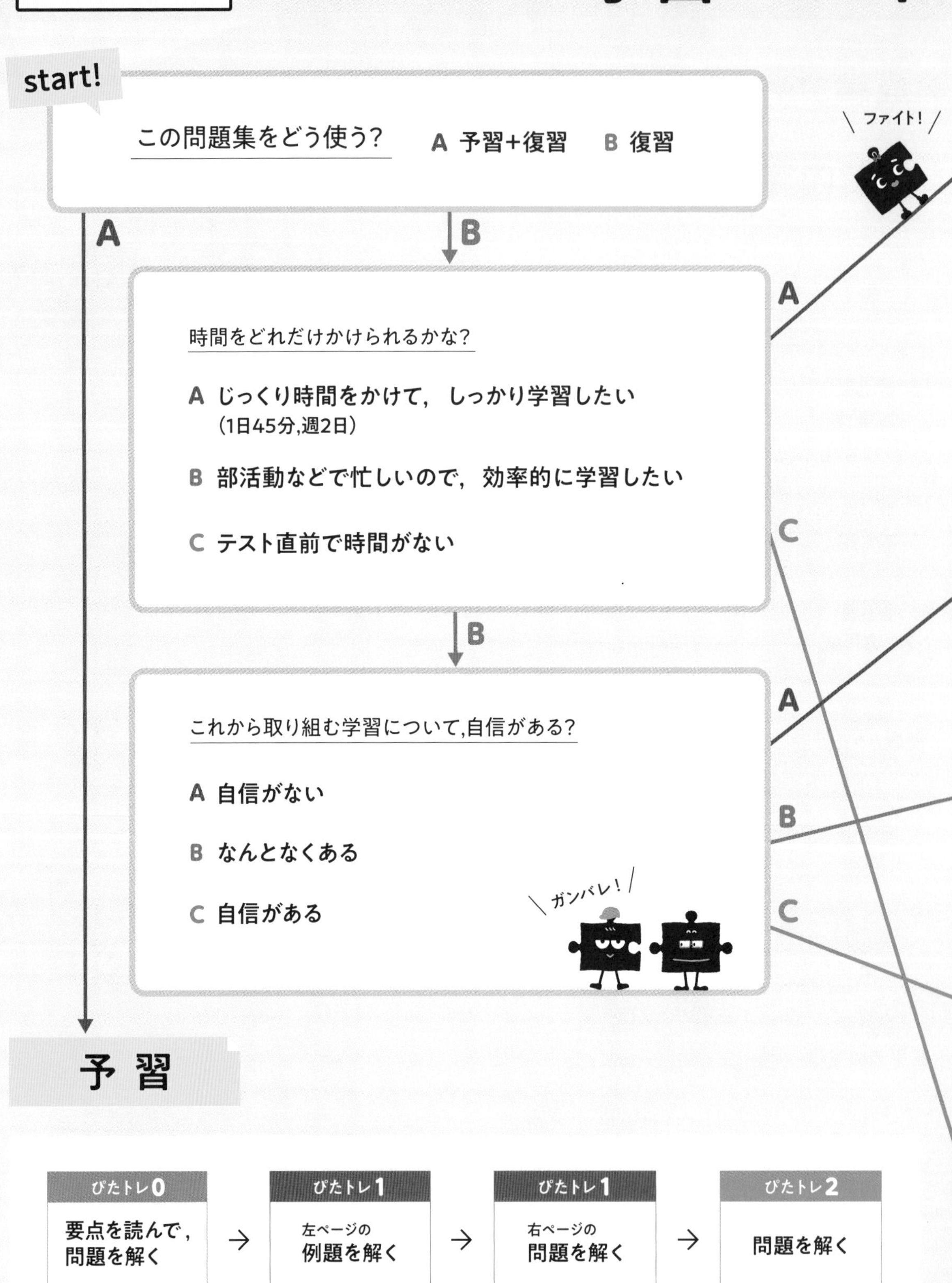

start!

この問題集をどう使う?　A 予習+復習　B 復習

時間をどれだけかけられるかな?

A じっくり時間をかけて，しっかり学習したい
（1日45分,週2日）

B 部活動などで忙しいので，効率的に学習したい

C テスト直前で時間がない

これから取り組む学習について,自信がある?

A 自信がない

B なんとなくある

C 自信がある

予習

ぴたトレ0		ぴたトレ1		ぴたトレ1		ぴたトレ2
要点を読んで，問題を解く	→	左ページの 例題を解く	→	右ページの 問題を解く	→	問題を解く

わからない時は…学校の授業をしっかり聞いて解決! → 残りのページを 復習 として解く

復習

目安の時間には,丸付けや見直しの時間も含まれているよ。

じっくりコース

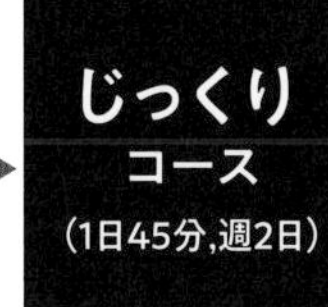

ぴたトレ0
要点を読んで,問題を解く

→

ぴたトレ1 45分
- 左ページの例題を解く
  - ↳解けないときは 考え方 を見直す
- 右ページの問題を解く
  - ↳解けないときは ●キーポイント を読む

↓

ぴたトレ2 45分
問題を解く
↳解けないときは
ヒント を見る
ぴたトレ1 に戻る

←

ぴたトレ3 45分
テストを解く
↳解けないときは
ぴたトレ1 ぴたトレ2 に戻る

←

教科書のまとめ
まとめを読んで,学習した内容を確認する

定期テスト予想問題や別冊mini bookなども活用しましょう。

時短Aコース

問題を解く

→

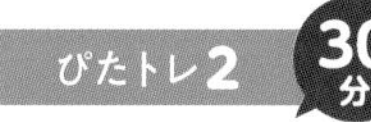

だけ解く

→

ぴたトレ3
時間があれば取り組もう!

時短Bコース

右ページの よく出る 絶対理解 だけ解く

→

ぴたトレ2 45分
問題を解く

→

ぴたトレ3 45分
テストを解く

時短Cコース

ぴたトレ1
省略

→

ぴたトレ2 45分
問題を解く

→

ぴたトレ3 45分
テストを解く

テスト直前コース

\めざせ,点数アップ!/

テスト直前コース

5日前
ぴたトレ1
右ページの

だけ解く

→

3日前
ぴたトレ2

だけ解く

→

1日前
定期テスト予想問題
テストを解く

→

当日
別冊mini book
赤シートを使って最終確認する

コースがきまったら,4~5ページを見てみよう ➡

成績アップのための 学習メソッド

《ぴたトレの構成と使い方》

教科書ぴったりトレーニングは,おもに,「ぴたトレ1」,「ぴたトレ2」,「ぴたトレ3」で構成されています。それぞれの使い方を理解し,効率的に学習に取り組みましょう。
なお,「ぴたトレ3」「定期テスト予想問題」では学校での成績アップに直接結びつくよう,通知表における観点別の評価に対応した問題を取り上げています。

学校の通知表は以下の観点別の評価がもとになっています。

- 知識 技能
- 思考力 判断力 表現力
- 主体的に 学習に 取り組む態度

ぴたトレ0 スタートアップ

各章の学習に入る前の準備として,これまでに学習したことを確認します。

学習メソッド
この問題が難しいときは,以前の学習に戻ろう。あわてなくても大丈夫。苦手なところが見つかってよかったと思おう。

ぴたトレ1 要点チェック

基本的な問題を解くことで,基礎学力が定着します。

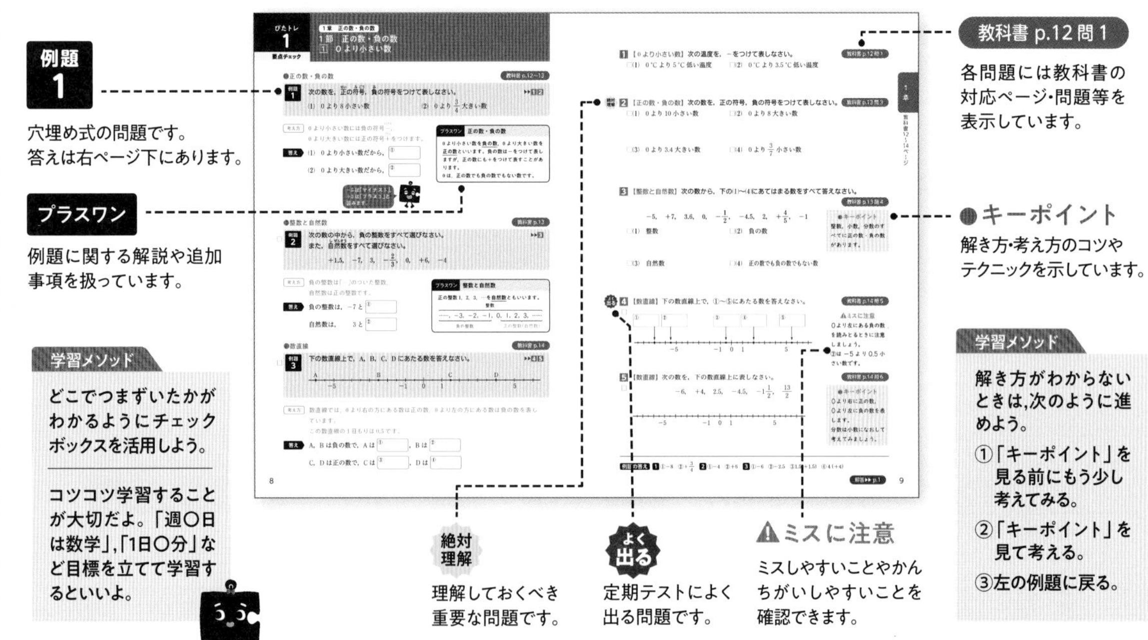

ぴたトレ2
練習

理解力・応用力をつける問題です。
解答集の「理解のコツ」では実力アップに欠かせない内容を示しています。

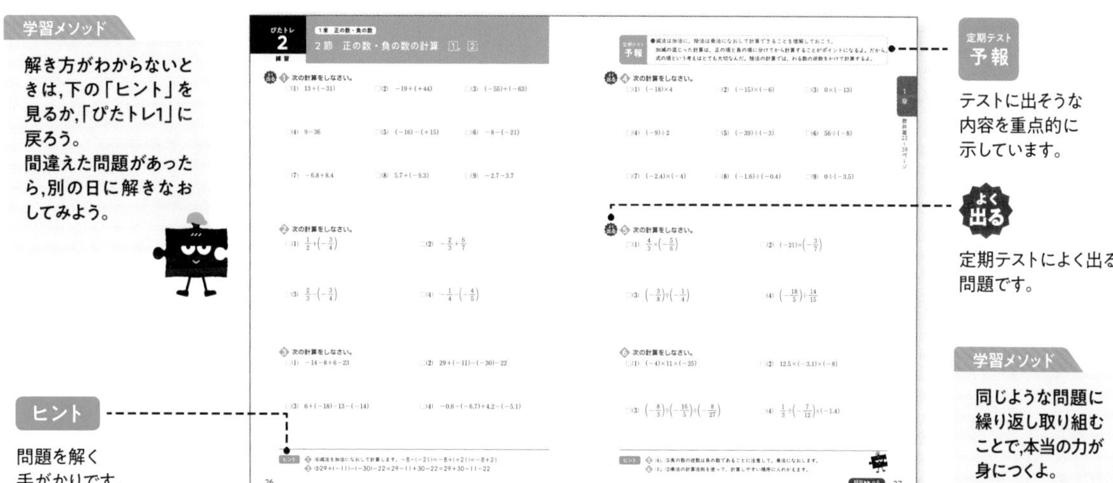

学習メソッド
解き方がわからないときは，下の「ヒント」を見るか，「ぴたトレ1」に戻ろう。
間違えた問題があったら，別の日に解きなおしてみよう。

ヒント
問題を解く手がかりです。

定期テスト予報
テストに出そうな内容を重点的に示しています。

よく出る
定期テストによく出る問題です。

学習メソッド
同じような問題に繰り返し取り組むことで，本当の力が身につくよ。

ぴたトレ3
確認テスト

どの程度学力がついたかを自己診断するテストです。

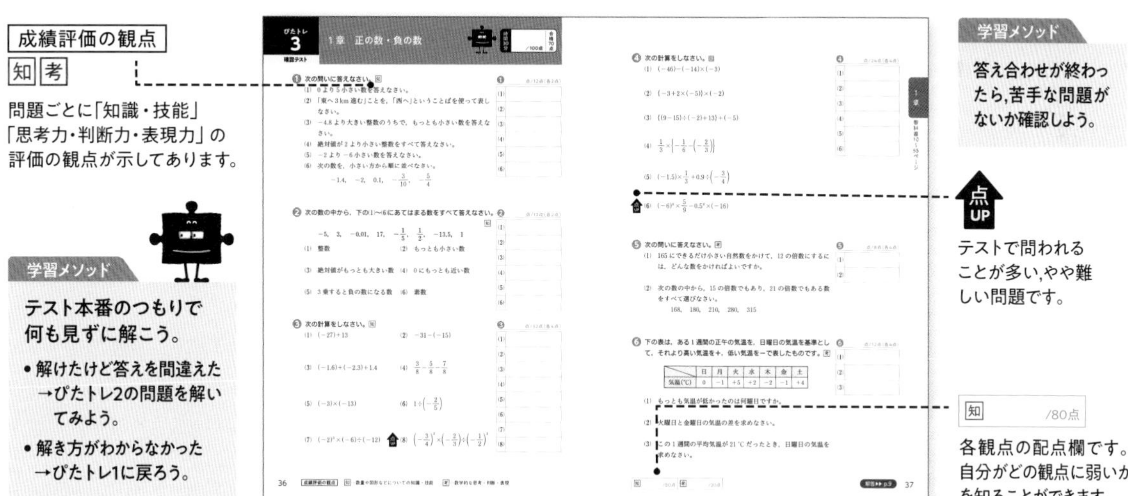

成績評価の観点
知　考
問題ごとに「知識・技能」「思考力・判断力・表現力」の評価の観点が示してあります。

学習メソッド
テスト本番のつもりで何も見ずに解こう。
- 解けたけど答えを間違えた→ぴたトレ2の問題を解いてみよう。
- 解き方がわからなかった→ぴたトレ1に戻ろう。

学習メソッド
答え合わせが終わったら，苦手な問題がないか確認しよう。

点UP
テストで問われることが多い，やや難しい問題です。

知　/80点
各観点の配点欄です。自分がどの観点に弱いかを知ることができます。

教科書のまとめ

各章の最後に，重要事項をまとめて掲載しています。

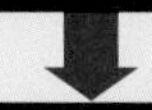

学習メソッド
重要事項をしっかり見直したいときは「教科書のまとめ」，短時間で確認したいときは「別冊minibook」を使うといいよ。

定期テスト予想問題

定期テストに出そうな問題を取り上げています。
解答集に「出題傾向」を掲載しています。

学習メソッド
ぴたトレ3と同じように，テスト本番のつもりで解こう。
テスト前に，学習内容をしっかり確認しよう。

ぴたトレ 0 スタートアップ

1章　式の計算

□**分配法則**　◀ 中学1年

a，b，c がどんな数であっても，次の式が成り立ちます。

$(a+b)\times c=ac+bc$

$c\times(a+b)=ca+cb$

1 次の計算をしなさい。　◀ 中学1，2年〈多項式の加法と減法〉

(1)　$(2x-3)+(5x+6)$　　(2)　$(x-5)+(6x+4)$

(3)　$(3x-1)-(2x-5)$　　(4)　$(2a-4)-(-a-8)$

(5)　$(4a-8b)+(3a+7b)$　　(6)　$(-x-9y)+(5x-2y)$

(7)　$(6x-y)-(y+4x)$　　(8)　$(7a+2b)-(8a-3b)$

ヒント
多項式をひくときは，符号に注意して……

2 次の2つの式をたしなさい。
また，左の式から右の式をひきなさい。　◀ 中学2年〈多項式の加法と減法〉

(1)　$2x^2-3x$，$4x^2+5x$

(2)　$-3x^2+8x$，x^2-7x

ヒント
x^2 と x は同類項ではないから……

3 次の計算をしなさい。

(1) $5(2x+3)$　　(2) $(4x-7)\times(-3)$

(3) $-6(3x+4)$　　(4) $10\left(\frac{3}{2}x-1\right)$

(5) $2(5x-9y)$　　(6) $-4(a+8b)$

(7) $(12x+21y)\times\frac{1}{3}$　　(8) $(20x-15y)\times\left(-\frac{2}{5}\right)$

← 中学2年〈多項式の乗法〉

分配法則を使って……

4 次の計算をしなさい。

(1) $(6x+9)\div3$　　(2) $(16x-8)\div(-8)$

(3) $(4x-24)\div\frac{4}{3}$　　(4) $(-12x-10)\div\left(-\frac{2}{5}\right)$

(5) $(15x+20y)\div5$　　(6) $(7a+21b)\div(-7)$

(7) $(6x-18y)\div\frac{6}{5}$　　(8) $(24x-12y)\div\left(-\frac{3}{2}\right)$

← 中学2年〈多項式の除法〉

分数でわるときは，逆数を考えて……

解答▶▶ p.1

1 多項式の計算
1 単項式と多項式の乗法，除法／2 多項式の乗法

●単項式と多項式の乗法
教科書 p.16

□  例題 1　次の計算をしなさい。 ▸▸1

(1)　$2a(3b+c)$　　(2)　$(m+3n-2)\times(-4m)$

考え方　分配法則を使ってかっこをはずします。

答え　(1)　$2a(3b+c)=2a\times3b+2a\times$ ①[　　]

$=$ ②[　　]

(2)　$(m+3n-2)\times(-4m)$

$=m\times(-4m)+3n\times(-4m)-2\times($ ③[　　] $)$

$=$ ④[　　]

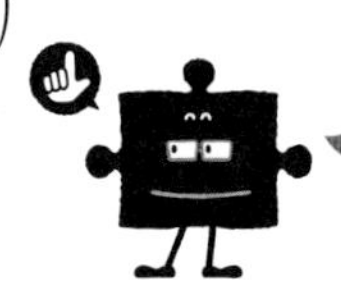

数と多項式(たこうしき)の乗法と同じように，分配法則を使って計算します。
$a(b+c)=ab+ac$
$(a+b)c=ac+bc$

●かっこをふくむ式の計算
教科書 p.17

□  例題 2　$2a(a+5)-3a(a-4)$ を計算しなさい。 ▸▸2

考え方　分配法則を使ってかっこをはずし，同類項があればまとめて簡単な形にします。

答え　$2a(a+5)-3a(a-4)=2a^2+10a-3a^2+$ ①[　　]

$=$ ②[　　]

●多項式を単項式でわる除法
教科書 p.17

□ 例題 3　$(a^2b-2ab^2)\div\frac{1}{2}ab$ を計算しなさい。 ▸▸3

考え方　わる式の逆数をかける計算になおします。

$(a+b)\div c=(a+b)\times\frac{1}{c}=\frac{a}{c}+\frac{b}{c}$

答え　$(a^2b-2ab^2)\div\frac{1}{2}ab=(a^2b-2ab^2)\times$ ①[　　]

$=a^2b\times$ ①[　　] $-2ab^2\times$ ①[　　]

$=$ ②[　　]

2つの数の積が1であるとき，一方の数を他方の逆数といいます。

よく出る **1** 【単項式と多項式の乗法】次の計算をしなさい。 教科書 p.16 例1

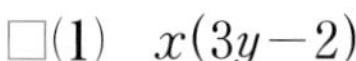

□(1) $x(3y-2)$　　□(2) $4a(a-5)$

□(3) $(-3a-7b)\times 3c$　　□(4) $(2x+3y)\times(-2x)$

□(5) $(x-2y+1)\times 2z$　　□(6) $(4a^2-6a+8)\times\left(-\frac{3}{2}a\right)$

●キーポイント
分配法則を使います。
$a(b+c)=ab+ac$
$(a+b)\times c=ac+bc$

⚠ミスに注意
単項式の符号(ふごう)が－のときは，多項式の各項の符号が変わることに注意しましょう。

よく出る **2** 【かっこをふくむ式の計算】次の計算をしなさい。 教科書 p.17 例2

□(1) $x(x-2)+3x(2x+3)$　　□(2) $2y(y+3)-6y(2y-5)$

⚠ミスに注意
(1) x^2 と $-2x$ は同類項ではないから，まとめることはできません。

絶対理解 **3** 【多項式を単項式でわる除法】次の計算をしなさい。 教科書 p.17 例3

□(1) $(ab+bc)\div b$　　□(2) $(6x^2-3x)\div 3x$

□(3) $(36x-27x^2)\div 9x$　　□(4) $(8a^2b-12ab^2)\div(-4ab)$

□(5) $(-15x^2-20x)\div\left(-\frac{x}{5}\right)$　　□(6) $(6ab+9a)\div\frac{3}{4}a$

●キーポイント
乗法になおす
⇒分配法則を利用する
⇒約分する

例題の答え **1** ①c　②$6ab+2ac$　③$-4m$　④$-4m^2-12mn+8m$　**2** ①$12a$　②$-a^2+22a$　**3** ①$\frac{2}{ab}$　②$2a-4b$

解答▶▶ p.1〜2

1章　式の計算

1 多項式の計算
3 展開の公式

● $(x+a)(x+b)$ の展開　　教科書 p.20〜21

例題 1　$(x+4)(x-2)$ を展開しなさい。　▶▶1〜3

考え方　公式[1]を使って展開します。

加える

公式[1]　$(x+a)(x+b)=x^2+(a+b)x+ab$

かける

答え　$(x+4)(x-2)=x^2+\{4+($①　$)\}\times x+4\times(-2)$

$=$②

● $(x+a)^2$，$(x-a)^2$ の展開　　教科書 p.21〜22

例題 2　次の式を展開しなさい。　▶▶1〜3

(1)　$(x+3)^2$　　(2)　$(x-5)^2$

考え方　公式[2]，[3]を使って展開します。

2倍

公式[2]　$(x+a)^2=x^2+2ax+a^2$　　（和の平方）

2乗

2倍

公式[3]　$(x-a)^2=x^2-2ax+a^2$　　（差の平方）

2乗

答え　(1)　$(x+3)^2=x^2+2\times3\times x+$①　^{2}

$=$②

(2)　$(x-5)^2=x^2-2\times$③　$\times x+5^2$

$=$④

● $(x+a)(x-a)$ の展開　　教科書 p.22

例題 3　$(x+3)(x-3)$ を展開しなさい。　▶▶1〜3

考え方　公式[4]を使って展開します。

公式[4]　$(x+a)(x-a)=x^2-a^2$　　（和と差の積）

答え　$(x+3)(x-3)=x^2-$①　^{2}

$=$②

プラスワン

公式[1]の$+b$を$-a$におきかえると，公式[4]になります。

$(x+a)(x-a)$

$=x^2+(a-a)x+a\times(-a)$

$=x^2-a^2$

絶対理解 **1** 【式の展開】次の式を展開しなさい。

教科書 p.20〜22 例 1〜5

□(1) $(x-3)(x+9)$　　□(2) $\left(x-\frac{3}{2}\right)\left(x-\frac{1}{2}\right)$

□(3) $(a+5)^2$　　□(4) $(x-6)^2$

□(5) $(x+9)(x-9)$　　□(6) $\left(x-\frac{1}{3}\right)\left(x+\frac{1}{3}\right)$

●キーポイント
公式を使って展開します。
公式[1]
$(x+a)(x+b)$
$=x^2+(a+b)x+ab$
公式[2]
$(x+a)^2=x^2+2ax+a^2$
公式[3]
$(x-a)^2=x^2-2ax+a^2$
公式[4]
$(x+a)(x-a)=x^2-a^2$

よく出る **2** 【いろいろな計算】次の式を展開しなさい。

教科書 p.23〜24 例 6,7

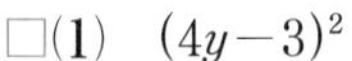

□(1) $(4y-3)^2$　　□(2) $(2x-4y)(2x+4y)$

□(3) $(5a-4)(5a+6)$　　□(4) $(x-y-1)^2$

□(5) $(x-y+2)(x-y+6)$　　□(6) $(x+2+y)(x+2-y)$

●キーポイント
(1) $4y$ を1つの文字とみて，公式[3]を使います。
(4) $x-y$ を1つの文字とみて，公式[3]を使います。
(6) $x+2$ を1つの文字とみて，公式[4]を使います。

3 【いろいろな計算】次の計算をしなさい。

教科書 p.24 例 8

□(1) $(x+1)(x+3)+2x(x-2)$　　□(2) $(2x-3)^2-2(x-4)(x+3)$

⚠ミスに注意
(2) $-2(x-4)(x+3)$ を計算するときは，ミスを防ぐために，$-2(x^2-x-12)$ のように必ずかっこをつけて計算しましょう。

例題の答え **1** ①-2　②x^2+2x-8　**2** ①3　②x^2+6x+9　③5　④$x^2-10x+25$　**3** ①3　②x^2-9

解答▶▶ p.2〜3

1　多項式の計算　1〜3

1 次の計算をしなさい。

□(1) $a(a+3)-2a(a-1)$

□(2) $2a(b+2)-6(a+2)$

□(3) $x(x+5)-2x(3x+2)$

□(4) $(9x+15)\times\frac{2}{3}x$

□(5) $(30a-48b)\times\left(-\frac{1}{6}a\right)$

□(6) $(25a^2-10ab-45a)\div5a$

□(7) $(x^2y+3x^3)\div\left(-\frac{x}{2}\right)$

□(8) $(21a^2b+3ab^2-9ab)\div\left(-\frac{3}{2}ab\right)$

2 次の式を展開しなさい。

□(1) $(5x-7)(2x+3)$

□(2) $(-y+2)(2y+5)$

□(3) $(3a-5b)(7a+8b)$

□(4) $(3x-2y)(2x-3y)$

□(5) $(x-y)(a+b-1)$

□(6) $(x-y+1)(x+y)$

ヒント　1 分配法則を使って計算する。同類項(どうるいこう)はまとめる。(6)〜(8)わる単項式の逆数をかける。
2 (5), (6)多項式の各項どうしを，かけ忘れがないように順序よくかける。

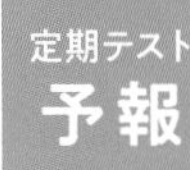
定期テスト予報

●式の展開のしくみと展開の公式をしっかり覚えておこう。
式の形を見て，4つの展開の公式のうちどれを使えるかすぐに思い浮かぶようになるまで練習しよう。また，符号(ふごう)のミスに注意しよう。

3 次の式を展開しなさい。

□(1) $(2x-1)(2x+3)$

□(2) $(3x+4y)^2$

□(3) $\left(x+\frac{1}{4}\right)\left(x-\frac{1}{4}\right)$

□(4) $\left(x+\frac{1}{2}\right)\left(x-\frac{2}{3}\right)$

□(5) $(5x-2y)^2$

□(6) $(a-8b)(a+5b)$

□(7) $(a-6b)(6b+a)$

□(8) $(x-5y)(x-4y)$

□(9) $\left(\frac{2}{3}a+\frac{1}{5}\right)\left(\frac{2}{3}a-\frac{1}{5}\right)$

□(10) $\left(3a-\frac{5}{6}\right)^2$

4 次の式を展開しなさい。

□(1) $(a-b+3)^2$

□(2) $(x+y-2)(x-y+2)$

5 次の計算をしなさい。

□(1) $(a+2)^2+(a-3)(a-1)$

□(2) $(x-1)^2-(x+3)(x+5)$

□(3) $(x-9)(x+2)-(x+3)(x-6)$

□(4) $(2x-3)(3+2x)-(2x-1)^2$

4 (2) $x-y+2=x-(y-2)$ と変形できるから，$y-2$ を1つの文字とみて公式を使う。

5 まずは，(多項式)×(多項式) の部分を展開の公式を使って展開してから，同類項をまとめる。

解答▶▶ p.3～4

1章 式の計算

2 因数分解
1 因数分解／2 因数分解の公式—(1)

●共通な因数と因数分解

教科書 p.26〜27

例題 1 次の式を因数分解しなさい。 ▶▶1

(1) $ab+ac$　　(2) $3x^2-9xy$

考え方　分配法則を使って，共通な因数をすべてかっこの外にくくり出します。
$Mx+My=M(x+y)$　（M は共通な因数）

答え
(1) $ab+ac$
$=\underline{a}\times b+\underline{a}\times c$
$=$ ① $($ ② $)$　←共通な因数をくくり出す

(2) $3x^2-9xy$
$=\underline{3x}\times x-\underline{3x}\times$ ③
$=3x($ ④ $)$　←共通な因数をくくり出す

プラスワン　因数，因数分解

1つの式が単項式（たんこうしき）や多項式の積の形に表されるとき，積をつくっている各式を，もとの式の**因数**といいます。
多項式をいくつかの因数の積の形に表すことを，もとの式を**因数分解**するといいます。

$(x+2)(x+1)$ —展開→ x^2+3x+2
$(x+2)(x+1)$ ←因数分解— x^2+3x+2

●公式を利用した因数分解

教科書 p.28〜31

例題 2 次の式を因数分解しなさい。 ▶▶2

(1) x^2-7x+6　　(2) $x^2+8x+16$　　(3) x^2-49

考え方　因数分解の公式を使います。
公式[1]　$x^2+(a+b)x+ab=(x+a)(x+b)$
公式[2]　$x^2+2ax+a^2=(x+a)^2$
公式[3]　$x^2-2ax+a^2=(x-a)^2$
公式[4]　$x^2-a^2=(x+a)(x-a)$

答え
(1) 積が6である2つの数のうち，和が -7 となる数を見つける。
x^2-7x+6
$=$ ①　←右の表から，2つの数を見つけて，公式[1]を使う

積が6	和が -7
1 と 6	×
2 と 3	×
−1 と −6	○
−2 と −3	×

(2) $16=$ ② ^{2}，$8=2\times$ ② であるから，
$x^2+8x+16=$ ③　←公式[2]を使う

(3) $49=$ ④ ^{2} であるから，
$x^2-49=x^2-$ ④ ^{2}
$=(x+$ ④ $)(x-$ ④ $)$　←公式[4]を使う

プラスワン　因数分解できない式

x^2+a^2 の形の式は因数分解することができません。

1 【共通な因数と因数分解】次の式を因数分解しなさい。

教科書 p.27 例 1,2

□(1) $xy+xz$　　□(2) x^2-5x

□(3) $9mx+3nx$　　□(4) $4a^2b-12ab$

□(5) x^2y+xy^2-2xy　　□(6) $a^2bc-ab^2c+abc^2$

⚠ミスに注意
共通な因数はすべてかっこの外にくくり出します。

よく出る 2 【公式を利用した因数分解】次の式を因数分解しなさい。

教科書 p.28~31 例 1~5

□(1) x^2+5x+4　　□(2) $x^2-7x+12$

□(3) $x^2+2x-35$　　□(4) $a^2+8a+16$

□(5) $x^2-14x+49$　　□(6) x^2-81

□(7) $9-a^2$　　□(8) $x^2-\frac{1}{36}$

●キーポイント
(1)~(3) 積が ab になる2数の組の中から，和が $a+b$ になるものを選び出します。
ab が正のとき，2数の符号(ふごう)は同じで，ab が負のとき，2数の符号は異なります。

⚠ミスに注意
$x^2+▲x+■^2$ や $x^2-▲x+■^2$ の形の式では，▲が■の2倍になっているかどうか必ず確認しましょう。そうでないときは，公式[2]や[3]を使うことはできません。

例題の答え **1** ①a ②$b+c$ ③$3y$ ④$x-3y$ **2** ①$(x-1)(x-6)$ ②4 ③$(x+4)^2$ ④7

ぴたトレ 1 要点チェック

1章　式の計算

[2] 因数分解
2 因数分解の公式―(2)

●いろいろな式の因数分解　教科書 p.32

□ 例題 1　$2mx^2+2mx-24m$ を因数分解しなさい。　▸▸1

考え方　共通な因数をくくり出してから，因数分解できるかどうかを考えます。

答え　$2mx^2+2mx-24m$

$=$ ① $\left(x^2+x-\right.$ ② $\left.\right)$　共通な因数をくくり出す

$=$ ③　公式[1]を利用する

公式[1]
$x^2+(a+b)x+ab$
$=(x+a)(x+b)$

□ 例題 2　次の式を因数分解しなさい。　▸▸2

(1)　$4x^2+20x+25$　　(2)　$9a^2-4b^2$

考え方　単項式（たんこうしき）を1つの文字とみると，公式を利用して因数分解できる場合があります。
(1)では $2x$，(2)では $3a$，$2b$ をそれぞれ1つの文字と考えます。

答え　(1)　$4x^2+20x+25=(2x)^2+2\times$ ① $\times 2x+$ ① ^{2}

$=($ ② $)^2$

(2)　$9a^2-4b^2=(3a)^2-(2b)^2$

$=($ ③ $)($ ④ $)$

プラスワン
このようなタイプの問題では，公式[1]は使いません。

●おきかえによる因数分解　教科書 p.33

□ 例題 3　$(x+y)^2-2(x+y)-8$ を因数分解しなさい。　▸▸3

考え方　$x+y$ を M とおいて，公式を利用して因数分解します。

答え　$x+y$ を M とおくと

$(x+y)^2-2(x+y)-8$

$=M^2-2M-8$

$=(M+2)(M-$ ① $)$　M を $x+y$ にもどす

$=$ ②

多項式を文字におきかえたら，最後はちゃんともとにもどすのを忘れないようにしましょう。

よく出る **1** 【いろいろな式の因数分解】次の式を因数分解しなさい。 教科書 p.32 例6

□(1) $2x^2+16x+30$　　□(2) xy^2-9x

□(3) $3a^2b-24ab+48b$　　□(4) $2xy^2-8xy-90x$

●キーポイント
公式[1]
$x^2+(a+b)x+ab$
$=(x+a)(x+b)$
公式[2]
$x^2+2ax+a^2=(x+a)^2$
公式[3]
$x^2-2ax+a^2=(x-a)^2$
公式[4]
$x^2-a^2=(x+a)(x-a)$

絶対理解 **2** 【いろいろな式の因数分解】次の式を因数分解しなさい。 教科書 p.32 例7

□(1) $9x^2-6x+1$　　□(2) $4a^2+12a+9$

□(3) $25a^2-20a+4$　　□(4) $x^2+8xy+16y^2$

□(5) $9x^2+30xy+25y^2$　　□(6) $4m^2-28mn+49n^2$

□(7) $25x^2-y^2$　　□(8) $16a^2-49b^2$

●キーポイント
x^2 の係数と定数項がともに2乗の形なら，公式[2]か[3]を利用します。
$▲^2-■^2$ の形なら，公式[4]を利用します。

3 【おきかえによる因数分解】次の式を因数分解しなさい。 教科書 p.33 例8

□(1) $(x-y)^2-3(x-y)$　　□(2) $(a+b)^2+5(a+b)+6$

□(3) $(2x+y)^2-16$　　□(4) $(x-3y)^2-12(x-3y)+36$

例題の答え **1** ① $2m$　② 12　③ $2m(x-3)(x+4)$　**2** ① 5　② $2x+5$　③ $3a+2b$　④ $3a-2b$　（③と④は順不同）
3 ① 4　② $(x+y+2)(x+y-4)$

解答▶▶ p.5

1章　式の計算

3　式の計算の利用
1　式の計算の利用

●計算のくふう

教科書 p.34

□ 例題 1　次の問いに答えなさい。 ▶▶1

(1)　くふうして，次の計算をしなさい。

㋐　29×31　　　㋑　67^2-33^2

(2)　$x=0.6$ のとき，$(x+4)^2-x(x+3)$ の値（あたい）を求めなさい。

考え方　(1)㋑　因数分解の公式[4]を利用します。

(2)　式を展開して，整理してから代入します。

答え　(1)㋐　$29\times31=(30-1)(30+$ ① $)=30^2-$ ① ^{2}

$=900-$ ① $=$ ②

㋑　$67^2-33^2=(67+33)(67-$ ③ $)$

$=100\times$ ④ $=$ ⑤

(2)　$(x+4)^2-x(x+3)=x^2+8x+16-x^2-$ ⑥ $=$ ⑦ $+16$

よって，求める式の値は　$5\times$ ⑧ $+16=$ ⑨

あわてて代入しない
ようにしましょう。

●式の計算の利用

教科書 p.35～36

□ 例題 2　連続する2つの奇数（きすう）の積に1を加えると4の倍数になります。このことを証明しなさい。 ▶▶2 3

考え方　証明の手順

問題文中の数量を文字式で表す。 ➡ 数量の関係を式で表す。 ➡ 展開や因数分解をして式を変形する。 ➡ 結論を表す式の形を導く。

証明　連続する2つの奇数は，整数 n を使って，

① ，$2n+1$　と表される。

このとき，これらの積に1を加えたものは

$($ ① $)(2n+1)+1=4n^2-1+1=$ ②

n^2 は整数であるから，連続する2つの奇数の積に1を加えると4の倍数になる。

よく出る **1** 【計算のくふう】次の問いに答えなさい。 教科書 p.34 例 1,2

(1) くふうして，次の計算をしなさい。

□① 53×47　　□② 72^2-28^2　　□③ 99^2

□(2) $x=-3$，$y=\dfrac{1}{3}$ のとき，$x^2+y^2-(x+y)^2$ の値を求めなさい。

●キーポイント
(1) 展開や因数分解を利用します。
①$(x+a)(x-a)=x^2-a^2$
②$x^2-a^2=(x+a)(x-a)$
③$(x-a)^2=x^2-2ax+a^2$
(2) 代入を急ぐより，まず式を簡単にしましょう。

絶対理解 **2** 【式の計算の利用(数の性質)】次の問いに答えなさい。 教科書 p.35 例 3

□(1) 連続する 2 つの偶数(ぐうすう)について，その大きい方の 2 乗から小さい方の 2 乗をひいたときの差は，4 の倍数になります。このことを証明しなさい。

□(2) 連続する 2 つの整数について，その大きい方の 2 乗と小さい方の 2 乗の和から 1 をひいたときの差は，2 つの数の積の 2 倍になります。このことを証明しなさい。

●キーポイント
(1) n を整数とすると，偶数は $2n$ と表されます。
(2) n を整数とすると，連続する 2 つの整数は n，$n+1$ と表されます。

3 【式の計算の利用(図形の性質)】右の図のような，直角に折れ曲がっている幅(はば)が a m の道があり，東西の長さ AB と南北の長さ BC はともに p m となっています。道の中央を通る線の長さを ℓ m，道の面積を S m^2 とするとき，$S=a\ell$ となることを証明しなさい。 □ 教科書 p.36 例 4

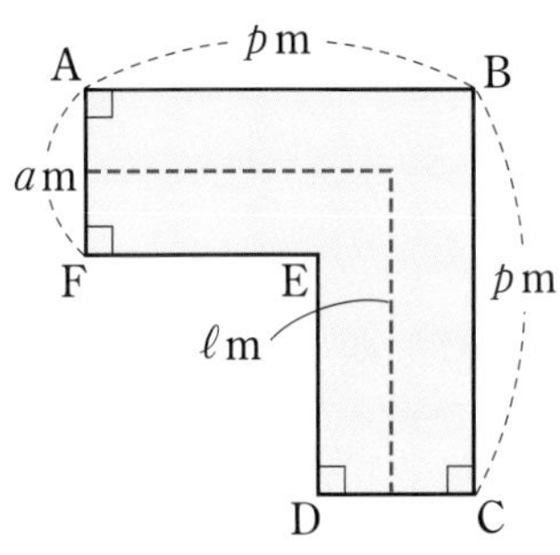

●キーポイント
道の面積と道の中央を通る線の長さを，それぞれ a と p を使って表します。

例題の答え **1** ①1　②899　③33　④34　⑤3400　⑥$3x$　⑦$5x$　⑧0.6　⑨19　**2** ①$2n-1$　②$4n^2$

2 因数分解 1, 2
3 式の計算の利用 1

1 次の式を因数分解しなさい。

□(1) $ma+mb$　　□(2) $4a^2-8a$

□(3) $3ax+3bx-6cx$　　□(4) x^2y-2xy^2+3xy

よく出る **2** 次の式を因数分解しなさい。

□(1) $x^2+7x+10$　　□(2) $y^2+4y-21$

□(3) x^2-x-20　　□(4) $x^2+6x-40$

□(5) a^2+2a-3　　□(6) $x^2-10x+16$

□(7) $y^2-8y+16$　　□(8) $a^2+16a+64$

□(9) $m^2+12m+36$　　□(10) $x^2-x+\frac{1}{4}$

□(11) $25-x^2$　　□(12) $x^2-\frac{1}{16}$

ヒント **1** 共通な因数はすべてくくり出す。

2 どの公式が利用できるか判断する。定数項（ていすうこう）が2乗の形になっているときは，和や差の平方を考える。

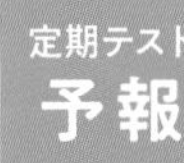

定期テスト予報

●因数分解は展開の逆の計算であることを理解しておこう。
因数分解の4つの公式の他に，くくり出しやおきかえ等の方法もあることを頭に入れておこう。
また，因数分解した式をまた展開すれば答えの確かめができるよ。

よく出る **3** 次の式を因数分解しなさい。

□(1) $16x^2+24x+9$

□(2) $49a^2-121b^2$

□(3) $x^2+6xy+8y^2$

□(4) $3x^2-3xy-6y^2$

□(5) $2a^2x-12ax+18x$

□(6) $(x-y)^2-(x-y)-56$

よく出る **4** 次の問いに答えなさい。

□(1) 連続する2つの偶数(ぐうすう)の積に1を加えると，その2つの偶数の間にある奇数(きすう)の2乗になります。このことを証明しなさい。

□(2) 連続する2つの整数について，それぞれの数の2乗の和は奇数になります。このことを証明しなさい。

よく出る **5** 右の図のように，半径がr mの半円形の花だんのまわりに，幅(はば)がh mの道があります。道の中央を通る線の長さをℓ m，道の面積をS m² とするとき，$S=h\ell$ となることを証明しなさい。□

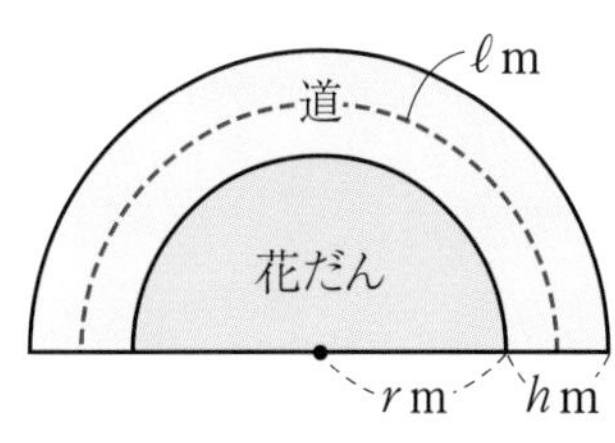

ヒント **4** nを整数とすると，(1)連続する2つの偶数→ $2n$，$2n+2$　(2)連続する2つの整数→ n，$n+1$
5 道の面積＝半径が$(r+h)$ mの半円の面積－半径がr mの半円の面積

1章 教科書26～37ページ

解答▶▶ p.6～7

1章　式の計算

❶ 次の計算をしなさい。知

(1) $2a(5a-b-4c)$　(2) $(6x-12y)\times\left(-\frac{2}{3}x\right)$

(3) $(28a^2+32ab)\div(-4a)$　(4) $(24x^2y-18xy^2)\div\left(-\frac{3}{4}xy\right)$

❶ 点/12点（各3点）

(1)	
(2)	
(3)	
(4)	

❷ 次の式を展開しなさい。知

(1) $(3x+2)(2x-5)$　(2) $(a+8)(a-3)$

(3) $(7x+3)(7x-3)$　(4) $(5a+2b)^2$

(5) $(x-2y-1)(x-2y+3)$　(6) $(a+b-5)(a-b+5)$

❷ 点/18点（各3点）

(1)	
(2)	
(3)	
(4)	
(5)	
(6)	

❸ 次の計算をしなさい。知

(1) $(x+7)(x-2)-(x-3)(x+8)$　(2) $(a-2b)^2+4(a-b)(a+b)$

❸ 点/8点（各4点）

(1)	
(2)	

❹ 次の式を因数分解しなさい。知

(1) $15a^2-25ab+20a$　(2) $x^2-16x+64$

(3) $9a^2-4b^2$　(4) x^2-x-42

(5) $x^2+7xy-18y^2$　(6) $16a^2-24a+9$

❹ 点/18点（各3点）

(1)	
(2)	
(3)	
(4)	
(5)	
(6)	

成績評価の観点　知…数量や図形などについての知識・技能　考…数学的な思考・判断・表現

5 次の式を因数分解しなさい。知

(1) $3ax^2+18ax+27a$　　(2) $(x+2)^2-3(x+2)-4$

(3) $xy+2x+y+2$　　点UP (4) $(x+6)(x-5)-3(x-2)$

5 点/16点（各4点）

(1)	
(2)	
(3)	
(4)	

6 くふうして，次の計算をしなさい。考

$201\times201-199\times199$

6 点/8点

点UP **7** 連続する3つの整数について，もっとも大きい数の2乗からもっとも小さい数の2乗をひくと，中央の数の4倍になります。このことを証明しなさい。考

7 点/10点

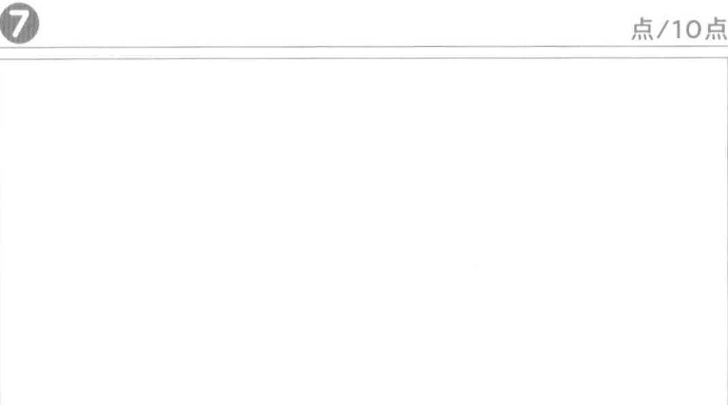

**8** 下の図のように，長さ10 cmの線分AB上に，AP＝a cmとなるような点Pをとり，線分AP，PBをそれぞれ直径とする円X，Yをかきます。AP＞BPのとき，円Xの面積から円Yの面積をひいた差を，aを使って表しなさい。考

8 点/10点

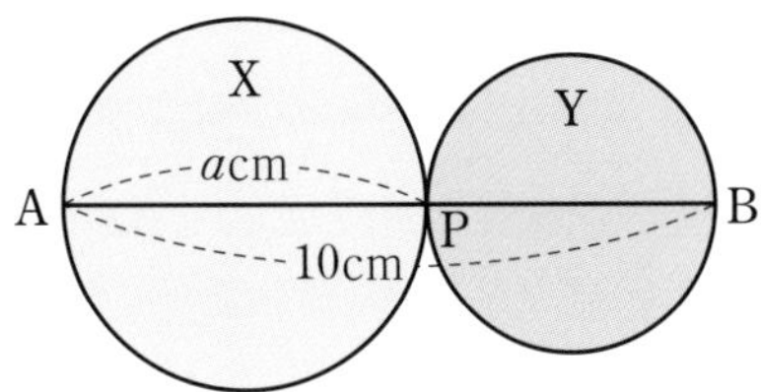

1章 教科書15～39ページ

知 /72点　考 /28点

解答▶▶ p.7~8

教科書のまとめ〈1章　式の計算〉

●単項式と多項式の乗法

・単項式と多項式の乗法は，分配法則
$a(b+c)=ab+ac$ を使って計算する。

(例) $2x(x-3y)=2x\times x+2x\times(-3y)$
$=2x^2-6xy$

●多項式を単項式でわる除法

・多項式を単項式でわる除法は，乗法になおして計算する。

(例) $(4x^2-6xy)\div 2x$
$=(4x^2-6xy)\times\dfrac{1}{2x}$
$=4x^2\times\dfrac{1}{2x}-6xy\times\dfrac{1}{2x}$
$=2x-3y$

●式の展開と因数分解

・単項式や多項式の積を計算して，単項式の和の形に表すことを，もとの式を**展開**するという。
多項式をいくつかの因数の積の形に表すことを，もとの式を**因数分解**するという。

$(x+2)(x+1)$ ⇄ x^2+3x+2
（→ 展開，← 因数分解）

●展開の公式

・① $(x+a)(x+b)=x^2+(a+b)x+ab$
・② $(x+a)^2=x^2+2ax+a^2$
・③ $(x-a)^2=x^2-2ax+a^2$
・④ $(x+a)(x-a)=x^2-a^2$

●多項式の展開

・多項式は分配法則を使って計算する。
同類項をまとめる。
・共通な式を1つの文字でおきかえると，展開の公式が使えるようになる場合がある。

(例) $(x+2)(y+1)$
$=xy+x+2y+2$

$(2a+b)(a-3b)$
$=2a^2-6ab+ab-3b^2$
$=2a^2-5ab-3b^2$

●共通な因数と因数分解

・1つの式が単項式や多項式の積の形に表されるとき，積をつくっている各式を，もとの式の**因数**という。
・各項に共通な因数をふくむ多項式は，分配法則を使って，共通な因数をかっこの外にくくり出すことができる。

[注意] 共通な因数はすべてかっこの外にくくり出す。

(例) $6ab-3ac$
$=3a\times 2b+3a\times(-c)$
$=3a(2b-c)$

●因数分解の公式

・① $x^2+(a+b)x+ab=(x+a)(x+b)$
・② $x^2+2ax+a^2=(x+a)^2$
・③ $x^2-2ax+a^2=(x-a)^2$
・④ $x^2-a^2=(x+a)(x-a)$

●計算のくふう

展開や因数分解を利用して，くふうして計算することができる。

(例) $28^2-22^2=(28+22)(28-22)$
$=50\times 6$
$=300$

2章　平方根

□乗法の公式　◀ 中学3年

①$(x+a)(x+b)=x^2+(a+b)x+ab$

②$(x+a)^2=x^2+2ax+a^2$

③$(x-a)^2=x^2-2ax+a^2$

④$(x+a)(x-a)=x^2-a^2$

1 次の計算をしなさい。　◀ 中学1年〈同じ数の積〉

(1) 2^2　　(2) 5^2

(3) $(-4)^2$　　(4) $(-10)^2$

(5) 0.1^2　　(6) $(-1.3)^2$

(7) $\left(\frac{2}{3}\right)^2$　　(8) $\left(-\frac{3}{4}\right)^2$

ヒント
$a^2=a\times a$ なので，指数の数だけかけると……

2 次の分数を小数で表しなさい。　◀ 小学5年〈分数と小数〉

(1) $\frac{2}{5}$　　(2) $\frac{3}{4}$

(3) $\frac{5}{8}$　　(4) $\frac{3}{20}$

(5) $\frac{16}{5}$　　(6) $\frac{6}{25}$

ヒント
分数を小数で表すには，分子を分母でわって……

解答▶▶ p.8

ぴたトレ 1 要点チェック

2章 平方根

1 平方根

1 平方根—(1)

● 2乗して a になる数と平方根

教科書 p.43

例題 1 49 の平方根(へいほうこん)を求めなさい。 ▶▶1

考え方 2乗して 49 になる数を求めます。

答え 2乗して 49 になる数は，正の数では ① [ ]，負の数では ② [ ]

であるから，49 の平方根は ① [ ] と ② [ ]

プラスワン 平方根

2乗して a になる数を，a の**平方根**といいます。

1 正の数の平方根は2つあります。この2つの数は絶対値が等しく，符号(ふごう)が異なります。

2 0 の平方根は 0 だけです。

●根号

教科書 p.45〜46

例題 2 次の問いに答えなさい。 ▶▶2 3

(1) 15 の平方根を，根号(こんごう) $\sqrt{\ }$ を使って表しなさい。

(2) $(\sqrt{5})^2$ の値(あたい)を求めなさい。

考え方 (1) 正の数の平方根は2つあります。

(2) $\sqrt{5}$ は，5 の正の平方根です。

答え (1) 15 の平方根の

正の方は $\sqrt{15}$，

負の方は ① [ ]

まとめて書くと，$\pm\sqrt{15}$ です。

(2) $\sqrt{5}$ は，5 の平方根であるから，2乗すると ② [ ]

よって，$(\sqrt{5})^2$ = ② [ ]

プラスワン 根号

記号 $\sqrt{\ }$ を**根号**といいます。

a を正の数とするとき，a の平方根のうち正の方を $\sqrt{a}$，負の方を $-\sqrt{a}$ と書きます。

$\sqrt{a}$ と $-\sqrt{a}$ をまとめて $\pm\sqrt{a}$ と書くことがあり，「プラスマイナスルート a」と読みます。

●根号を使わずに表すことのできる数

教科書 p.47

例題 3 次の数を根号を使わずに表しなさい。 ▶▶4

(1) $\sqrt{81}$　　(2) $-\sqrt{16}$

考え方 $\sqrt{\ }$ の中が $○^2$ の形であれば根号を使わずに表すことができます。

答え (1) $81=$ ① [ ] ^{2} であるから，$\sqrt{81}=$ ① [ ]

(2) $16=$ ② [ ] ^{2} であるから，$-\sqrt{16}=-$ ② [ ]

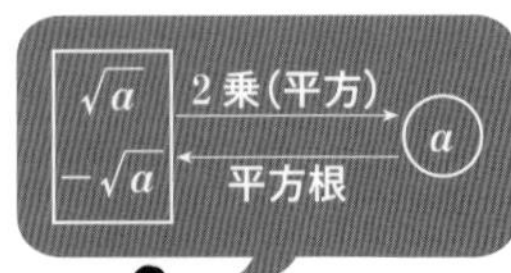

絶対理解 **1** 【2乗して a になる数と平方根】次の数の平方根を求めなさい。 教科書 p.43 問 1,2

□(1) 36　　□(2) 1

□(3) $\frac{1}{9}$　　□(4) 0.25

●キーポイント
正の数の平方根は，正の数と負の数の2つがあります。

絶対理解 **2** 【平方根】次の数の平方根を，根号 $\sqrt{}$ を使って表しなさい。 教科書 p.45 例 2

□(1) 6　　□(2) 19

□(3) $\frac{1}{3}$　　□(4) 0.6

3 【$(\sqrt{a})^2$，$(-\sqrt{a})^2$ の値】次の値を求めなさい。 教科書 p.46 例 3

□(1) $(\sqrt{15})^2$　　□(2) $(-\sqrt{64})^2$

□(3) $-(\sqrt{5})^2$　　□(4) $-(-\sqrt{7})^2$

⚠ミスに注意
符号に気をつけましょう。

よく出る **4** 【根号を使わずに表すことのできる数】次の数を根号を使わずに表しなさい。 教科書 p.47 例 4

□(1) $\sqrt{49}$　　□(2) $-\sqrt{4}$

□(3) $-\sqrt{\frac{9}{64}}$　　□(4) $\sqrt{0.09}$

□(5) $\sqrt{(-4)^2}$　　□(6) $-\sqrt{3^2}$

⚠ミスに注意
(5) $\sqrt{(-4)^2}$ は -4 になりません。
$\sqrt{(-4)^2}=\sqrt{16}$

例題の答え **1** ①7　②-7　**2** ①$-\sqrt{15}$　②5　**3** ①9　②4

解答▶▶ p.8～9

2章　平方根

[1] 平方根
1 平方根―(2)／2 有理数と無理数

●平方根の大小

教科書 p.47～48

例題 1 次の2つの数の大小を，不等号を使って表しなさい。 ▶▶1

(1)　4,　$\sqrt{13}$　　　　(2)　$-\sqrt{5}$,　-2

考え方　根号をふくむ数とふくまない数の大小を比べるときは，それぞれ2乗した数を比べます。

答え　(1)　$4^2=16$, $(\sqrt{13})^2=$ ① で，$16>$ ① であるから

$\sqrt{16}$ ② $\sqrt{13}$

よって　4 ② $\sqrt{13}$

(2)　$(\sqrt{5})^2=$ ③ ，$2^2=4$ で， ③ >4 であるから

$\sqrt{5}$ ④ $\sqrt{4}$

よって　$\sqrt{5}$ ④ 2

負の数の性質から　$-\sqrt{5}$ ⑤ -2

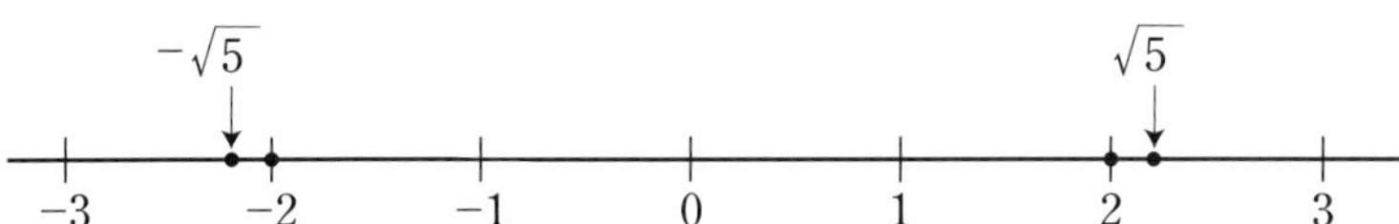

●有理数と無理数

教科書 p.49～51

例題 2 次の各数を，有理数（ゆうりすう）と無理数（むりすう）に分けなさい。 ▶▶2 3

0.3,　$\sqrt{10}$,　$-\sqrt{4}$

考え方　整数 m と0でない整数 n を用いて，分数 $\dfrac{m}{n}$ の形に表せる数が有理数です。

答え　$0.3=\dfrac{3}{①}$

分数の形に表せるから，有理数である。

$\sqrt{10}=3.1622\cdots\cdots$

数字がどこまでも続く小数で，分数 $\dfrac{m}{n}$ の形には表せないから無理数である。

$-\sqrt{4}=$ ②

整数は分数の形に表せるから有理数である。

よって，有理数は　0.3, ③ 　　無理数は ④

> **プラスワン　小数と有理数，無理数**
>
> $\dfrac{2}{5}=0.4$ のように，小数第何位かで終わる小数を有限（ゆうげん）小数といい，限りなく続く小数を無限（むげん）小数といいます。
>
> 無限小数のうち，$\dfrac{3}{11}=0.2727\cdots$のように，ある位以下では同じ数字の並びがくり返される小数を循環（じゅんかん）小数といいます。有限小数と循環小数が有理数，循環しない無限小数が無理数です。

よく出る **1** 【平方根の大小】次の 2 つの数の大小を，不等号を使って表しなさい。 教科書 p.48 例 6

□(1) $\sqrt{5}$, $\sqrt{6}$　□(2) $-\sqrt{43}$, $-\sqrt{41}$

□(3) 12, $\sqrt{145}$　□(4) -5, $-\sqrt{23}$

□(5) $\sqrt{3}$, 3　□(6) 0.4, $\sqrt{0.4}$

●キーポイント
$a<b$ ならば
$\sqrt{a}<\sqrt{b}$ です。
根号をふくむ数とふくまない数の大小は，それぞれの数を 2 乗して比べます。

⚠ミスに注意
負の数は，絶対値が大きいほど小さくなります。

2 【有理数と無理数】次の各数を，有理数と無理数に分けなさい。

教科書 p.49 問 1, p.50 問 2

□

$-\sqrt{2}$, 0.01, $\sqrt{49}$, $-\sqrt{\frac{25}{36}}$, $\frac{3}{8}$, π

⚠ミスに注意
根号がついていても無理数とは限らないので注意しましょう。

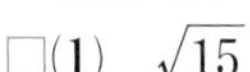
3 【有理数と無理数】数を右の図のように分類しました。次の数は，右の図の①～④のどこに入るかを，番号で答えなさい。 教科書 p.50 問 2

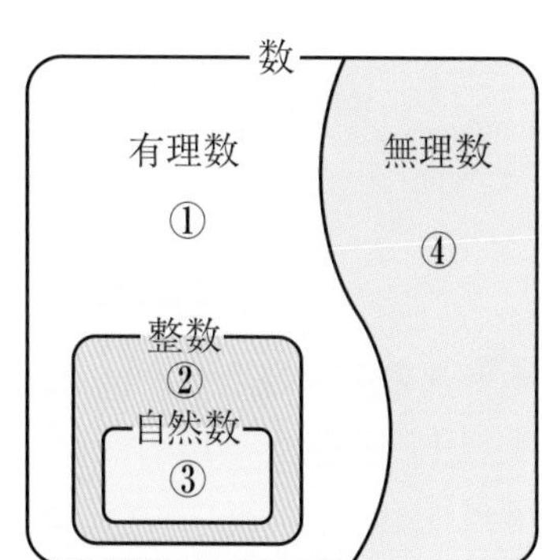

□(1) $\sqrt{15}$　□(2) -2

□(3) 0.7　□(4) $\sqrt{36}$

例題の答え **1** ①13 ②> ③5 ④> ⑤< **2** ①10 ②-2 ③$-\sqrt{4}$ ④$\sqrt{10}$

解答▶▶ p.9

1 平方根 1, 2

1 次のことがらは正しいですか。正しければ○をつけ，誤りがあるものは，下線部をなおして，正しい文にしなさい。

□(1) 11 の平方根は $\underline{\pm\sqrt{11}}$ である。　□(2) $\sqrt{16}=\underline{\pm 4}$ である。

□(3) $\sqrt{(-6)^2}=\underline{-6}$ である。　□(4) $(-\sqrt{15})^2=\underline{-15}$ である。

2 次の数の平方根を求めなさい。ただし，必要ならば根号を使って表しなさい。

□(1) 64　□(2) 15　□(3) $\dfrac{25}{81}$

□(4) $\dfrac{121}{16}$　□(5) 0.7　□(6) 2.25

よく出る **3** 次の数を，根号を使わずに表しなさい。

□(1) $\sqrt{49}$　□(2) $-\sqrt{144}$　□(3) $\sqrt{1.21}$

□(4) $\sqrt{\dfrac{1}{64}}$　□(5) $(\sqrt{11})^2$　□(6) $(-\sqrt{18})^2$

よく出る **4** 次の 2 つの数の大小を，不等号を使って表しなさい。

□(1) $\sqrt{29}$, $\sqrt{18}$　□(2) 2, $\sqrt{3}$

□(3) -3, $-\sqrt{8}$　□(4) -0.6, $-\sqrt{0.6}$

ヒント **3** (2)数が大きくてわかりにくい場合は，素因数分解を利用する。
4 根号をふくむ数とふくまない数の大小は，それぞれの数を 2 乗して比べる。

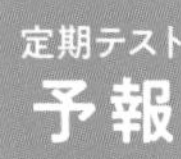

●平方根の意味，根号の性質について，しっかり理解しておこう。
たとえば，16 の平方根は ± 4（2 つある）だけど，$\sqrt{16}=4$（正の平方根だけ）だよ。テストではこの意味のちがいを理解しているかどうかをみる問題が出題されるから注意しよう。

5 次の問いに答えなさい。

□(1) $\sqrt{20}$ と $\sqrt{50}$ の間にある整数をすべて求めなさい。

□(2) 次の数のうち，3 と 5 の間にあるものをすべて答えなさい。

$\sqrt{7}$， $\sqrt{10}$， $\sqrt{11}$， $\sqrt{15}$， $\sqrt{19}$， $\sqrt{23}$， $\sqrt{25}$， $\sqrt{30}$

□(3) $2.2<\sqrt{x}<2.9$ にあてはまる整数 x の値（あたい）をすべて求めなさい。

6 次の各数について，問いに答えなさい。

$\sqrt{12}$， -0.003， $-\dfrac{7}{11}$， π， $\sqrt{225}$

□(1) 有理数と無理数に分けなさい。

□(2) 有理数のうち，循環（じゅんかん）小数であるものを答えなさい。

7 循環小数 $0.\dot{1}\dot{8}$ は，次のようにして分数で表すことができます。

$x=0.\dot{1}\dot{8}$ とおくと　　$x=\ \ 0.181818\cdots\cdots$　①

両辺を 100 倍すると　　$100x=18.181818\cdots\cdots$　②

②の両辺から①の両辺をそれぞれひくと　　$99x=18$　　$x=\dfrac{18}{99}$　　よって　$x=\dfrac{2}{11}$

この方法で，次の循環小数を分数で表しなさい。

□(1) $0.\dot{5}$　　□(2) $0.\dot{2}\dot{1}$　　□(3) $0.\dot{5}4\dot{9}$

ヒント　5 (1)求める整数を n とすると，$20<n^2<50$ となることから考える。
(3)$2.2^2<x<2.9^2$ となることから考える。

解答▶▶ p.9～10

2 根号をふくむ式の計算
1 根号をふくむ式の乗法と除法―(1)

●平方根の積と商　教科書 p.54～55

□ **例題 1** 次の計算をしなさい。 ▶▶1

(1) $\sqrt{3}\times\sqrt{7}$　　(2) $\dfrac{\sqrt{42}}{\sqrt{6}}$

考え方　a, b が正の数のとき，$\sqrt{a}\times\sqrt{b}=\sqrt{ab}$, $\dfrac{\sqrt{a}}{\sqrt{b}}=\sqrt{\dfrac{a}{b}}$

答え (1) $\sqrt{3}\times\sqrt{7}=\sqrt{3\times\text{①}}=\text{②}$

(2) $\dfrac{\sqrt{42}}{\sqrt{6}}=\sqrt{\dfrac{\text{③}}{6}}=\text{④}$

プラスワン　乗法の記号をはぶく

$\sqrt{a}\times\sqrt{b}$ は，乗法の記号×をはぶいて，$\sqrt{a}\sqrt{b}$ と書くこともあります。

●根号をふくむ式の変形　教科書 p.55～56

□ **例題 2** 次の問いに答えなさい。 ▶▶2～4

(1) $5\sqrt{2}$ を $\sqrt{a}$ の形に表しなさい。　(2) $\sqrt{20}$ を $a\sqrt{b}$ の形に変形しなさい。

考え方 (1) 5 を根号の中に入れるには，$5=\sqrt{5^2}$ と考えます。
(2) 素因数分解を利用し，20 を a^2b の形に表します。

答え (1) $5\sqrt{2}$

$=5\times\sqrt{2}$

$=\sqrt{\text{①}^2}\times\sqrt{2}$

$=\sqrt{\text{①}^2\times2}$

$=\text{②}$

(2) $\sqrt{20}$

$=\sqrt{\text{③}^2\times5}$

$=\sqrt{\text{③}^2}\times\sqrt{5}$

$=\text{④}$

できるだけ小さい自然数にする

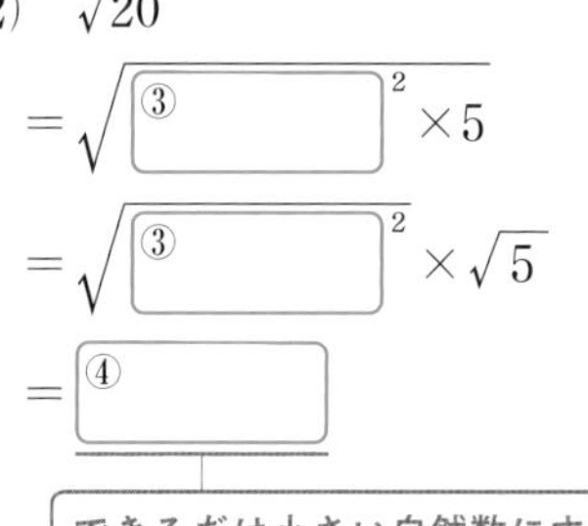

自然数を，素数だけの積の形に表すことを，素因数分解するといいます。

●平方根の乗法　教科書 p.57

□ **例題 3** $\sqrt{18}\times\sqrt{27}$ を計算しなさい。 ▶▶5

考え方　根号の中を素因数分解して，$a^2\times b$ の形にします。

答え $\sqrt{18}\times\sqrt{27}=\sqrt{18\times27}$

$=\sqrt{2\times3\times3\times3\times3\times\text{①}}$

$=\sqrt{\text{②}^2\times2\times3}$

$=\text{②}\times\sqrt{2\times3}=\text{③}$

できるだけ小さい自然数にする

プラスワン　先に素因数分解する

$\sqrt{18}\times\sqrt{27}=\sqrt{18\times27}=\sqrt{486}$
486 を $a^2\times b$ の形にするのはたいへんです。
まず，18 や 27 を素因数分解しましょう。

1 【平方根の積と商】次の計算をしなさい。

教科書 p.55 例 1

□(1) $\sqrt{7}\times\sqrt{5}$　　□(2) $\sqrt{2}\times\sqrt{8}$

□(3) $\dfrac{\sqrt{24}}{\sqrt{8}}$　　□(4) $\sqrt{27}\div\sqrt{3}$

⚠ミスに注意
$\sqrt{}$ の中の分数が約分できるときは，必ず約分しておきましょう。

絶対理解 **2** 【$\sqrt{a}$ の形に表す】次の数を $\sqrt{a}$ の形に表しなさい。

教科書 p.55 例 2

□(1) $3\sqrt{6}$　　□(2) $\dfrac{\sqrt{3}}{2}$

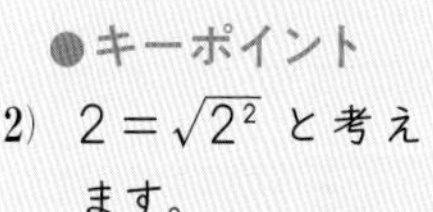

●キーポイント
(2) $2=\sqrt{2^2}$ と考えます。

絶対理解 **3** 【根号の中を簡単にする】次の数を $a\sqrt{b}$ の形に変形しなさい。

教科書 p.56 例 3

□(1) $\sqrt{28}$　　□(2) $\sqrt{45}$

●キーポイント
$a>0$，$b>0$ のとき
$\sqrt{a^2b}=a\sqrt{b}$

4 【根号の中を簡単にする】次の数を変形しなさい。

教科書 p.56 例 4

□(1) $\sqrt{\dfrac{5}{9}}$　　□(2) $\sqrt{0.06}$

●キーポイント
$\sqrt{\dfrac{a}{b}}=\dfrac{\sqrt{a}}{\sqrt{b}}$ を使って考えます。

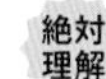

5 【平方根の乗法】次の計算をしなさい。

教科書 p.57 例 5,6

□(1) $\sqrt{12}\times\sqrt{30}$　　□(2) $\sqrt{8}\times\sqrt{54}$

□(3) $\sqrt{18}\times3\sqrt{6}$　　□(4) $3\sqrt{15}\times2\sqrt{10}$

●キーポイント
$a>0$，$b>0$ のとき
$\sqrt{a}\times\sqrt{b}=\sqrt{ab}$
$\sqrt{a^2\times b}=a\sqrt{b}$

2章
教科書53～57ページ

例題の答え **1** ① 7　② $\sqrt{21}$　③ 42　④ $\sqrt{7}$　**2** ① 5　② $\sqrt{50}$　③ 2　④ $2\sqrt{5}$　**3** ① 3　② 9　③ $9\sqrt{6}$

解答▶▶ p.10

2 根号をふくむ式の計算

1 根号をふくむ式の乗法と除法―(2)／2 根号をふくむ式の加法と減法

●分母の有理化

教科書 p.58

□ **例題 1** $\sqrt{45} \div \sqrt{2}$ を計算しなさい。 ▶▶1 2

考え方　計算の結果は，分母に根号をふくまない形にします。

答え

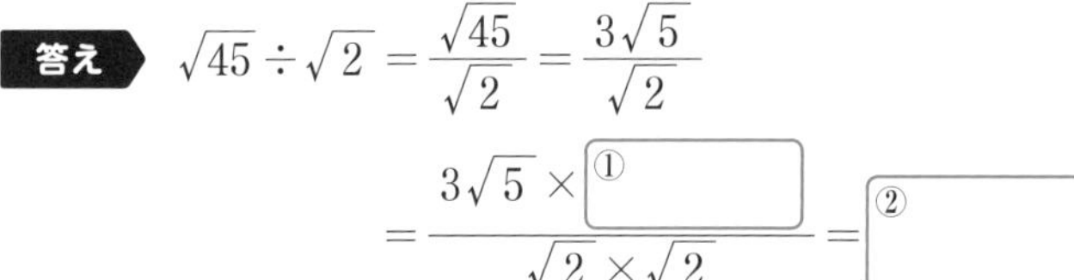

$$\sqrt{45} \div \sqrt{2} = \frac{\sqrt{45}}{\sqrt{2}} = \frac{3\sqrt{5}}{\sqrt{2}}$$

$$= \frac{3\sqrt{5} \times \boxed{①}}{\sqrt{2} \times \sqrt{2}} = \boxed{②}$$

●根号をふくむ式の和と差

教科書 p.59〜60

□ **例題 2** 次の計算をしなさい。 ▶▶3 4

(1)　$2\sqrt{3} + 3\sqrt{3}$　　(2)　$5\sqrt{7} + 3\sqrt{2} - 2\sqrt{7} - 4\sqrt{2}$　　(3)　$\sqrt{50} - \sqrt{8}$

考え方　根号の中が同じ数の和や差は，分配法則を使って計算することができます。

答え

(1)　$2\sqrt{3} + 3\sqrt{3} = (2 + \boxed{①})\sqrt{3} = \boxed{②}$

(2)　$5\sqrt{7} + 3\sqrt{2} - 2\sqrt{7} - 4\sqrt{2} = (5-2)\sqrt{7} + (3 - \boxed{③})\sqrt{2}$

$$= 3\sqrt{7} - \boxed{④}$$

(3)　$\sqrt{50} - \sqrt{8} = 5\sqrt{2} - \boxed{⑤} = \boxed{⑥}$

●分母に根号をふくむ式の和と差

教科書 p.60

□ **例題 3** 次の計算をしなさい。 ▶▶5

(1)　$5\sqrt{3} + \frac{6}{\sqrt{3}}$　　(2)　$\frac{5\sqrt{6}}{2} - \sqrt{\frac{3}{2}}$

考え方　分母を有理化して，分母に根号をふくまない式に変形します。

答え

(1)　$5\sqrt{3} + \frac{6}{\sqrt{3}}$

$$= 5\sqrt{3} + \frac{\boxed{①}}{3}$$

$$= 5\sqrt{3} + \boxed{②}$$

$$= \boxed{③}$$

(2)　$\frac{5\sqrt{6}}{2} - \sqrt{\frac{3}{2}}$

$$= \frac{5\sqrt{6}}{2} - \frac{\sqrt{3}}{\sqrt{2}}$$

$$= \frac{5\sqrt{6}}{2} - \frac{\boxed{④}}{2}$$

$$= \boxed{⑤}$$

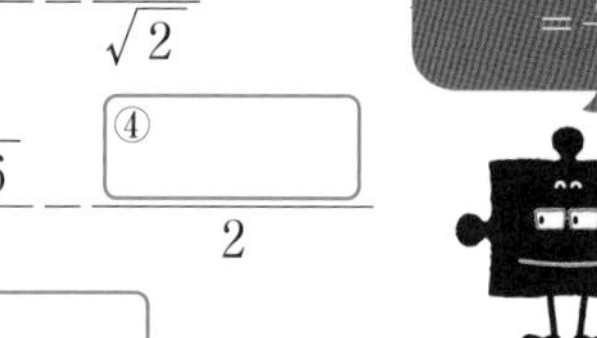

$$\frac{b}{\sqrt{a}} = \frac{b \times \sqrt{a}}{\sqrt{a} \times \sqrt{a}} = \frac{b\sqrt{a}}{a}$$

1 【分母の有理化】次の数の分母を有理化しなさい。

教科書 p.58 例 7

□(1) $\dfrac{\sqrt{2}}{\sqrt{5}}$　　□(2) $\dfrac{12}{\sqrt{6}}$

●キーポイント
分母の有理化

$$\frac{\sqrt{a}}{\sqrt{b}}=\frac{\sqrt{a}\times\sqrt{b}}{\sqrt{b}\times\sqrt{b}}$$
$$=\frac{\sqrt{ab}}{b}$$

絶対理解

2 【平方根の除法】次の計算をしなさい。

教科書 p.58 問 9

□(1) $\sqrt{10}\div\sqrt{3}$　　□(2) $\sqrt{15}\div\sqrt{10}$

絶対理解

3 【根号をふくむ式の加法と減法】次の計算をしなさい。

教科書 p.59 例 1,2

□(1)  $3\sqrt{7}+5\sqrt{7}$　　□(2) $8\sqrt{2}-10\sqrt{2}$

□(3) $6\sqrt{5}-2\sqrt{3}-4\sqrt{5}$　　□(4) $2\sqrt{3}-4\sqrt{2}+3\sqrt{2}-5\sqrt{3}$

●キーポイント
文字式の同類項（どうるいこう）の計算と同じように，分配法則を使って計算します。
(3) $\sqrt{5}$ を a，$\sqrt{3}$ を b とみると
$6a-2b-4a$
$=2a-2b$

よく出る

4 【根号の中が異なる数の和】次の計算をしなさい。

教科書 p.60 例 3

□(1) 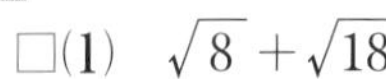 $\sqrt{8}+\sqrt{18}$　　□(2) $\sqrt{125}-\sqrt{80}$

□(3) $\sqrt{27}+\sqrt{48}-\sqrt{75}$　　□(4) $\sqrt{80}-\sqrt{12}-\sqrt{45}+\sqrt{3}$

5 【分母の有理化と加法】次の計算をしなさい。

教科書 p.60 例 4

□(1) $\sqrt{28}-\dfrac{14}{\sqrt{7}}$　　□(2) $\dfrac{\sqrt{6}}{3}+\sqrt{\dfrac{2}{3}}$

●キーポイント
分母を有理化してから計算します。

⚠ミスに注意
分母を有理化したとき，分母と分子で約分できるときは，約分します。

例題の答え **1** ①$\sqrt{2}$　②$\dfrac{3\sqrt{10}}{2}$　**2** ①3　②$5\sqrt{3}$　③4　④$\sqrt{2}$　⑤$2\sqrt{2}$　⑥$3\sqrt{2}$
3 ①$6\sqrt{3}$　②$2\sqrt{3}$　③$7\sqrt{3}$　④$\sqrt{6}$　⑤$2\sqrt{6}$

ぴたトレ 1
要点チェック

2章　平方根

2 根号をふくむ式の計算
3 いろいろな計算

●分配法則と根号をふくむ式の計算

教科書 p.61

□ 例題 1　次の計算をしなさい。　▶▶1

(1) $\sqrt{2}(\sqrt{6}+\sqrt{10})$

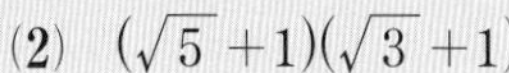

(2) $(\sqrt{5}+1)(\sqrt{3}+1)$

考え方　分配法則を利用して計算します。

答え

(1) $\sqrt{2}(\sqrt{6}+\sqrt{10})=\sqrt{2}\times\sqrt{6}+\sqrt{2}\times$ ①

$=\sqrt{12}+\sqrt{20}$

$=2\sqrt{3}+$ ②

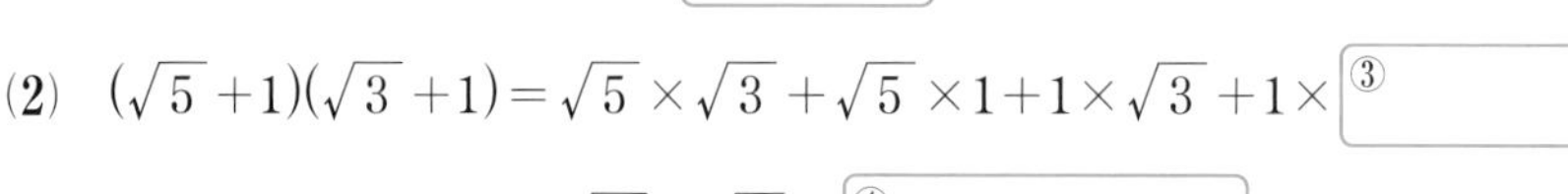

(2) $(\sqrt{5}+1)(\sqrt{3}+1)=\sqrt{5}\times\sqrt{3}+\sqrt{5}\times1+1\times\sqrt{3}+1\times$ ③

$=\sqrt{15}+\sqrt{5}+$ ④

$(a+b)(c+d)$
$=ac+ad+bc+bd$

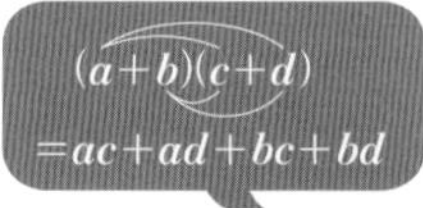

●展開の公式を利用した計算

教科書 p.62

□ 例題 2　次の計算をしなさい。　▶▶2 3

(1) $(\sqrt{2}+2)(\sqrt{2}+3)$

(2) $(\sqrt{5}-\sqrt{3})^2$

(3) $(\sqrt{6}+\sqrt{2})(\sqrt{6}-\sqrt{2})$

考え方　展開の公式を利用して計算します。

答え

(1) $(\sqrt{2}+2)(\sqrt{2}+3)=(\sqrt{2})^2+(2+3)\sqrt{2}+2\times$ ①

$=2+5\sqrt{2}+$ ②

$=$ ③ $+5\sqrt{2}$

(2) $(\sqrt{5}-\sqrt{3})^2=(\sqrt{5})^2-2\times\sqrt{3}\times\sqrt{5}+($ ④ $)^2$

$=5-2\sqrt{15}+$ ⑤

$=$ ⑥ $-2\sqrt{15}$

(3) $(\sqrt{6}+\sqrt{2})(\sqrt{6}-\sqrt{2})=(\sqrt{6})^2-($ ⑦ $)^2$

$=6-$ ⑧ $=$ ⑨

展開の公式
[1] $(x+a)(x+b)$
$=x^2+(a+b)x+ab$
[2] $(x+a)^2$
$=x^2+2ax+a^2$
[3] $(x-a)^2$
$=x^2-2ax+a^2$
[4] $(x+a)(x-a)$
$=x^2-a^2$

1 【分配法則と根号をふくむ式の計算】次の計算をしなさい。

教科書 p.61 例 1

□(1) $\sqrt{2}(\sqrt{6}-\sqrt{3})$　　□(2) $3\sqrt{2}(3\sqrt{6}-\sqrt{8})$

□(3) $\dfrac{1}{\sqrt{3}}(\sqrt{15}+\sqrt{27})$　　□(4) $(\sqrt{2}-3)(\sqrt{3}+1)$

□(5) $(\sqrt{6}+\sqrt{2})(\sqrt{6}-3)$　　□(6) $(\sqrt{2}-\sqrt{3})(3+\sqrt{6})$

●キーポイント
(1) $\sqrt{2}$, $\sqrt{6}$, $\sqrt{3}$ を a, b, c などの文字とみて，文字式と同じように，分配法則を使って計算します。

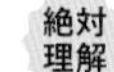

2 【展開の公式を利用した計算】次の計算をしなさい。

教科書 p.62 例 2

□(1) $(\sqrt{3}+2)(\sqrt{3}-4)$　　□(2) $(\sqrt{5}+\sqrt{3})(\sqrt{5}+4\sqrt{3})$

□(3) $(\sqrt{2}-3)^2$　　□(4) $(\sqrt{7}+\sqrt{3})^2$

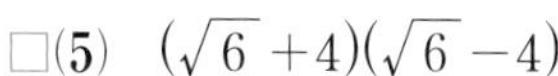

□(5) $(\sqrt{6}+4)(\sqrt{6}-4)$　　□(6) $(3\sqrt{2}-2\sqrt{6})(3\sqrt{2}+2\sqrt{6})$

⚠ミスに注意
展開したあとの式がまだ計算できるかどうかを，必ず確認するようにしましょう。

3 【式の値】$x=\sqrt{7}+\sqrt{5}$，$y=\sqrt{7}-\sqrt{5}$ のとき，次の式の値(あたい)を求めなさい。

教科書 p.62 例 3

□(1) xy　　□(2) x^2-y^2

□(3) x^2+xy

●キーポイント
まず因数分解してから，x, y の値を代入します。

2章 教科書61～62ページ

例題の答え **1** ①$\sqrt{10}$　②$2\sqrt{5}$　③1　④$\sqrt{3}+1$ **2** ①3　②6　③8　④$\sqrt{3}$　⑤3　⑥8　⑦$\sqrt{2}$　⑧2　⑨4

解答▶▶ p.11～12

ぴたトレ 1 要点チェック

2章 平方根

2 根号をふくむ式の計算
4 近似値と有効数字

近似値

教科書 p.63〜64

□ 

$\sqrt{5}=2.236$，$\sqrt{50}=7.071$ とするとき，次の値(あたい)を求めなさい。 ▶▶1 2

(1) $\sqrt{0.5}$　　(2) $\sqrt{20}$

考え方　$0.5=\dfrac{50}{100}$，$20=2^2\times5$ と考えます。

答え　(1) $\sqrt{0.5}=\sqrt{\dfrac{50}{100}}$

$=\dfrac{\sqrt{50}}{\text{①}\square}=\dfrac{7.071}{\text{①}\square}=\text{②}\square$

(2) $\sqrt{20}=2\sqrt{\text{③}\square}=2\times\text{④}\square=\text{⑤}\square$

プラスワン　近似値の問題での変形

近似値(きんじち)の問題では，次のような変形がよく使われます。

$\sqrt{0.05}=\sqrt{\dfrac{5}{100}}=\dfrac{\sqrt{5}}{10}$

$\sqrt{0.5}=\sqrt{\dfrac{50}{100}}=\dfrac{\sqrt{50}}{10}$

$\sqrt{500}=\sqrt{100\times5}=10\sqrt{5}$

$\sqrt{5000}=\sqrt{100\times50}=10\sqrt{50}$

誤差と有効数字

教科書 p.65

□ 例題 2

ある物体の重さ 2.3 g が，小数第 2 位を四捨五入した近似値であるとします。真の値を a g とするとき，a の値の範囲(はんい)を，不等号を使って表しなさい。 ▶▶3

考え方　小数第 2 位を四捨五入していることから考えます。

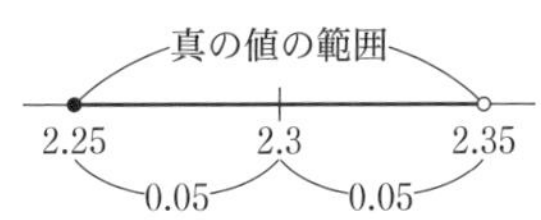

答え　$2.25\leqq a<\square$

近似値と有効数字

教科書 p.66

□ 例題 3

はるかさんの家から図書館までの道のりは，およそ 1700 m です。有効数字(ゆうこうすうじ)を 2 けたとして，この道のりを整数の部分が 1 けたの数と，10 の累乗(るいじょう)との積の形で表しなさい。 ▶▶4

考え方　近似値を表す数のうち，信頼(しんらい)できる数字を有効数字といいます。

近似値の有効数字をはっきり示す場合には，整数の部分が 1 けたの数と 10 の累乗との積の形に表します。

整数の部分が 1 けたの数
↓
$\bigcirc\times10^{\square}$ ←自然数

答え　1700 の 2 けたまでの有効数字は　1，①□

1700 m を，整数の部分が 1 けたの数と 10 の累乗との積の形で表すと，

②□ $\times10^3$ m

1 【平方根の近似値】$\sqrt{6}=2.449$，$\sqrt{60}=7.746$ とするとき，次の値を求めなさい。

教科書 p.64 例 1

□(1) $\sqrt{600}$　　□(2) $\sqrt{6000}$

□(3) $\sqrt{0.06}$　　□(4) $\sqrt{0.6}$

2 【平方根の近似値】$\sqrt{2}=1.414$，$\sqrt{7}=2.646$ とするとき，次の値を求めなさい。

教科書 p.64 例 2

□(1) $\sqrt{28}$　　□(2) $\dfrac{2}{\sqrt{2}}$

●キーポイント
(2) 分母を有理化してから，代入します。

3 【誤差と有効数字】次の問いに答えなさい。

教科書 p.65 問 3, p.66 問 4

□(1) ある物体の長さ 3 m が，小数第 1 位を四捨五入した近似値であるとします。真の値を a m とするとき，a の値の範囲を，不等号を使って表しなさい。

□(2) ある物体の重さを量ったところ，130 g になりました。1 g の位まで量った値である場合，この値の有効数字を答えなさい。

4 【近似値と有効数字】学校から駅までの道のりはおよそ 2310 m です。有効数字を 3 けたとして，この道のりを整数の部分が 1 けたの数と，10 の累乗との積の形で表しなさい。

教科書 p.66 例 3

例題の答え **1** ①10　②0.7071　③5　④2.236　⑤4.472　**2** 2.35　**3** ①7　②1.7

解答▶▶ p.12

2 根号をふくむ式の計算 1～4

1 次の数を $\sqrt{a}$ の形に表しなさい。

□(1) $2\sqrt{3}$　□(2) $3\sqrt{7}$　□(3) $\dfrac{\sqrt{12}}{2}$

2 次の数を $a\sqrt{b}$ の形に変形しなさい。

□(1) $\sqrt{48}$　□(2) $\sqrt{147}$　□(3) $\sqrt{252}$

3 次の数の分母を有理化しなさい。

□(1) $\dfrac{\sqrt{2}}{\sqrt{7}}$　□(2) $\dfrac{\sqrt{6}}{\sqrt{12}}$　□(3) $\dfrac{5}{\sqrt{20}}$

よく出る **4** 次の計算をしなさい。

□(1) $\sqrt{3}\times\sqrt{6}$　□(2) $\sqrt{8}\times\sqrt{12}$

□(3) $\sqrt{45}\times\sqrt{40}$　□(4) $4\sqrt{6}\times2\sqrt{12}$

□(5) $3\sqrt{2}\div\sqrt{6}$　□(6) $\sqrt{20}\div\sqrt{8}$

よく出る **5** 次の計算をしなさい。

□(1) $\sqrt{50}+\sqrt{8}$　□(2) $2\sqrt{12}-\sqrt{75}$

□(3) $7\sqrt{5}-\sqrt{8}-\sqrt{45}$　□(4) $2\sqrt{6}+\sqrt{54}-\sqrt{96}$

□(5) $\sqrt{50}-\dfrac{8}{\sqrt{2}}$　□(6) $\dfrac{\sqrt{3}}{3}+\dfrac{1}{\sqrt{3}}$

ヒント
4 (5), (6)計算の結果は，分母を有理化して，分母に根号をふくまない形にする。
5 (5), (6)分母を有理化してから計算する。

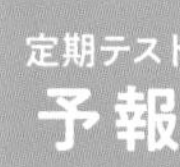

●平方根の乗法や除法，加法や減法などの計算のきまりをしっかり覚えておこう。
四則混合の計算は難しそうだけど，平方根の計算のきまりを覚えれば，これまで学習した分配法則や展開の公式を適用するだけ。あとは，有理化と $\sqrt{a^2b}=a\sqrt{b}$ の変形に注意すれば大丈夫だよ。

よく出る **6** 次の計算をしなさい。

□(1) $\sqrt{2}(2\sqrt{2}+\sqrt{3})$

□(2) $2\sqrt{5}(\sqrt{10}+2\sqrt{5})$

□(3) $\frac{1}{\sqrt{6}}(\sqrt{24}-\sqrt{30})$

□(4) $(\sqrt{8}+3)(\sqrt{2}-4)$

□(5) $(\sqrt{6}-5)(\sqrt{6}+4)$

□(6) $(\sqrt{3}+2\sqrt{7})(\sqrt{3}-6\sqrt{7})$

□(7) $(4\sqrt{3}+2\sqrt{5})^2$

□(8) $(6\sqrt{2}+3\sqrt{3})(6\sqrt{2}-3\sqrt{3})$

7 $x=2\sqrt{3}+\sqrt{5}$，$y=2\sqrt{3}-\sqrt{5}$ のとき，次の式の値（あたい）を求めなさい。

□(1) $4x-y$

□(2) xy

□(3) x^2+y^2

□(4) x^2-y^2

よく出る **8** $\sqrt{3}=1.732$ とするとき，次の値を求めなさい。

□(1) $\sqrt{300}$

□(2) $\sqrt{0.0003}$

□(3) $\sqrt{0.75}$

よく出る **9** 次の近似値の有効数字が(　)内のけた数であるとき，それぞれの近似値を，整数の部分が1けたの数と，10の累乗（るいじょう）との積の形で表しなさい。

□(1) 58300人　(3けた)

□(2) 760000　(2けた)

ヒント

6 (5)～(8)展開の公式を利用する。

8 (2)，(3)小数を分数になおしてから考える。

2章

教科書53～67ページ

解答▶▶ p.12～13

ぴたトレ **3** 確認テスト

2章　平方根

❶ 次の数の平方根を求めなさい。知

(1)　3　　(2)　0.49　　(3)　$\dfrac{121}{169}$

❶　点/12点（各4点）

(1)	
(2)	
(3)	

❷ 次の数の大小を，不等号を使って表しなさい。考

(1)　$-8,\ -\sqrt{70}$

(2)　$\dfrac{5}{9},\ \dfrac{5}{\sqrt{9}},\ \sqrt{\dfrac{5}{9}}$

❷　点/8点（各4点）

(1)	
(2)	

❸ 次の計算をしなさい。知

(1)　$\sqrt{12}\times\sqrt{2}\div(-\sqrt{3})$　　(2)　$\sqrt{50}\div\sqrt{8}\times\sqrt{28}$

(3)　$\dfrac{21}{\sqrt{7}}-\dfrac{\sqrt{28}}{2}$　　(4)　$\sqrt{27}-\sqrt{6}\times\sqrt{2}$

(5)　$(2\sqrt{7}+4)(2\sqrt{7}-2)$　　(6)　$\sqrt{20}+(\sqrt{5}-1)^2$

点UP (7)　$(2+\sqrt{5})^2-(\sqrt{3}-\sqrt{5})(\sqrt{3}+\sqrt{5})$

❸　点/28点（各4点）

(1)	
(2)	
(3)	
(4)	
(5)	
(6)	
(7)	

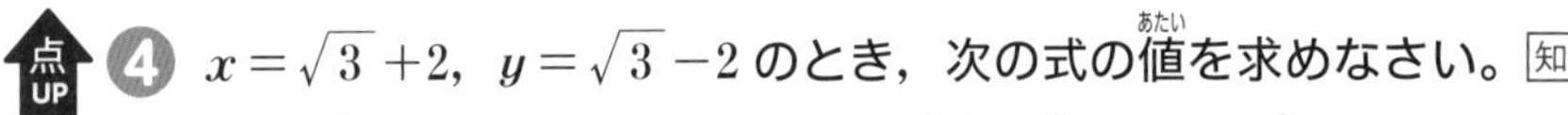

点UP **❹** $x=\sqrt{3}+2,\ y=\sqrt{3}-2$ のとき，次の式の値（あたい）を求めなさい。知

(1)　x^2+x-6　　(2)　$x^2+2xy+y^2$

❹　点/8点（各4点）

(1)	
(2)	

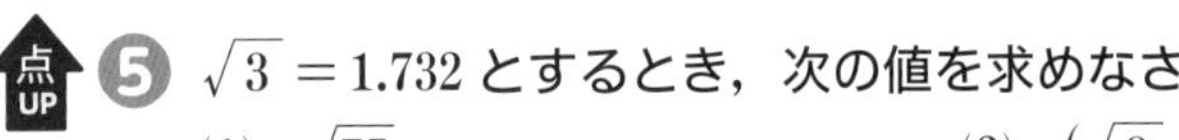

点UP **❺** $\sqrt{3}=1.732$ とするとき，次の値を求めなさい。知

(1)　$\sqrt{75}$　　(2)　$(\sqrt{3}-1)^2$

❺　点/8点（各4点）

(1)	
(2)	

　成績評価の観点　知…数量や図形などについての知識・技能　考…数学的な思考・判断・表現

6 次の問いに答えなさい。考

(1) $5<\sqrt{x}<6$ となる自然数 x の個数を求めなさい。

(2) $\sqrt{45n}$ が整数となる自然数 n のうち，もっとも小さいものを求めなさい。

(3) $\sqrt{200}$ を小数で表したとき，整数の部分を答えなさい。

6 点/12点（各4点）

(1)	
(2)	
(3)	

2章

教科書41〜70ページ

7 次の問いに答えなさい。知

(1) 地球と太陽の平均距離（きょり）はおよそ 149600000 km です。有効数字を 4 けたとして，この距離を整数の部分が 1 けたの数と，10 の累乗（るいじょう）との積の形で表しなさい。

7 点/16点

(1)		4点
(2)	何 m の位まで	6点
	誤差の絶対値	6点

(2) ある道路の測定値 1.45×10^4 m が，四捨五入によって得られた近似値であるとします。この値は，何 m の位まで測定したものであるか答えなさい。
また，このときの誤差（ごさ）の絶対値は何 m 以下になるか答えなさい。

8 右の図において，四角形 ABCD，CEFG，AHFI は正方形です。四角形 ABCD，CEFG の面積は，それぞれ 10 cm²，6 cm² です。次の問いに答えなさい。考

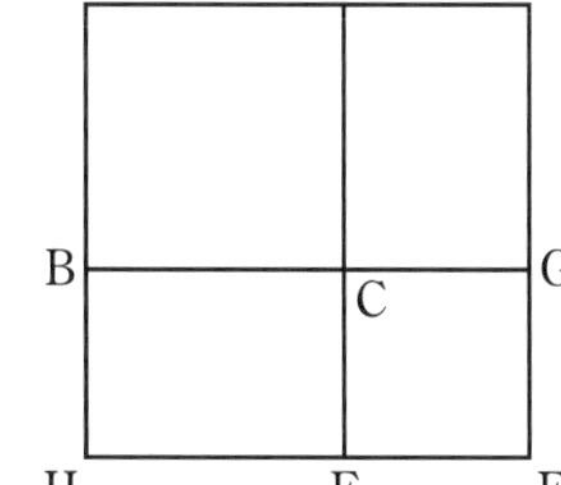

8 点/8点（各4点）

(1)	
(2)	

(1) 辺 AB の長さを求めなさい。

(2) 正方形 AHFI の面積を求めなさい。

解答▶▶ p.13〜14

教科書のまとめ〈2章　平方根〉

●平方根

・2乗してaになる数を，aの**平方根**という。

1 正の数aの平方根は，$\sqrt{a}$と$-\sqrt{a}$の2つ。

2 0の平方根は0だけ。

●平方根の表し方

・記号$\sqrt{\ }$を**根号**といい，$\sqrt{a}$を「ルートa」と読む。

・正の数aの2つの平方根$\sqrt{a}$と$-\sqrt{a}$をまとめて$\pm\sqrt{a}$と書くことがあり，これを「プラスマイナスルートa」と読む。

●平方根の大小

・a，bが正の数のとき，$a<b$ならば$\sqrt{a}<\sqrt{b}$

(例) $5<9$であるから

$\sqrt{5}<\sqrt{9}$

よって，$\sqrt{5}$と3の大小は$\sqrt{5}<3$

●有理数と無理数

・整数mと0でない整数nを用いて，分数$\dfrac{m}{n}$の形に表される数を**有理数**という。また，このような分数の形には表せない数を**無理数**という。

・数の分類

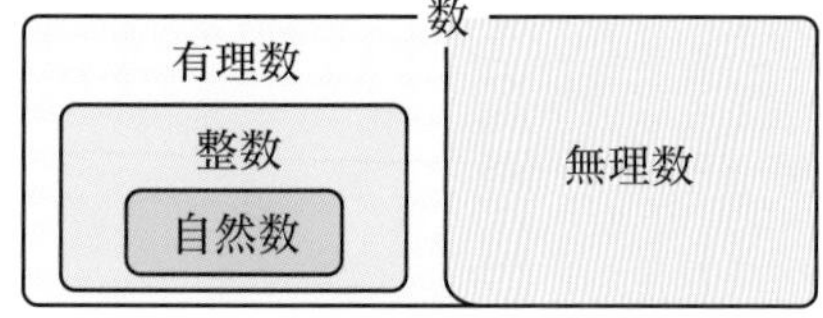

・小数と有理数，無理数

有理数 { ……………………有限小数 / ………循環（じゅんかん）小数(無限小数) }

無理数…循環しない無限小数

●平方根の積と商

a，bが正の数のとき，

$$\sqrt{a}\times\sqrt{b}=\sqrt{ab},\quad \frac{\sqrt{a}}{\sqrt{b}}=\sqrt{\frac{a}{b}}$$

(例) $\sqrt{3}\times\sqrt{2}=\sqrt{3\times2}=\sqrt{6}$，

$$\frac{\sqrt{21}}{\sqrt{3}}=\sqrt{\frac{21}{3}}=\sqrt{7}$$

●平方根の乗法

計算結果に根号をふくむ場合，根号の中の数は，できるだけ小さい自然数にする。

(例) $\sqrt{18}\times\sqrt{20}=\sqrt{3^2\times2}\times\sqrt{2^2\times5}$

$=3\sqrt{2}\times2\sqrt{5}$

$=6\sqrt{10}$

●平方根と除法と有理化

・分母に根号がある数は，分母と分子に同じ数をかけて，分母に根号をふくまない形に変えることができる。このことを，分母を**有理化**するという。

除法の計算結果は，ふつう分母を有理化して，分母に根号をふくまない形にする。

(例) $\sqrt{2}\div\sqrt{5}=\dfrac{\sqrt{2}}{\sqrt{5}}$

$$=\frac{\sqrt{2}\times\sqrt{5}}{\sqrt{5}\times\sqrt{5}}=\frac{\sqrt{10}}{5}$$

●根号をふくむ式の加法と減法

文字式の同類項（どうるいこう）の計算と同じように，分配法則を使って計算できる。

(例) $2(\sqrt{3}-3\sqrt{2})-(\sqrt{3}-5\sqrt{2})$

$=2\sqrt{3}-6\sqrt{2}-\sqrt{3}+5\sqrt{2}$

$=\sqrt{3}-\sqrt{2}$

●近似値と有効数字

・**(誤差)**＝(近似値)−(真の値（あたい）)

・近似値を表す数のうち，信頼（しんらい）できる数字を**有効数字**という。

・近似値の有効数字をはっきり示す場合には，整数の部分が1けたの数と，10の累乗（るいじょう）との積の形に表す。

3章　2次方程式

次の学習に入る前に取り組もう。

□**乗法の公式を利用する因数分解**　◀中学3年

①$x^2-a^2=(x+a)(x-a)$
②$x^2+2ax+a^2=(x+a)^2$
③$x^2-2ax+a^2=(x-a)^2$
④$x^2+(a+b)x+ab=(x+a)(x+b)$

1 次の方程式のうち，2が解であるものを選びなさい。　◀中学1年〈方程式とその解〉

㋐　$x-7=5$
㋑　$3x-1=5$
㋒　$x+1=2x-1$
㋓　$4x-5=-1-x$

ヒント
xに2を代入して……

2 次の式を因数分解しなさい。　◀中学3年〈因数分解〉

(1)　x^2-3x
(2)　$2x^2+5x$
(3)　x^2-16
(4)　$4x^2-9$
(5)　x^2+6x+9
(6)　$x^2-8x+16$
(7)　$9x^2+30x+25$
(8)　$x^2+7x+12$
(9)　$x^2-12x+27$
(10)　$x^2-2x-24$

ヒント
(10)和が-2，積が-24になる2数の組を考えると……

解答▶▶ p.15

① 2次方程式
1 2次方程式とその解／2 因数分解による解き方

●2次方程式とその解

教科書 p.75

□ **例題 1** 1，2，3，4，5 のうち，方程式 $x^2-5x+4=0$ の解になるものを求めなさい。 ▶▶1

考え方 左辺の x^2-5x+4 の値を 0 にするものが解です。

答え それぞれの値(あたい)について x^2-5x+4 の値を計算すると，右の表のようになる。

x	1	2	3	4	5
x^2-5x+4	0	-2	-2	0	4

解は小さい順に ①□，②□

プラスワン 2次方程式

$ax^2+bx+c=0$（a は 0 でない定数，b，c は定数）の形になる方程式を，x についての2次方程式といいます。

●因数分解による解き方

教科書 p.76～79

□ **例題 2** 次の方程式を解きなさい。 ▶▶2

(1) $x^2-x-6=0$　(2) $x^2+5x=14$　(3) $x^2-6x+9=0$

考え方 2つの数や式を A，B とするとき，$AB=0$ ならば $A=0$ または $B=0$ であることを使います。(1)と(3)は左辺を因数分解して，$(x+a)(x+b)=0$ の形にします。(2)は $ax^2+bx+c=0$ の形にしてから，左辺を因数分解します。

答え (1) 左辺を因数分解すると　$(x+2)(x-3)=0$

$x+2=0$　または　$x-3=0$

よって　$x=-2$，①□

(2) 14 を移項(いこう)すると　x^2+5x-②□$=0$

左辺を因数分解すると　$(x-2)($③□$)=0$

$x-2=0$　または　$x+7=0$

よって　$x=2$，④□

(3) 左辺を因数分解すると　$($⑤□$)^2=0$

$x-$⑥□$=0$

よって　$x=$⑥□

1 【2次方程式とその解】-2，-1，0，1，2 のうち，次の方程式の解になるものを求めなさい。

教科書 p.75 問 2,3

□(1) $x^2-x=0$　　□(2) $x^2+x-2=0$

●キーポイント
2次方程式の解は，ふつう2つあります。

□(3) $x^2-3x+2=0$　　□(4) $x^2-4=0$

⚠ミスに注意
解が1つ見つかったからといって，そこでやめてしまってはいけません。

絶対理解 よく出る

2 【因数分解による解き方】次の方程式を解きなさい。

教科書 p.77 例 1, p.78 例 2, p.79 問 3, 例 3

□(1) $x^2+3x-10=0$　　□(2) $x^2-8x+15=0$

●キーポイント
[1] $x^2+(a+b)x+ab$
$=(x+a)(x+b)$
[2] $x^2+2ax+a^2$
$=(x+a)^2$
[3] $x^2-2ax+a^2$
$=(x-a)^2$
[4] x^2-a^2
$=(x+a)(x-a)$

□(3) $x^2-x-56=0$　　□(4) $x^2-25=0$

□(5) $x^2+30=11x$　　□(6) $x^2=-7x-12$

⚠ミスに注意
(5)(6) (左辺)$=0$ の形にしてから，左辺を因数分解します。
(7) 両辺を3でわってから，左辺を因数分解します。
(8) 両辺を4でわってから，右辺を移項します。

□(7) $3x^2+9x=0$　　□(8) $4x^2=28x$

□(9) $x^2+12x+36=0$　　□(10) $x^2-8x+16=0$

例題の答え **1** ①1　②4　**2** ①3　②14　③$x+7$　④-7　⑤$x-3$　⑥3

3章 2次方程式

1 2次方程式
3 平方根の考えを使った解き方／4 2次方程式の解の公式

●平方根の考えを使った解き方

教科書 p.80〜84

□ **例題 1** 次の方程式を解きなさい。 ▶▶1

(1) $3x^2-21=0$　　(2) $(x+2)^2=5$　　(3) $x^2-4x-3=0$

考え方 (1) $x^2=k$ の形に変形し，k の平方根を求めます。

(2) $x+m$ を M とおいて，$M^2=k$ の形の方程式を解きます。

(3) 両辺に x の係数の半分の2乗を加えて，$(x+m)^2=k$ の形に変形します。

答え (1) 両辺を3でわって移項(いこう)すると　$x^2=7$

x は2乗して7になる数であるから，7の平方根である。

よって　$x=$ ①［　　］

(2) $x+2=M$ とおくと　$M^2=5$

$M=\pm\sqrt{5}$

M をもとにもどすと　$x+2=\pm\sqrt{5}$　　よって　$x=$ ②［　　］

(3) -3 を移項すると　$x^2-4x=3$

両辺に x の係数 -4 の半分の2乗を加えると

$x^2-4x+(-2)^2=3+(-2)^2$　　すなわち　$x^2-4x+4=7$

左辺を因数分解すると　$(x-$ ③［　　］$)^2=7$

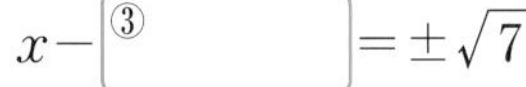

$x-$ ③［　　］$=\pm\sqrt{7}$　　よって　$x=$ ④［　　］

●2次方程式の解の公式

教科書 p.85〜87

□ **例題 2** 方程式 $3x^2-5x-4=0$ を解きなさい。 ▶▶2

考え方 2次方程式の解の公式 $x=\dfrac{-b\pm\sqrt{b^2-4ac}}{2a}$ を利用します。

答え 解の公式に，$a=3$，$b=-5$，$c=-4$ を代入すると

$$x=\frac{-(-5)\pm\sqrt{(-5)^2-4\times \text{①}\square\times(-4)}}{2\times3}$$

$$=\frac{5\pm\sqrt{25+48}}{6}$$

$$=\frac{5\pm\sqrt{\text{②}\square}}{6}$$

プラスワン　解の公式を導き出す

解の公式は，

$ax^2+bx+c=0$ を

$(x+m)^2=k$ ……①

の形に変形して，①の解を求めるときと同じような手順で導き出すことができます。

1 【平方根の考えを使った解き方】次の方程式を解きなさい。

教科書 p.80~84 例 1~5

□(1) $4x^2-20=0$

□(2) $16x^2-49=0$

□(3) $(x+5)^2=2$

□(4) $(x-9)^2=144$

□(5) $x^2+8x+9=0$

□(6) $x^2+3x-3=0$

⚠ミスに注意

答えはできるだけ簡単な形にしましょう。

$x=\pm\sqrt{4}$ × $x=\pm 2$ ○

$x=\pm\sqrt{8}$ × $x=\pm 2\sqrt{2}$ ○

$x=\pm\sqrt{\frac{5}{4}}$ × $x=\pm\frac{\sqrt{5}}{2}$ ○

$x=\pm\sqrt{\frac{2}{3}}$ × $x=\pm\frac{\sqrt{6}}{3}$ ○

(5)(6) 必ず両辺に同じ数をたしましょう。

2 【2次方程式の解の公式】次の方程式を解きなさい。

教科書 p.85~87 例 1~3

□(1) $x^2+x-9=0$

□(2) $3x^2-5x+1=0$

□(3) $x^2+4x-2=0$

□(4) $3x^2-4x-1=0$

□(5) $2x^2+x-15=0$

□(6) $4x^2+8x-5=0$

●キーポイント

(5) $x=\frac{-1\pm 11}{4}$

はこのままにせず，

$x=\frac{5}{2}$，

$x=-3$

とします。

(6) $x=\frac{-8\pm 12}{8}$

はこのままにせず，

$x=\frac{1}{2}$，

$x=-\frac{5}{2}$

とします。

⚠ミスに注意

根号の中の数はできるだけ小さい自然数にします。

また，約分を忘れないようにしましょう。

例題の答え **1** ①$\pm\sqrt{7}$ ②$-2\pm\sqrt{5}$ ③2 ④$2\pm\sqrt{7}$ **2** ①3 ②73

3章 教科書80~87ページ

1 2次方程式
5 いろいろな2次方程式

●複雑な2次方程式の解き方

教科書 p.88

□ 例題 1　方程式 $(x+2)^2=2(x+6)$ を解きなさい。 ▶▶1

考え方　両辺を展開してから整理し，$ax^2+bx+c=0$ の形にして，左辺を因数分解します。

答え　両辺を展開して，整理すると

$x^2+4x+4=2x+12$

x^2+ ① □ $x-$ ② □ $=0$

左辺を因数分解すると

$(x-2)($ ③ □ $)=0$

よって　$x=2$, ④ □

●解が与えられた2次方程式

教科書 p.88

□ 例題 2　x の2次方程式 $x^2+ax+8=0$ の解の1つが2であるとき，a の値（あたい）ともう1つの解を求めなさい。 ▶▶2

考え方　方程式に $x=2$ を代入して，a についての方程式をつくります。
次に，もとの方程式を解いてもう1つの解を求めます。

答え　$x^2+ax+8=0$ に $x=2$ を代入すると

$2^2+a\times2+8=0$

これを解くと　$a=-6$

よって，もとの式は　x^2- ① □ $x+8=0$

左辺を因数分解すると

$(x-2)($ ② □ $)=0$　　$x=2$, ③ □

したがって，もう1つの解は ③ □

プラスワン　連立方程式から値を求める

このタイプの問題として，たとえば，「$x^2+ax+b=0$ の解が1と2のとき，a, b の値を求めなさい」というものがあります。この場合は，$x=1$, $x=2$ を方程式に代入して a, b についての連立方程式をつくれば，a, b の値が求められます。

よく出る **1** 【複雑な 2 次方程式の解き方】次の方程式を解きなさい。 教科書 p.88 例 1

□(1) $(x+3)(x+6)=-2$

□(2) $(x-2)(x+4)=x+12$

□(3) $x(x+5)=14$

□(4) $(x+1)^2=5(2x-3)$

□(5) $(x+1)^2+(x+2)^2=(x+3)^2$

□(6) $(x+5)(x-3)=7x-12$

●キーポイント
- 両辺を展開します。
- 右辺の項(こう)をすべて左辺に移項します。
- 左辺を $ax^2+bx+c=0$ の形に整理します。
- 左辺を因数分解，もしくは解の公式を使って解を求めます。

2 【解が与えられた 2 次方程式】次の問いに答えなさい。 教科書 p.88 例 2

□(1) x の 2 次方程式 $x^2+ax-18=0$ の解の 1 つが 3 であるとき，a の値ともう 1 つの解を求めなさい。

□(2) x の 2 次方程式 $x^2-ax+6=0$ の解の 1 つが 6 であるとき，a の値ともう 1 つの解を求めなさい。

□(3) x の 2 次方程式 $x^2-ax-24=0$ の解の 1 つが -3 であるとき，a の値ともう 1 つの解を求めなさい。

□(4) x の 2 次方程式 $x^2-11x+a=0$ の解の 1 つが 4 であるとき，a の値ともう 1 つの解を求めなさい。

例題の答え **1** ①2 ②8 ③$x+4$ ④-4 **2** ①6 ②$x-4$ ③4

1 2次方程式 1～5

◆1 次の2次方程式で，〔 〕の中の数はその解であるか調べなさい。

□(1) $x^2+x-2=0$ 〔-2〕

□(2) $x^2-8x+7=0$ 〔7〕

□(3) $x(x-4)=0$ 〔2〕

□(4) $2x^2+3x-2=0$ $\left[\dfrac{1}{2}\right]$

よく出る ◆2 次の方程式を解きなさい。

□(1) $x^2+10x+24=0$

□(2) $4x^2-8=0$

□(3) $x^2-30x+225=0$

□(4) $(x-1)^2=7$

□(5) $3x^2-3x-90=0$

□(6) $64x^2-49=0$

□(7) $x^2-11x-102=0$

□(8) $6x^2-36x+54=0$

□(9) $\dfrac{1}{5}x^2-10=0$

□(10) $2x^2+12x+16=0$

□(11) $x^2-4x+1=0$

□(12) $3x^2+5x-2=0$

ヒント ◆1 解を方程式に代入して，等式が成り立つかどうかを調べる。
◆2 (11)，(12)解の公式を利用する。

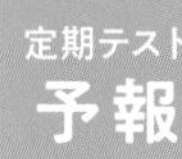

●因数分解による解き方と解の公式による解き方をしっかりマスターしよう。
特に解の公式 $x=\dfrac{-b\pm\sqrt{b^2-4ac}}{2a}$ は万能の公式だよ。これさえ覚えておけば大丈夫だよ。

3 次の方程式を解きなさい。

□(1) $2(x-1)(x+2)=x(x+5)$

□(2) $(x-1)(2x+1)=x(x-1)$

□(3) $(x+3)^2-4(x+3)+3=0$

□(4) $(x+5)^2=3(x+6)$

4 x の2次方程式 $x^2+ax-12=0$ の解の1つが -3 であるとき，次の問いに答えなさい。

□(1) a の値(あたい)を求めなさい。

□(2) もう1つの解を求めなさい。

5 x の2次方程式 $x^2+8x+a=0$ の解の1つが $-4+\sqrt{3}$ であるとき，次の問いに答えなさい。

□(1) a の値を求めなさい。

□(2) もう1つの解を求めなさい。

3章

教科書74〜88ページ

ヒント **3** 両辺を展開してから，$ax^2+bx+c=0$ の形に整理する。(4)解の公式を利用する。
4 **5** 方程式に解の1つを代入する。

解答▶▶ p.17

2　2次方程式の利用
1　2次方程式の利用

●整数の問題

教科書 p.90

例題1　大小2つの自然数があります。その差が4で，積が21であるとき，これら2つの自然数を求めなさい。 ▶▶1 2

考え方　小さい方の自然数を x とおいて，2次方程式をつくります。

答え　小さい方の自然数を x とおくと，大きい方の自然数は

①［　　　］と表される から

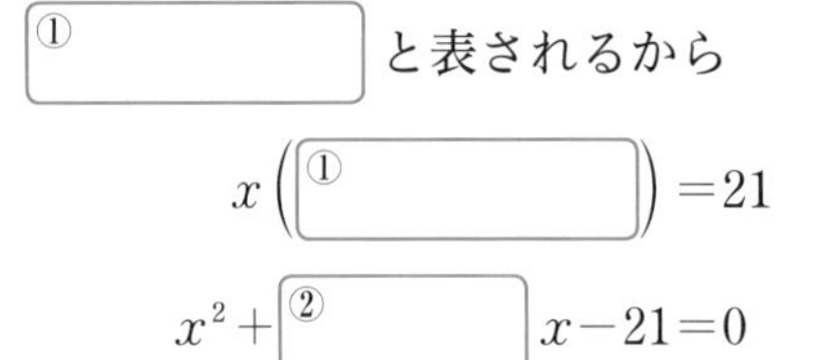

x(①［　　　］)$=21$

x^2+②［　　　］$x-21=0$

(③［　　　］)$(x+7)=0$　　$x=$④［　　　］，-7

$x=$④［　　　］のとき，大きい方の自然数は⑤［　　　］

$x=-7$ は問題に適さない。

答　④［　　　］と⑤［　　　］

●図形の問題

教科書 p.91〜93

例題2　縦が22 m，横が30 mの長方形の土地に，右の図のように道幅(みちはば)が同じで互いに垂直な道を2本つくります。
残りの土地の面積を560 m^2 にしようと思います。
道幅は何mにすればよいですか。 ▶▶3 4

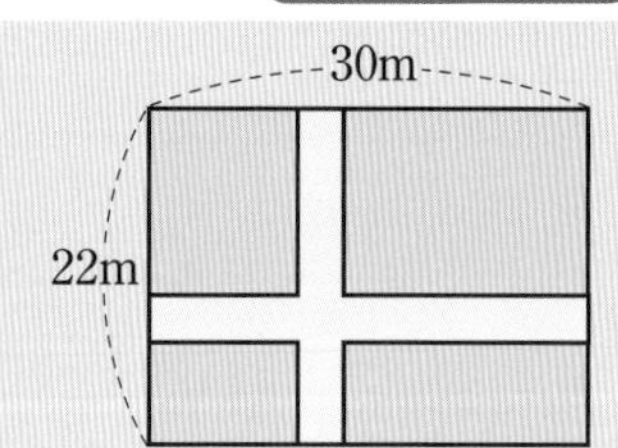

考え方　道幅を x m として，右の図のように道を動かして，端(はし)に寄せて考えます。

答え　道幅を x m とすると，残りの土地は，縦が $(22-x)$ m，横が

(①［　　　］) m の長方形と考えられるから

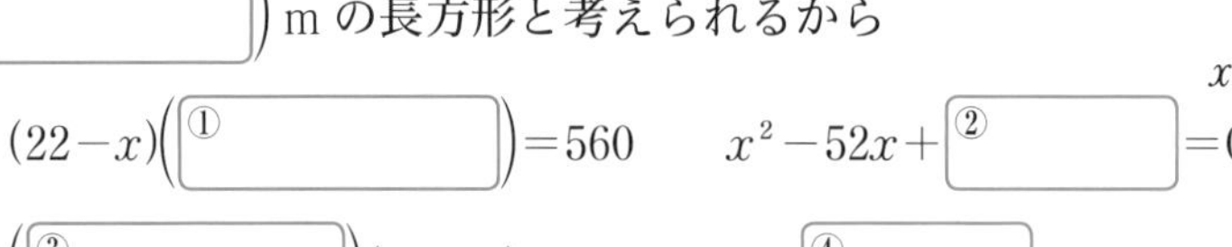

$(22-x)$(①［　　　］)$=560$　　x^2-52x+②［　　　］$=0$

(③［　　　］)$(x-50)=0$　　$x=$④［　　　］，50

$0<x<22$ であるから，$x=$④［　　　］は問題に適するが，

$x=50$ は問題に適さない。

答　④［　　　］m

1 □ **【整数の問題】** 連続する 2 つの整数のそれぞれを 2 乗した和が 145 になるとき，これら 2 つの整数を求めなさい。

教科書 p.90 例 1

●キーポイント

① 求める数量を文字で表します。

② 等しい数量を見つけて，方程式に表します。

③ 方程式を解きます。

④ 解が実際の問題に適しているか確かめ，答えとします。

2 □ **【整数の問題】** 連続する 3 つの自然数のそれぞれを 2 乗した和が 77 になるとき，これら 3 つの自然数を求めなさい。

教科書 p.90 問 1

3 章

教科書 90〜93 ページ

3 □ **【三角形の面積】** 右の図のような正方形 ABCD があります。辺 AB 上に点 P，辺 BC 上に点 Q を，AP＝BQ となるようにとります。

△PBQ の面積が 7 cm^2 になるとき，線分 AP の長さを求めなさい。

教科書 p.91 例 2

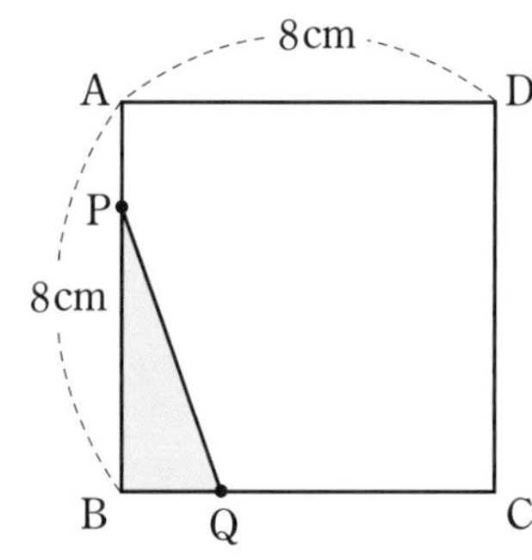

4 □ **【図形の問題】** 縦が 15 m，横が 16 m の長方形の土地に，右の図のように道幅が同じで互いに垂直な道を 2 本つくり，残りの土地を畑にすることにしました。畑の面積を 210 m^2 にしようと思います。道幅は何 m にすれば よいか求めなさい。

教科書 p.92

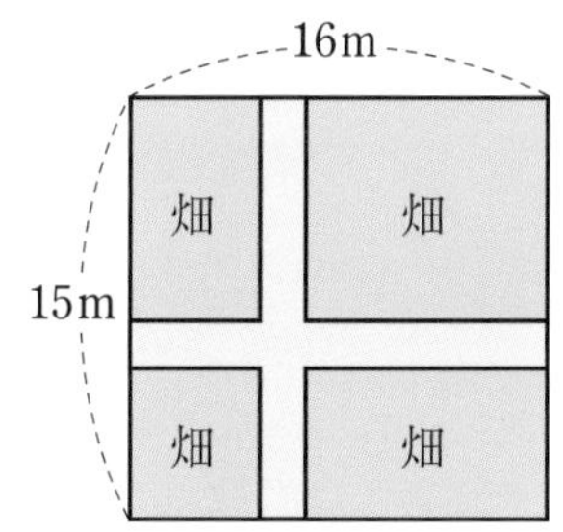

⚠ミスに注意

問題の条件に照らしあわせて，方程式の解をきちんと調べましょう。

例題の答え **1** ①$x+4$　②4　③$x-3$　④3　⑤7　**2** ①$30-x$　②100　③$x-2$　④2

解答▶▶ p.18

2 2次方程式の利用 1

よく出る 1 次の問いに答えなさい。

□(1) 連続する3つの自然数のそれぞれを2乗した和が245になるとき，これら3つの自然数を求めなさい。

□(2) 連続する2つの自然数のそれぞれを2乗した和が，2つの数の積より43だけ大きくなるとき，これら2つの自然数を求めなさい。

□(3) ある正の数を2乗して5をひくところを，2倍して5をひいたため，正しい答えより35だけ小さくなりました。この正の数を求めなさい。

□(4) 連続する3つの奇数（きすう）のそれぞれを2乗した和が683になるとき，これら3つの奇数を求めなさい。ただし，3つの奇数はいずれも正の数とします。

2 右の図のように，自然数を1段に6つずつ順に並べていくと，ある段の左から2番目の数Aと4番目の数Bの積が728になりました。このとき，次の問いに答えなさい。

1	2	3	4	5	6
7	8	9	10	11	12
…	…	…	…	…	…
…	A	…	B	…	…

□(1) Aがn段目の数であるとして，A，Bをもっとも簡単なnの式で表しなさい。

□(2) 自然数A，Bを求めなさい。

ヒント 1 (4)中央の奇数をxとおくと，連続する3つの奇数は，$x-2$，x，$x+2$と表される。
2 (1)n段目の最後の数は$6n$と表される。

定期テスト
予報

●適当な文字を使って，数量の関係を方程式に表せるようにしよう。
２次方程式の応用問題では最初(方程式に表すこと)と最後(解の確認)が肝心だよ。せっかく方程式が解けたのに，最後でつまずくことがないように気をつけよう。

3 右の図のような直角三角形 ABC があります。点 P は点 A を出発して，辺 AB 上を秒速 2 cm で点 B まで動きます。また，点 Q は点 P と同時に点 C を出発して，辺 CA 上を秒速 4 cm で点 A まで動きます。△PQA の面積が 24 cm² になるのは，点 P が点 A を出発してから何秒後か求めなさい。

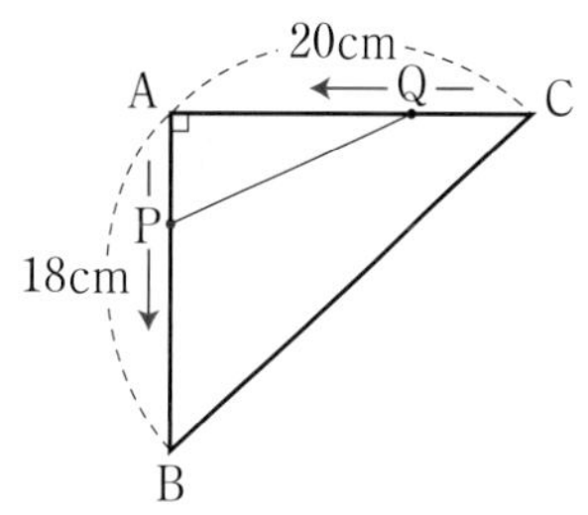

4 長さが 8 cm の線分 AB があります。点 P は点 A を出発して，線分 AB 上を点 B まで動きます。線分 AP，PB をそれぞれ 1 辺とする正方形をつくるとき，それらの面積の和が 40 cm² になるのは，点 P が点 A から何 cm 動いたときか求めなさい。

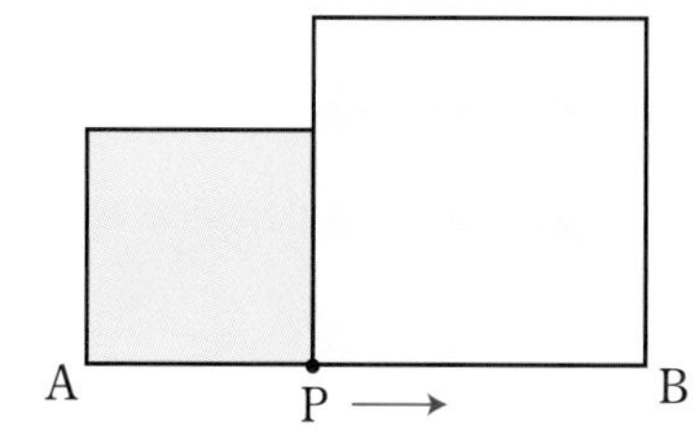

5 縦が 16 m，横が 20 m の長方形の土地に，右の図のように道幅(みちはば)が一定の道をつくり，残りの土地を花だんにすることにしました。花だんの面積を 216 m² にしようと思います。道幅は何 m にすればよいですか。

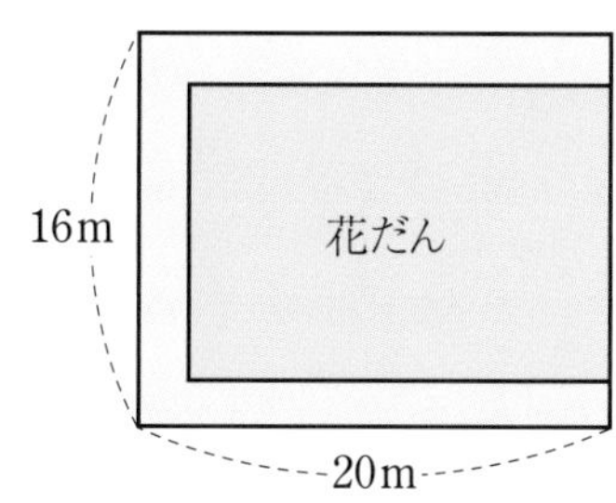

6 横の長さが縦の長さより 6 cm 長い長方形の紙があります。右の図のように，この紙の四すみから 1 辺が 2 cm の正方形を切り取って折り曲げ，ふたのない箱を作りました。箱の容積が 224 cm³ であるとき，もとの長方形の縦の長さを求めなさい。

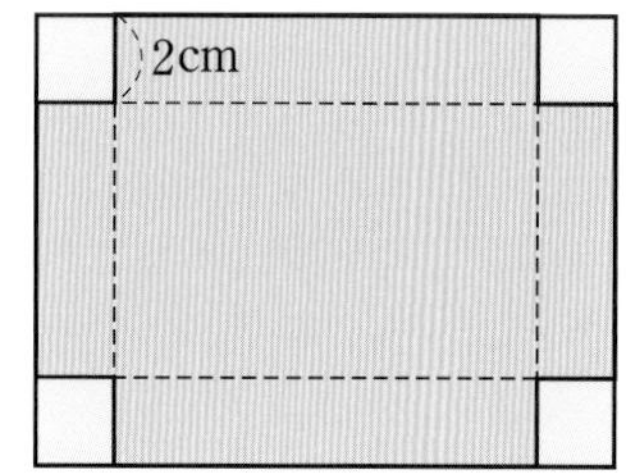

5 道幅を x m とすると，花だんの縦の長さは $(16-2x)$ m となる。道幅は土地の縦の半分より短いことに注意。

6 もとの長方形の縦の長さを x cm とする。縦の長さは，$2\times2=4$(cm)より長いことに注意。

3章 教科書90～93ページ

解答▶▶ p.18～19

ぴたトレ 3
確認テスト

3章　2次方程式

時間30分　／100点　合格70点

❶ 次の方程式を解きなさい。知

(1) $(x-7)^2=9$　　(2) $x^2-11x+10=0$

(3) $x^2-x-20=0$　　(4) $x^2=8x$

(5) $x^2+5x-3=0$　　(6) $x^2-4x-8=0$

❶　点/30点（各5点）

(1)	
(2)	
(3)	
(4)	
(5)	
(6)	

❷ 次の方程式を解きなさい。知

(1) $2x^2+32=16x$　　(2) $2(x+5)(x-3)=x^2-18$

(3) $(x-3)^2=2(x+2)(x-1)$　　(4) $\frac{1}{4}x^2+\frac{1}{2}x-2=0$

❷　点/24点（各6点）

(1)	
(2)	
(3)	
(4)	

❸ 次の2つの x の方程式が同じ解をもつとき，次の問いに答えなさい。考

$x=a+2$ ……①　　$x^2-ax+a+5=0$ ……②

(1) a の値(あたい)を求めなさい。

(2) 方程式②の解をすべて求めなさい。

❸　点/12点（各6点）

(1)	
(2)	

成績評価の観点　知…数量や図形などについての知識・技能　考…数学的な思考・判断・表現

4 次の問いに答えなさい。考

(1) ある自然数 x に 4 を加えた数と，x から 1 をひいた数との積は 6 になります。この自然数 x を求めなさい。

(2) ある自然数を 2 乗して 3 を加えるところを，2 倍して 3 をひいたため，正しい答えより 41 だけ小さくなりました。この自然数を求めなさい。

3章

教科書73～95ページ

5 面積が 60 m^2 で，周囲が 36 m の長方形の土地があります。縦の方が横よりも短いものとするとき，縦，横の長さをそれぞれ求めなさい。考

点UP **6** 関数 $y=-\frac{3}{4}x+3$ のグラフが x 軸（じく），y 軸と交わる点を，それぞれ A，B とします。線分 AB 上に点 P をとり，P から x 軸にひいた垂線と x 軸との交点を Q とします。台形 PQOB の面積が $\frac{9}{2}$ になるとき，点 P の座標を求めなさい。考

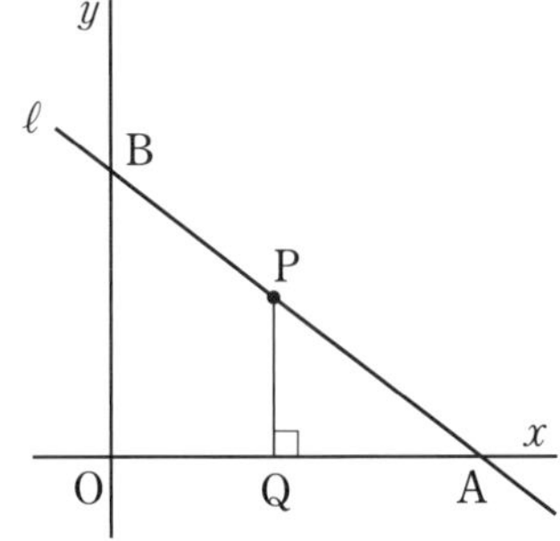

7 縦が 12 cm，横が 20 cm の長方形の絵を図のように台紙にはったら，周囲の余白の幅（はば）が同じになりました。絵の面積が台紙の面積の $\frac{5}{8}$ であるとき，余白の幅を求めなさい。考

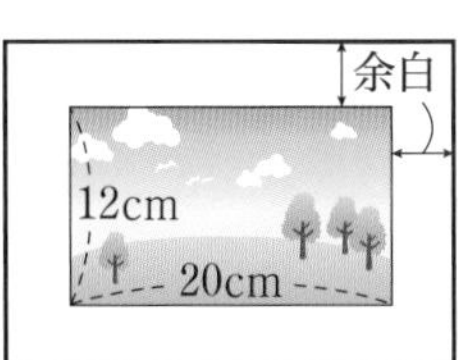

7 点/8点

知 /54点	考 /46点

解答▶▶ p.19~20

教科書のまとめ〈3章　2次方程式〉

● 2次方程式

・$ax^2+bx+c=0$（a は 0 でない定数，b，c は定数）の形になる方程式を，x についての **2次方程式** という。

・2次方程式を成り立たせる文字の値（あたい）を，その2次方程式の**解**という。

・2次方程式の解をすべて求めることを，その2次方程式を**解く**という。

● 2次方程式の解き方

1　因数分解の利用

2つの数や式を A，B とするとき

$AB=0$　ならば　$A=0$　または　$B=0$

［注意］　2次方程式はふつう解を2つもつが，解を1つしかもたないものもある。

（例1）　$x^2-x-6=0$

左辺を因数分解すると

$(x+2)(x-3)=0$

$x+2=0$　または　$x-3=0$

よって　$x=-2,\ 3$

（例2）　$x^2+6x+9=0$

左辺を因数分解すると

$(x+3)^2=0$

$x+3=0$

よって　$x=-3$

（例3）　$x^2-4=0$

左辺を因数分解すると

$(x+2)(x-2)=0$

$x+2=0$　または　$x-2=0$

よって　$x=-2,\ 2$

2　平方根の利用

・$\bullet x^2+\blacktriangle=0$ の形の2次方程式は，$x^2=k$ の形に変形して，平方根の考えを使って解く。

・$(x+m)^2=k$ の形をした2次方程式は，かっこの中をひとまとめとして，k の平方根を求めることによって解くことができる。

・$x^2+px+q=0$ の形をした2次方程式は，式を $(x+m)^2=k$ の形に変形することで解くことができる。

（例）　$3x^2=6$

両辺を3でわると　$x^2=2$

よって　$x=\pm\sqrt{2}$

3　解の公式

・2次方程式 $ax^2+bx+c=0$ の解は

$$x=\frac{-b\pm\sqrt{b^2-4ac}}{2a}$$

・2次方程式 $ax^2+bx+c=0$ で，a，b，c の値がわかれば，解の公式にそれぞれの値を代入して，解を求めることができる。

（例）　$2x^2+3x-3=0$

解の公式に，$a=2$，$b=3$，$c=-3$ を代入すると

$$x=\frac{-3\pm\sqrt{3^2-4\times2\times(-3)}}{2\times2}$$

$$=\frac{-3\pm\sqrt{9+24}}{4}$$

$$=\frac{-3\pm\sqrt{33}}{4}$$

ぴたトレ 0 スタートアップ

4章　関数 $y=ax^2$

次の学習に入る前に取り組もう。

□**比例，反比例**　← 中学1年

y が x の関数で，$y=ax$ で表されるとき，y は x に比例するといい，$y=\frac{a}{x}$ で表されるとき，y は x に反比例するといいます。このとき，a を比例定数といいます。

□**1次関数**　← 中学2年

y が x の関数で，y が x の1次式で表されるとき，y は x の1次関数であるといい，一般に $y=ax+b$ の形で表されます。

1次関数 $y=ax+b$ では，変化の割合は一定で，a に等しくなります。

$$\text{変化の割合}=\frac{y\text{の増加量}}{x\text{の増加量}}=a$$

1 次の x と y の関係を式に表しなさい。このうち，y が x に比例するもの，y が x に反比例するもの，y が x の1次関数であるものをそれぞれ答えなさい。

← 中学1年〈比例と反比例〉
中学2年〈1次関数〉

ヒント
式の形をみると……

(1) 面積 100 cm^2 の平行四辺形の底辺 x cm と高さ y cm

(2) 80ページの本を，x ページ読んだときの残りのページ数 y ページ

(3) 1個80円の消しゴムを x 個買ったときの代金 y 円

2 1次関数 $y=-3x+5$ について，次の問いに答えなさい。

← 中学2年〈1次関数〉

ヒント
(1) x の増加量を求めると……

(1) x の値が1から4まで変わるときの y の増加量を求めなさい。

(2) x の増加量が1のときの y の増加量を求めなさい。

(3) x の増加量が4のときの y の増加量を求めなさい。

4章

解答▶▶ p.20

① 関数 $y=ax^2$
1 2乗に比例する関数

● 2乗に比例する関数

教科書 p.98〜100

□ 例題 1 斜面(しゃめん)にそってボールを転がしたときのようすを観察しました。ボールが転がり始めてからの時間を x 秒，転がった距離(きょり)を y m とすると，x と y の関係は $y=3x^2$ となりました。 ▶▶1 2

(1) 右の表を完成させなさい。

x	0	1	2	3	4
y	0	3	㋐	㋑	㋒

(2) x の値(あたい)が2倍，3倍になると，y の値は何倍になりますか。

考え方 (1) $y=3x^2$ に $x=2$，3，4 を代入して y の値を求めます。

(2) $x=1$ のときをもとにして考えます。

答え (1) ㋐ $y=3\times2^2=$ ①＿＿　　㋑ $y=3\times3^2=$ ②＿＿

㋒ $y=3\times4^2=$ ③＿＿

(2) x の値が1から2倍の2になると，y の値は

3から ①＿＿ になるから　①＿＿ $\div3=$ ④＿＿ (倍)

x の値が1から3倍の3になると，y の値は

3から ②＿＿ になるから　②＿＿ $\div3=$ ⑤＿＿ (倍)

プラスワン $y=ax^2$

y が x の関数で，$y=ax^2$ (a は0でない定数) と表されるとき，**y は x の2乗に比例する**といいます。この定数 a を**比例定数**といいます。

● 2乗に比例する関数を求める

教科書 p.101

□ 例題 2 y は x の2乗に比例し，$x=2$ のとき $y=8$ です。 ▶▶3

(1) y を x の式で表しなさい。

(2) $x=-3$ のときの y の値を求めなさい。

考え方 $y=ax^2$ の式に $x=2$，$y=8$ を代入して a の値を求めます。

答え (1) y は x の2乗に比例するから，比例定数を a とすると，$y=ax^2$ と表すことができる。

$x=2$ のとき　$y=8$ であるから　①＿＿ $=a\times2^2$

これを解くと　$a=$ ②＿＿　　したがって　$y=$ ②＿＿ x^2

(2) (1)で求めた式に $x=-3$ を代入すると

$y=$ ②＿＿ $\times(-3)^2=$ ③＿＿

1 【2乗に比例する関数】次の(1)〜(4)について，y を x の式で表しなさい。また，y が x の2乗に比例するものをすべて選び，番号で答えなさい。 教科書 p.101 例1, 問2

□(1) 1辺が x cm の正方形の周の長さが y cm である。

□(2) 時速 x km で 25 km の道のりを走るのに y 時間かかる。

□(3) 底面の1辺が x cm，高さが 8 cm の正四角柱の体積が y cm^3 である。

□(4) 半径が x cm の半円の面積が y cm^2 である。

●キーポイント
y が x の2乗に比例する関数では，x の値が2倍，3倍，……になると，y の値は 2^2 倍，3^2 倍，……になります。

2 【2乗に比例する関数】底面の半径が x cm，高さが 6 cm の円柱の体積を y cm^3 とします。次の問いに答えなさい。 教科書 p.101 例1, 問2

□(1) y を x の式で表しなさい。

□(2) x の値が6倍になると，y の値は何倍になりますか。

□(3) 底面の半径が 4 cm のときの円柱の体積を求めなさい。

絶対理解 よく出る
3 【2乗に比例する関数を求める】次の問いに答えなさい。 教科書 p.101 例2

(1) y は x の2乗に比例し，$x=2$ のとき $y=16$ です。

□① y を x の式で表しなさい。

□② $x=-4$ のときの y の値を求めなさい。

(2) y は x の2乗に比例し，$x=3$ のとき $y=-18$ です。

□① y を x の式で表しなさい。

□② $x=2$ のときの y の値を求めなさい。

●キーポイント
y が x の2乗に比例するとき，求める式を $y=ax^2$ と表して，x と y の値を代入し，a の値を求めます。この式に x の値を代入すると，y の値を求めることができます。

例題の答え **1** ①12 ②27 ③48 ④4 ⑤9 **2** ①8 ②2 ③18

ぴたトレ 1 要点チェック

4章　関数 $y=ax^2$

1 関数 $y=ax^2$
2 関数 $y=ax^2$ のグラフ

● $a>0$ のときの関数 $y=ax^2$ のグラフ

教科書 p.102~107

例題 1 次の関数のグラフをかきなさい。 ▶▶1 2

(1)　$y=x^2$　　　(2)　$y=2x^2$

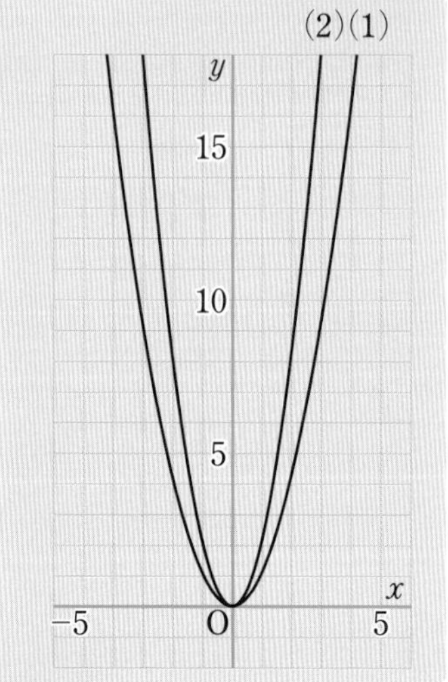

考え方　x と y の値(あたい)の組をそれぞれ座標とする点をとり，なめらかな曲線で結びます。

答え　(1)　対応表は次のようになる。

x	…	-4	-3	-2	-1	0
y	…	16	9	4	1	0

x	1	2	3	4	…
y	①	②	③	④	…

(2)　関数 $y=2x^2$ のグラフは，$y=x^2$ のグラフ上の各点の y 座標を ⑤ 倍にした点をとってかくことができる。

プラスワン　グラフの開きぐあい

比例定数が大きくなるほど，グラフの開きぐあいは小さくなります。
比例定数が小さくなるほど，グラフの開きぐあいは大きくなります。

● $a<0$ のときの関数 $y=ax^2$ のグラフ

教科書 p.108~110

例題 2 関数 $y=-x^2$ のグラフをかきなさい。 ▶▶1 2

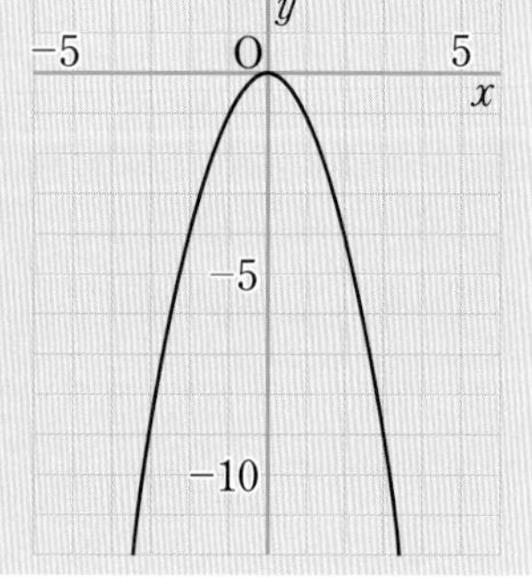

考え方　$y=x^2$ のグラフと x 軸(じく)について対称(たいしょう)になります。

答え　例題1(1)の対応表で，y の値の符号(ふごう)を ＿＿ にした点をとり，なめらかな曲線で結ぶ。

プラスワン　関数 $y=ax^2$ のグラフ

[1]　原点を通り，y 軸について対称な曲線です。
[2]　$a>0$ のとき，上に開いています。$a<0$ のとき，下に開いています。
[3]　a の絶対値が大きいほど，グラフの開きぐあいは小さくなります。
[4]　2つの関数 $y=ax^2$，$y=-ax^2$ のグラフは，x 軸について対称です。

関数 $y=ax^2$ のグラフは，**放物線**(ほうぶつせん)とよばれる曲線です。放物線の対称軸を，その放物線の**軸**といい，放物線と軸との交点を，その放物線の**頂点**(ちょうてん)といいます。

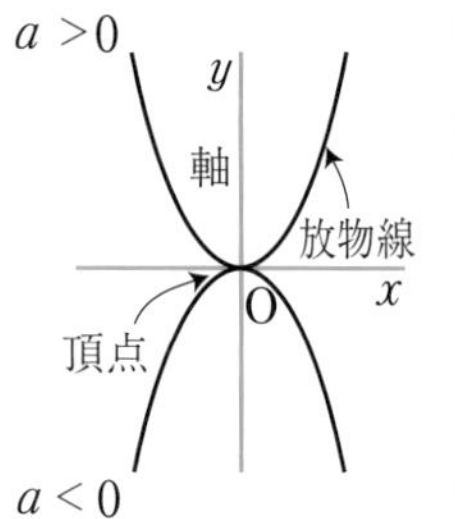

絶対理解 **1** 【関数 $y=ax^2$ のグラフのかき方】次のそれぞれの関数について，x と y の対応表を完成させ，下の図にグラフをかき入れなさい。

教科書 p.104~109 問 1~5

●キーポイント
関数 $y=ax^2$ のグラフの特徴
- 原点を通る。
- y 軸について対称。
- なめらかな曲線。

□(1) $y=\frac{1}{2}x^2$

x	…	-4	-3	-2	-1	0	1	2	3	4	…
y											

□(2) $y=-2x^2$

x	…	-4	-3	-2	-1	0	1	2	3	4	…
y											

(1)

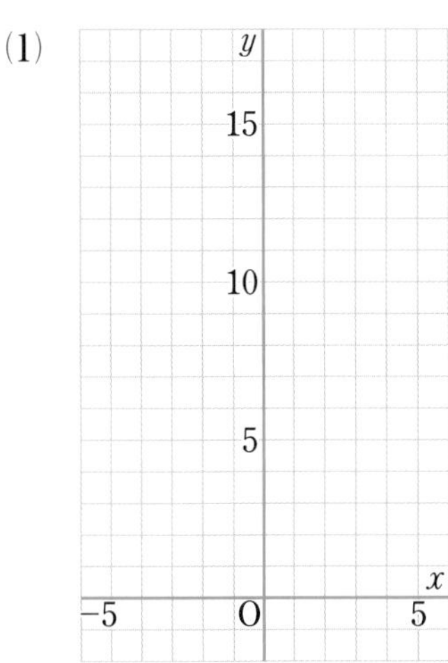

(2)

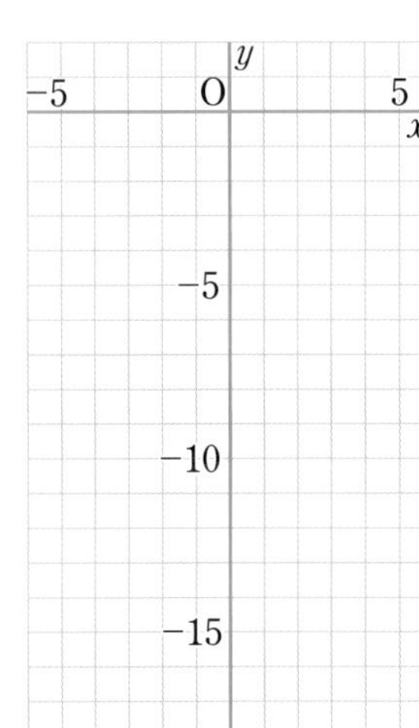

よく出る **2** 【関数 $y=ax^2$ のグラフの性質】次の㋐～㋓の 4 つの関数のグラフについて，下の問いに記号で答えなさい。

教科書 p.110

㋐ $y=-\frac{1}{2}x^2$　㋑ $y=x^2$　㋒ $y=-2x^2$　㋓ $y=\frac{1}{2}x^2$

□(1) 原点を通り，y 軸について対称な曲線になるものはどれですか。すべて選びなさい。

□(2) 上に開いた形の曲線になるものはどれですか。すべて選びなさい。

□(3) 曲線の開きぐあいがもっとも小さいものはどれですか。

□(4) x 軸について対称であるものはどれとどれですか。

例題の答え **1** ①1　②4　③9　④16　⑤2　**2** 反対

1 関数 $y=ax^2$
3 関数 $y=ax^2$ の値の変化

●関数 $y=ax^2$ の値の変化

教科書 p.112〜113

□ **例題 1** 関数 $y=\frac{1}{2}x^2$ について，x の変域が $-2\leqq x\leqq 4$ であるとき，y の変域を求めなさい。 ▶▶1 2

考え方 グラフをかいて調べます。

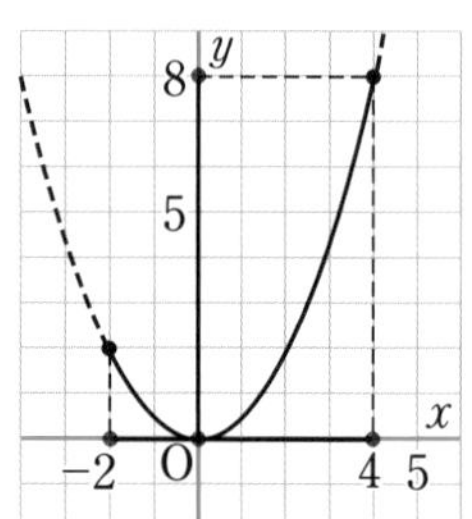

答え グラフは，右の図の実線の部分となる。

$-2\leqq x\leqq 0$ のとき

y の値(あたい)は 2 から ① [　] まで減少し，

$0\leqq x\leqq 4$ のとき

y の値は 0 から ② [　] まで増加する。

このとき，y の変域は ① [　] $\leqq y\leqq$ ② [　]

プラスワン 関数 $y=ax^2$ の値の変化

関数 $y=ax^2$ では，x の値が増加するにつれて，y の値は次のように変化します。

($a>0$ の場合)	($a<0$ の場合)
$x<0$ のとき，y の値は減少する。 $x>0$ のとき，y の値は増加する。 $x=0$ のとき $y=0$ となり，y の値は減少から増加に変わる。 このとき，y は**最小値** 0 をとる。	$x<0$ のとき，y の値は増加する。 $x>0$ のとき，y の値は減少する。 $x=0$ のとき $y=0$ となり，y の値は増加から減少に変わる。 このとき，y は**最大値** 0 をとる。

●関数 $y=ax^2$ の変化の割合

教科書 p.114〜115

□ **例題 2** 関数 $y=x^2$ について，x の値が次のように増加するときの変化の割合を求めなさい。 ▶▶3 4

(1) 2 から 4 まで増加　　(2) -3 から -1 まで増加

考え方 関数 $y=ax^2$ の変化の割合は，一定ではありません。

$(\text{変化の割合})=\frac{(y\text{の増加量})}{(x\text{の増加量})}$

答え (1) $x=2$ のとき　$y=2^2=4$

$x=4$ のとき　$y=4^2=16$

$\frac{(y\text{の増加量})}{(x\text{の増加量})}=\frac{16-4}{4-2}=$ ① [　]

(2) $\frac{(y\text{の増加量})}{(x\text{の増加量})}=\frac{(-1)^2-(\text{②}[\quad])^2}{-1-(-3)}$

$=$ ③ [　]

プラスワン 変化の割合

$y=ax^2$ で，x が p から q まで増加するとき

(変化の割合)

$=\frac{aq^2-ap^2}{q-p}$

$=\frac{a(q+p)(q-p)}{q-p}$

$=a(p+q)$

変化の割合は正の数，負の数，0 といろいろな値になります。

1 【関数 $y=ax^2$ の変域】次の関数について，x の変域がかっこの中の範囲(はんい)であるとき，グラフをかいて，y の変域を求めなさい。 教科書 p.113 例 2

□(1) $y=\frac{1}{2}x^2$ $(-4\leqq x\leqq -2)$

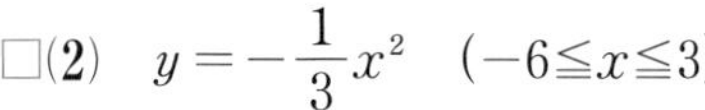

□(2) $y=-\frac{1}{3}x^2$ $(-6\leqq x\leqq 3)$

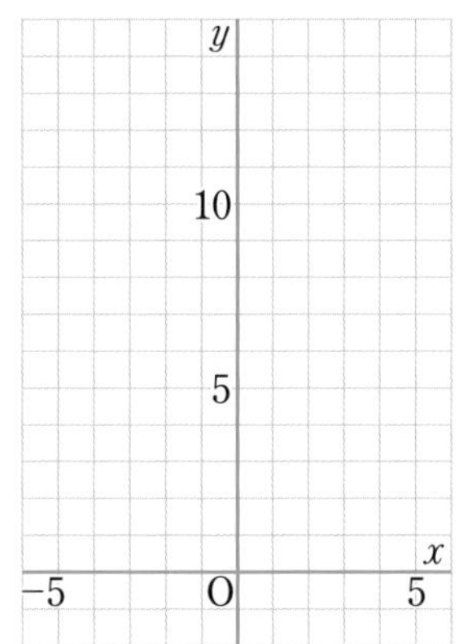

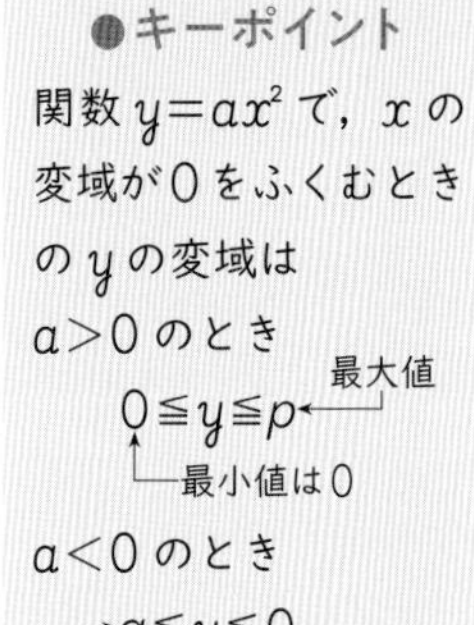

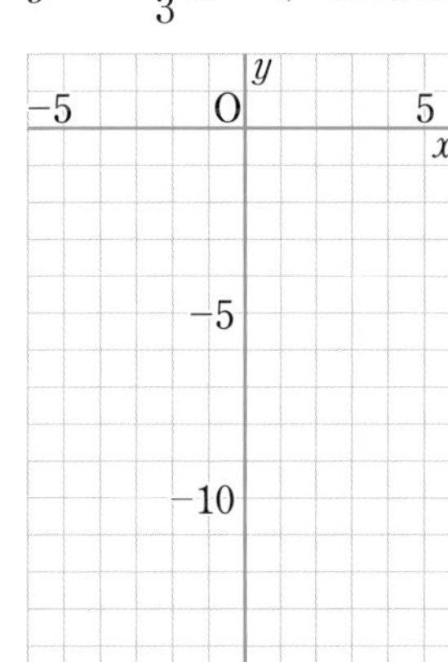

2 【関数 $y=ax^2$ の変域】次の関数について，x の変域がかっこの中の範囲であるときの y の変域と，最大値と最小値を求めなさい。 教科書 p.113 問 3,4

□(1) $y=3x^2$ $(-4\leqq x\leqq 2)$　　□(2) $y=-2x^2$ $(1\leqq x\leqq 3)$

3 【関数 $y=x^2$ の変化の割合】次の問いに答えなさい。 
教科書 p.115 例 3

(1) 関数 $y=2x^2$ について，x の値が次のように増加するときの変化の割合を求めなさい。

□① 1 から 3 まで増加　　□② -4 から -2 まで増加

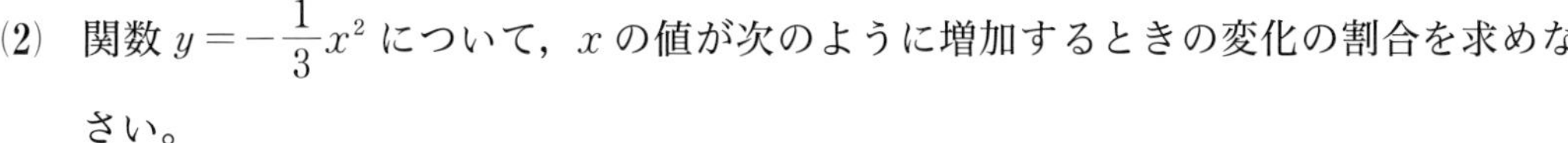

(2) 関数 $y=-\frac{1}{3}x^2$ について，x の値が次のように増加するときの変化の割合を求めなさい。

□① 3 から 9 まで増加　　□② -6 から 0 まで増加

4 【平均の速さ】斜面(しゃめん)にそって玉を転がしたとき，転がり始めてから x 秒間に転がった距離(きょり)を y m とすると，x と y の関係は $y=2x^2$ となりました。これについて，次の場合の平均の速さを求めなさい。 教科書 p.116 例 4

□(1) 1 秒後から 2 秒後　　□(2) 2 秒後から 4 秒後

●キーポイント
玉の平均の速さは，$\frac{(転がる距離)}{(転がる時間)}$ です。

例題の答え **1** ① 0　② 8　**2** ① 6　② -3　③ -4

解答▶▶ p.21〜22

1 関数 $y=ax^2$ 1～3

1 1辺が x cm の立方体の表面積が y cm^2 であるとき，次の問いに答えなさい。

□(1) y を x の式で表しなさい。

□(2) y は x の 2 乗に比例するといえますか。

よく出る **2** 次の問いに答えなさい。

□(1) y は x の 2 乗に比例し，$x=3$ のとき $y=27$ です。y を x の式で表しなさい。

□(2) y は x の 2 乗に比例し，$x=2$ のとき $y=-8$ です。y を x の式で表しなさい。

□(3) y は x の 2 乗に比例し，$x=4$ のとき $y=8$ です。$x=-2$ のときの y の値(あたい)を求めなさい。

□(4) y は x の 2 乗に比例し，$x=-3$ のとき $y=-36$ です。$x=4$ のときの y の値を求めなさい。

よく出る **3** y は x の 2 乗に比例し，$x=3$ のとき $y=6$ です。次の問いに答えなさい。

□(1) y を x の式で表しなさい。

□(2) $x=6$ のときの y の値を求めなさい。

□(3) この関数のグラフを右の図にかき入れなさい。

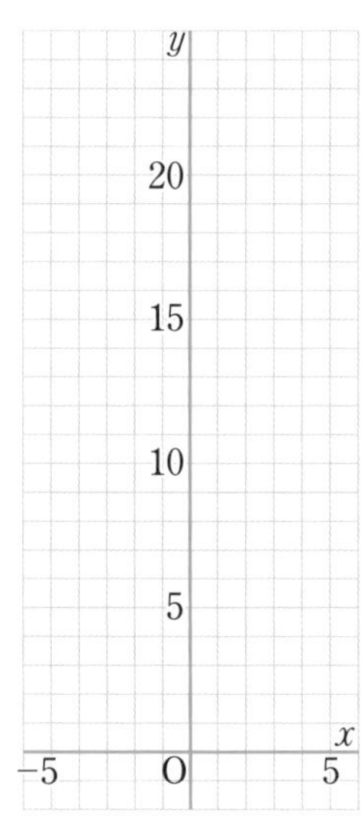

ヒント **1** 立方体は，合同な6つの正方形に囲まれている。
2 y が x の2乗に比例する関数を $y=ax^2$ とおいて，x，y の値を代入し，比例定数 a を求める。

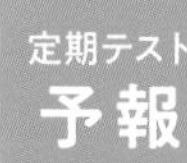
定期テスト 予報

●関数 $y=ax^2$ のグラフの特徴(とくちょう)を理解しておこう。
まず，関数 $y=ax^2$ のグラフは放物線という曲線であることを理解しておこう。式の形を見て，上に開くか下に開くか，開きぐあいは大きいか小さいかなど，大体の形をイメージできるようになろう。

4 右の図の①～③は関数 $y=ax^2$ のグラフです。次の問いに答えなさい。

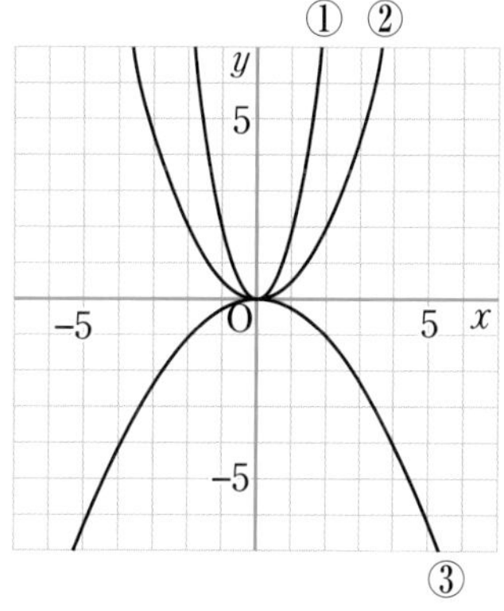

□(1) ①，②，③の式をそれぞれ求めなさい。

□(2) それぞれの関数で，x の値が 2 から 6 まで増加するときの変化の割合を求めなさい。

5 x の変域が $-2 \leqq x \leqq 1$ であるとき，次のそれぞれの関数の最大値と最小値を求めなさい。

□(1) $y=\frac{1}{2}x^2$　　□(2) $y=\frac{1}{3}x^2$　　□(3) $y=-x^2$

よく出る

6 関数 $y=ax^2$ について，次の場合の a の値を求めなさい。

□(1) x の値が -5 から -2 まで増加するときの変化の割合が -14

□(2) x の値が 6 から 8 まで増加するときの変化の割合が 7

7 斜面(しゃめん)にそってボールを転がしたとき，転がり始めてから x 秒間に転がった距離(きょり)を y m とすると，y は x の 2 乗に比例しました。右のグラフは，このときの x と y の関係を表したものです。次の問いに答えなさい。

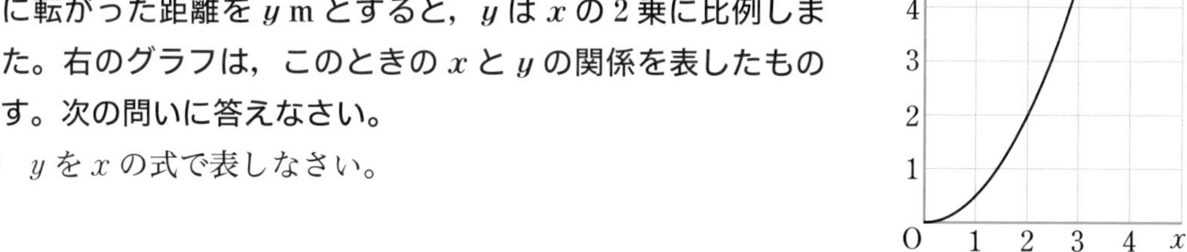

□(1) y を x の式で表しなさい。

□(2) ボールが転がり始めてから 2 秒後から 4 秒後までの平均の速さを求めなさい。

ヒント
5 x の変域に 0 がふくまれていることに注意する。グラフで確認する。
7 (2)ボールの平均の速さは，$\frac{(\text{転がる距離})}{(\text{転がる時間})}$ で求められる。

4章

教科書98～118ページ

解答▶▶ p.22～23

2 関数の利用
1 関数 $y=ax^2$ の利用／2 いろいろな関数

●関数 $y=ax^2$ の利用

教科書 p.119〜122

□ 例題 1 時速 60 km で走る自動車がブレーキをかけたところ，ブレーキがきき始めてから 27 m 走って停止しました。この自動車について，次の問いに答えなさい。 ▶▶1

(1) 自動車が時速 x km で走っているとき，ブレーキがきき始めてから止まるまでに進む距離(きょり)を y m とすると，y は x の 2 乗に比例する関数になります。y を x の式で表しなさい。

(2) 自動車が時速 80 km で走っているとき，ブレーキがきき始めてから止まるまでに進む距離を求めなさい。

考え方 (1) $y=ax^2$ とおいて，比例定数 a を求めます。

答え (1) $y=ax^2$ に $x=60$，$y=27$ を代入すると

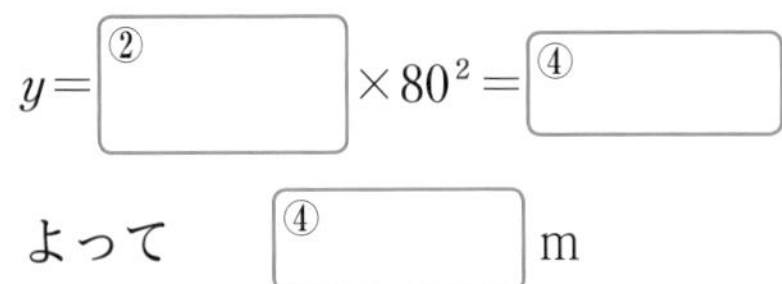

① $=a\times60^2$ から　$a=$ ②

よって　$y=$ ③

(2) (1)で求めた式に $x=80$ を代入すると

$y=$ ② $\times80^2=$ ④

よって　④ m

プラスワン 速さと制動距離

速さが2倍，3倍，……になると，制動距離は 2^2 倍，3^2 倍，……になります。

ブレーキがきき始めてから止まるまでに進む距離を制動(せいどう)距離といいます。

●いろいろな関数

教科書 p.123

□ 例題 2 右の図は，ある都市のタクシー料金をグラフに表したものです。x km 走ったときの料金を y 円として，次の問いに答えなさい。 ▶▶2

(1) $x=2.5$ のとき，y の値(あたい)を求めなさい。

(2) $y=950$ となる x の値の範囲(はんい)を求めなさい。

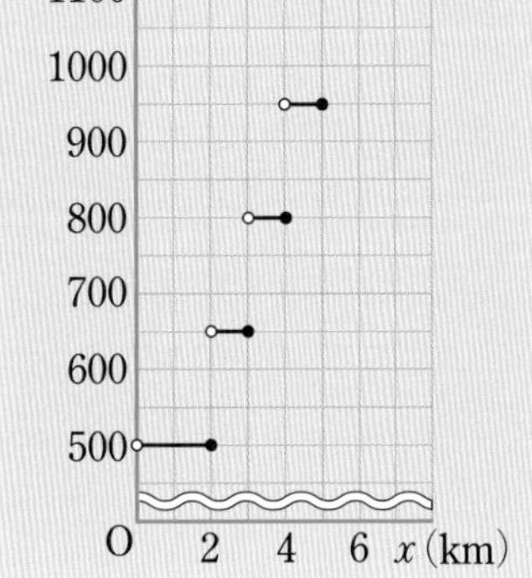

考え方 2 km 以内の料金が 500 円で，その後 1 km ごとに 150 円ずつ加算されます。

答え (1) x の値が $2<x\leqq3$ の範囲での

y の値は，グラフから　$y=$ ①

(2) $y=950$ のときの x の値の範囲(変域)は，グラフから

② $<x\leqq$ ③

プラスワン x の値が 1 つに決まると y の値も 1 つに決まる

例題2 の場合，y の値が 1 つに決まっても x の値は 1 つに決まりませんが，x の値が 1 つに決まると y の値は 1 つに決まるから，y は x の関数であるといえます。

1 **【図形と関数】** 下の図のように，長方形 ABCD と直角二等辺三角形 EFG が，直線 ℓ 上に点 B と点 G が重なった状態で並んでいます。長方形 ABCD を固定し，直角二等辺三角形 EFG を矢印の方向に辺 AB と辺 EF が重なるまで移動させます。点 B と点 G の間の距離を x cm，2 つの図形の重なった部分の面積を y cm² として，次の問いに答えなさい。

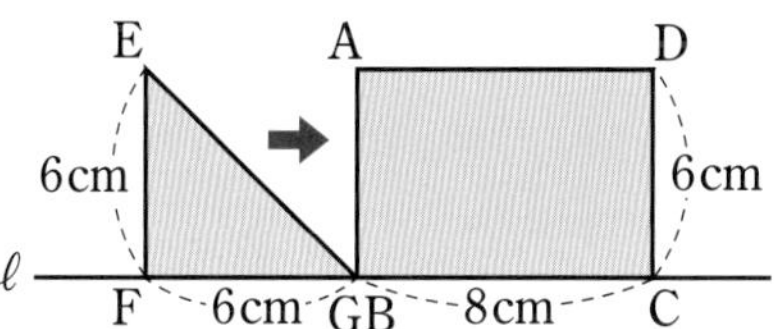

教科書 p.121 例 2

●キーポイント
(1) 重なった部分は直角二等辺三角形になります。

□(1) $0 \leqq x \leqq 6$ のとき，y を x の式で表しなさい。

□(2) x と y の関係を表すグラフを右の図にかき入れなさい。

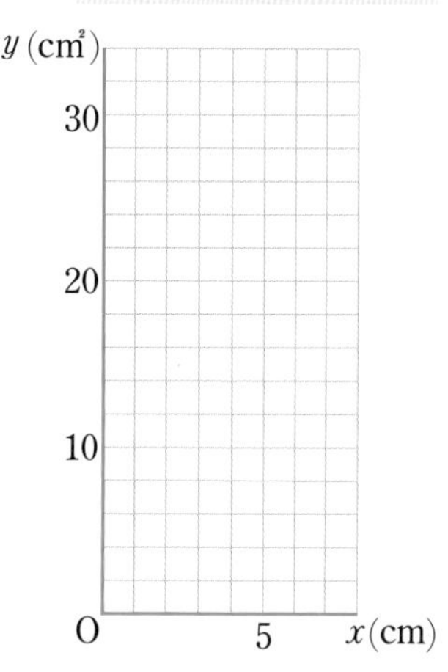

□(3) 重なった部分の面積が，直角二等辺三角形 EFG の面積の半分になるとき，x の値を求めなさい。

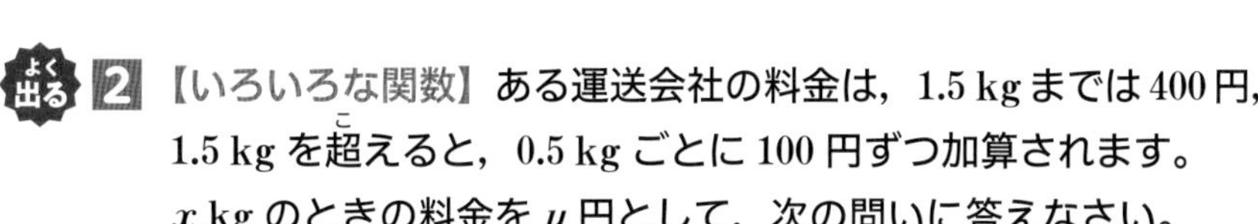

2 **【いろいろな関数】** ある運送会社の料金は，1.5 kg までは 400 円，1.5 kg を超(こ)えると，0.5 kg ごとに 100 円ずつ加算されます。x kg のときの料金を y 円として，次の問いに答えなさい。

教科書 p.123

重さ x(kg)	料金 y(円)
$0 < x \leqq 1.5$	400
$1.5 < x \leqq 2$	500
$2 < x \leqq 2.5$	600
$2.5 < x \leqq 3$	700
⋮	⋮

□(1) $0 < x \leqq 5$ の範囲で，x と y の関係をグラフに表しなさい。

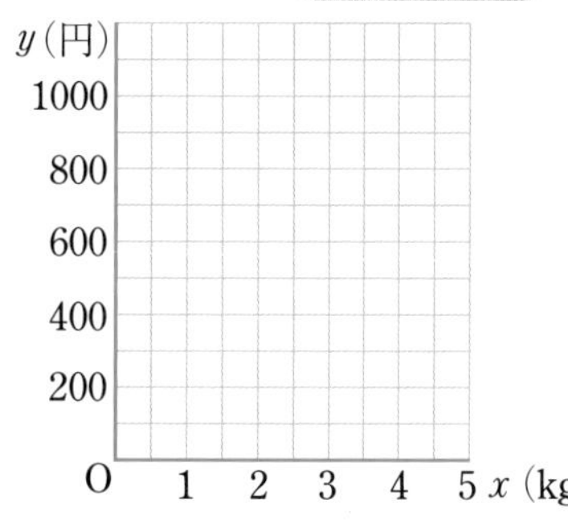

●キーポイント
○はグラフの線が端(はし)をふくまないことを表し，●はグラフの線が端をふくむことを表します。

□(2) $x=4$ のとき，y の値を求めなさい。

□(3) $y=1000$ であるときの x の値の範囲を求めなさい。

4章
教科書 119〜123 ページ

例題の答え **1** ①27 ② $\frac{3}{400}$ ③ $\frac{3}{400}x^2$ ④48 **2** ①650 ②4 ③5

2 関数の利用 1, 2

1 あるボールを落下させたとき，落下し始めてから5秒間に125 m落下しました。このボールについて，次の問いに答えなさい。

□(1) 物体を落下させるとき，落下する時間をx秒，落下する距離(きょり)をy mとすると，yはxの2乗に比例する関数になります。yをxの式で表しなさい。

□(2) 落下させてから8秒後までに落下する距離を求めなさい。

□(3) 落下させてから12秒後までに落下する距離を求めなさい。

□(4) 落下する距離が500 mになるのは，落下し始めてから何秒後ですか。

よく出る **2** 時速50 kmで走る自動車がブレーキをかけたところ，ブレーキがきき始めてから15 m走って停止しました。この自動車について，次の問いに答えなさい。

□(1) 自動車が時速x kmで走っているとき，ブレーキがきき始めてから止まるまでに進む距離をy mとすると，yはxの2乗に比例する関数になります。yをxの式で表しなさい。

□(2) 自動車が時速40 kmで走っているとき，ブレーキがきき始めてから止まるまでに進む距離を求めなさい。

□(3) ブレーキがきき始めてから60 m進んで止まるのは，自動車が時速何kmで走っているときですか。

ヒント **1** (1)求める関数の式を$y=ax^2$と表して，x，yの値(あたい)を代入する。
(4)(1)の式に$y=500$を代入し，方程式を解く。

定期テスト 予報

●関数 $y=ax^2$ と具体的な現象とを結びつけて考えられるようにしよう。
具体的な現象に関する問題では，x や y が何を表しているのかをきちんと理解しよう。図形に関する問題では，変数の変域も重要な条件となるよ。つねに変域を意識するようにしよう。

3 Aさんは，20 m の坂の上からボールを転がし，ボールが転がり始めると同時に，坂の上から秒速 2 m でおり始めました。ボールが転がり始めてから x 秒間に進む距離を y m とすると，$0 \leqq x \leqq 9$ では，y は x の 2 乗に比例し，そのグラフは右の図のようになりました。このとき，次の問いに答えなさい。

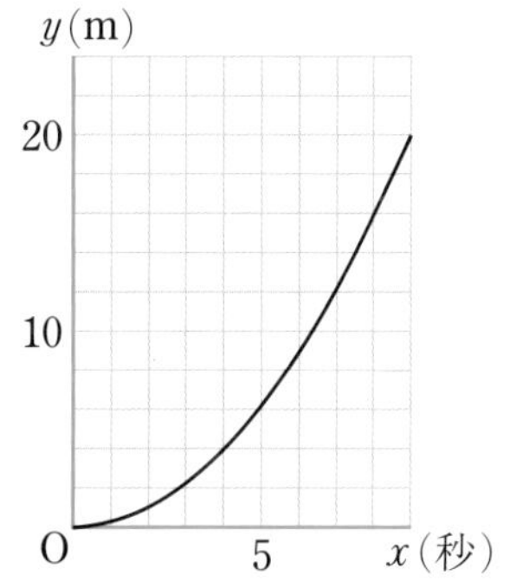

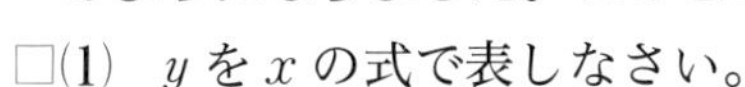
□(1) y を x の式で表しなさい。

□(2) Aさんが坂をおり始めてから x 秒間に進む距離を y m として，y を x の式で表し，そのグラフを右の図にかき入れなさい。

□(3) Aさんがボールに追いつかれるのは，坂をおり始めてから何秒後になりますか。グラフを利用して答えなさい。

4章 教科書119〜123ページ

4 AB＝5 cm，BC＝10 cm の長方形 ABCD があります。点 P は秒速 1 cm で長方形の周上を B から C を通って D まで移動します。点 Q は点 P の $\frac{1}{3}$ の速さで辺 AB 上を B から A まで移動します。2 点 P，Q は同時に B を出発し，出発してから x 秒後の △BPQ の面積を y cm^2 とするとき，次の問いに答えなさい。

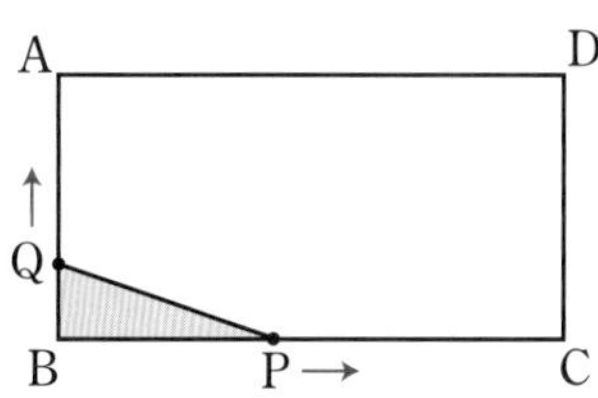

□(1) 点 P が辺 BC 上にあるとき，y を x の式で表しなさい。また，x の変域も求めなさい。

□(2) 点 P が辺 CD 上にあるとき，y を x の式で表しなさい。また，x の変域も求めなさい。

ヒント

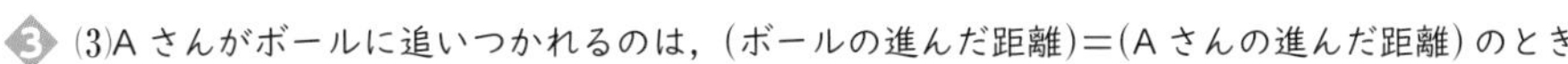
3 (3)A さんがボールに追いつかれるのは，(ボールの進んだ距離)＝(A さんの進んだ距離) のとき。

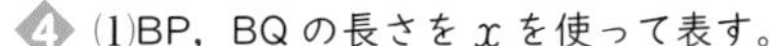
4 (1)BP，BQ の長さを x を使って表す。

解答▶▶ p.23〜24

4章　関数 $y=ax^2$

時間30分　／100点　合格70点

❶ 次の㋐～㋕の中から，下の(1)～(3)にあてはまる関数を，それぞれすべて選び，記号で答えなさい。知

㋐ $y=\frac{1}{2}x^2$　　㋑ $y=\frac{1}{2}x+1$　　㋒ $y=-x^2$

㋓ $y=\frac{2}{x}$　　㋔ $y=2x^2$　　㋕ $y=-\frac{1}{2}x^2$

(1) y が x の2乗に比例する。

(2) $x>0$ のとき，x の値（あたい）が増加すると y の値が増加する。

(3) $x=0$ のとき，y が最大値0をとる。

❶　点/15点（各5点）

(1)	
(2)	
(3)	

❷ y は x の2乗に比例し，$x=-2$ のとき $y=-20$ です。次の問いに答えなさい。知

(1) y を x の式で表しなさい。

(2) $x=3$ のときの y の値を求めなさい。

❷　点/10点（各5点）

(1)	
(2)	

❸ 関数 $y=-\frac{1}{2}x^2$ について，次の問いに答えなさい。知

(1) x の変域が $-4\leqq x\leqq 2$ のときの y の変域を求めなさい。

(2) x の値が次のように増加するときの変化の割合を求めなさい。

① 1から3まで増加

② -6 から -2 まで増加

❸　点/15点（各5点）

点UP ❹ 次の問いに答えなさい。知

(1) 関数 $y=ax^2$ について，x の変域が $-2\leqq x\leqq 1$ であるときの y の変域は $b\leqq y\leqq 6$ です。このとき，a，b の値を求めなさい。

(2) x の値が -1 から3まで増加するとき，2つの関数 $y=-2x+3$，$y=ax^2$ の変化の割合は等しくなります。このとき，a の値を求めなさい。

❹　点/15点（各5点）

成績評価の観点　知…数量や図形などについての知識・技能　考…数学的な思考・判断・表現

5 関数 $y=\frac{1}{4}x^2$ のグラフと直線 ℓ が，右の図のように2点A，Bで交わっています。2点A，Bの x 座標が，それぞれ -2，4 であるとき，次の問いに答えなさい。考

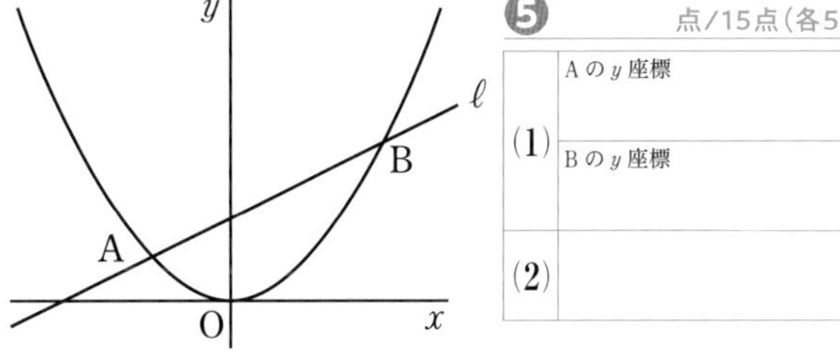

(1) 2点A，Bの y 座標を，それぞれ求めなさい。

(2) 直線 ℓ の式を求めなさい。

5 点/15点（各5点）

(1)	Aの y 座標
	Bの y 座標
(2)	

6 関数 $y=ax^2$ のグラフ上に，2点A$(-3,\ 3)$，B$(3,\ 3)$があります。また，このグラフ上に y 座標が同じである2点C，Dを，右の図のようにとります。次の問いに答えなさい。考

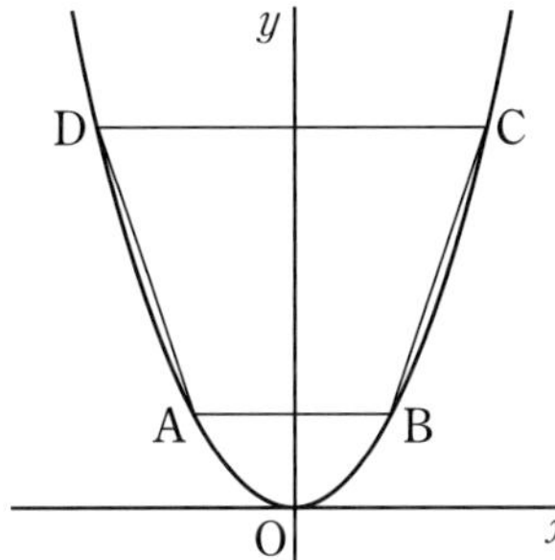

(1) a の値を求めなさい。

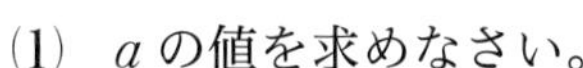

(2) CD＝12であるとき，台形ABCDの面積を求めなさい。

6 点/12点（各6点）

(1)	
(2)	

点UP **7** 下の図のように，直角二等辺三角形ABCと長方形DEFGが直線 ℓ 上に並んでいます。直角二等辺三角形ABCを固定し，長方形DEFGを矢印の方向に辺GFと辺ACが重なるまで移動させます。点Bと点Fの間の距離（きょり）を x cm，2つの図形の重なった部分の面積を y cm^2 として，次の問いに答えなさい。考

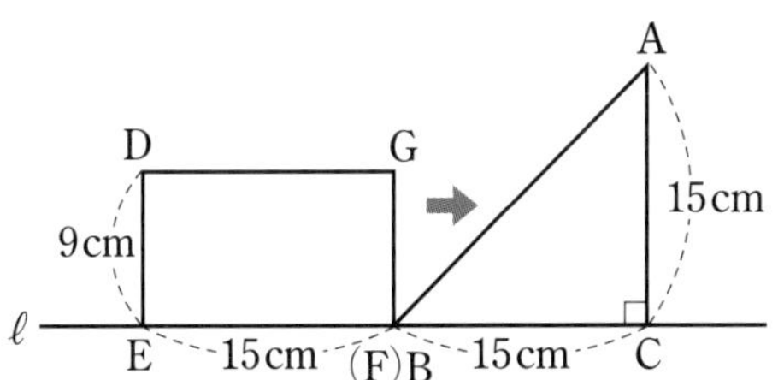

(1) $0 \leqq x \leqq 9$ のとき，y を x の式で表しなさい。

(2) $9 \leqq x \leqq 15$ のとき，y を x の式で表しなさい。

(3) 重なった部分の面積が8 cm^2 になるとき，x の値を求めなさい。

7 点/18点（各6点）

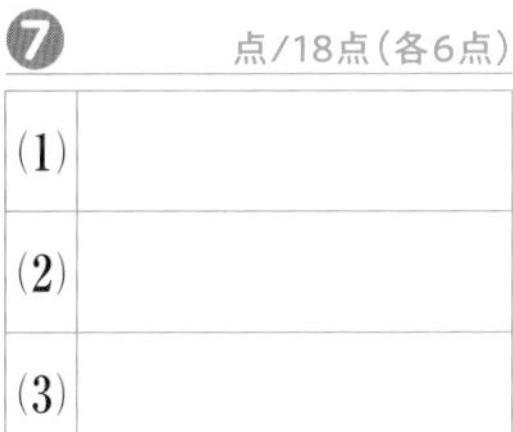

(1)	
(2)	
(3)	

4章 教科書97〜126ページ

知 /55点	考 /45点

解答▶▶ p.24〜25

教科書のまとめ〈4章　関数 $y=ax^2$〉

● 2 乗に比例する関数

・y が x の関数で，$y=ax^2$（a は 0 でない定数）と表されるとき，**y は x の 2 乗に比例する**という。また，この a を**比例定数**という。

●関数 $y=ax^2$ のグラフ

・関数 $y=ax^2$ のグラフは，**放物線**とよばれる曲線である。放物線の対称軸（たいしょうじく）を，その放物線の**軸**といい，放物線と軸との交点を，その放物線の**頂点**という。

・関数 $y=ax^2$ のグラフの特徴（とくちょう）

1. 原点を通り，y 軸について対称な曲線である。
2. $a>0$ のとき，上に開いている。
   $a<0$ のとき，下に開いている。
3. a の絶対値が大きいほど，グラフの開きぐあいは小さくなる。
4. 2 つの関数 $y=ax^2$，$y=-ax^2$ のグラフは，x 軸について対称である。

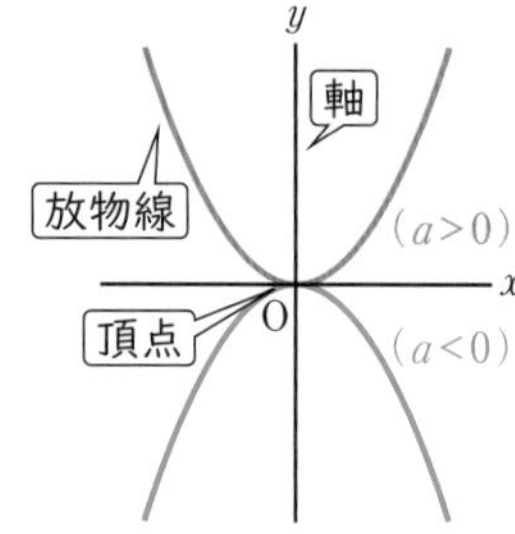

●関数 $y=ax^2$ の値の変化

関数のとる値（あたい）のうち，もっとも大きいものを**最大値**といい，もっとも小さいものを**最小値**という。

(例)　関数 $y=x^2$ は $x=0$ のとき最小値 $y=0$ をとる。
関数 $y=-x^2$ は $x=0$ のとき最大値 $y=0$ をとる。

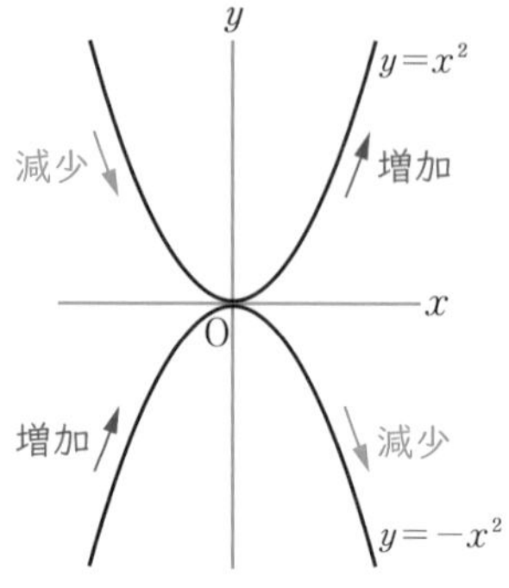

●関数 $y=ax^2$ の変域

x の変域の端（はし）の値が，y の変域の端の値に必ず対応しているとは限らない。

(例)　関数 $y=x^2$ について，x の変域が $-1 \leqq x \leqq 2$ であるとき，y の値は，
$x=0$ のとき最小値 $y=0$
$x=2$ のとき最大値 $y=4$
をとるから，y の変域は，$0 \leqq y \leqq 4$

●関数 $y=ax^2$ の変化の割合

・関数 $y=ax^2$ の変化の割合は，一定ではない。

(例)　関数 $y=x^2$ について，
x の値が 1 から 2 まで増加するときの変化の割合は，

$$\frac{(y\text{の増加量})}{(x\text{の増加量})}=\frac{4-1}{2-1}=3$$

x の値が 3 から 4 まで増加するときの変化の割合は，

$$\frac{(y\text{の増加量})}{(x\text{の増加量})}=\frac{16-9}{4-3}=7$$

・関数 $y=ax^2$ で，x の値が p から q まで増加するときの変化の割合は，グラフ上の 2 点 $(p,\ ap^2)$，$(q,\ aq^2)$ を通る直線の傾（かたむ）きを表している。

5章　相似

次の学習に入る前に取り組もう。

□**比例式の性質**　◀ 中学1年

$a:b=c:d$ ならば $ad=bc$

□**三角形の合同条件**　◀ 中学2年

①3組の辺が，それぞれ等しい。

②2組の辺とその間の角が，それぞれ等しい。

③1組の辺とその両端の角が，それぞれ等しい。

1 次の比例式を解きなさい。　◀ 中学1年〈比例式〉

(1)　$x:5=6:15$　　(2)　$12:x=3:8$

(3)　$6:9=x:15$　　(4)　$x:(x+3)=4:7$

ヒント
比例式の性質を使って……

2 下の図の三角形を，合同な三角形の組に分けなさい。
また，そのとき使った合同条件を答えなさい。　◀ 中学2年〈三角形の合同条件〉

ヒント
三角形の辺の長さや角の大きさに目をつけて……

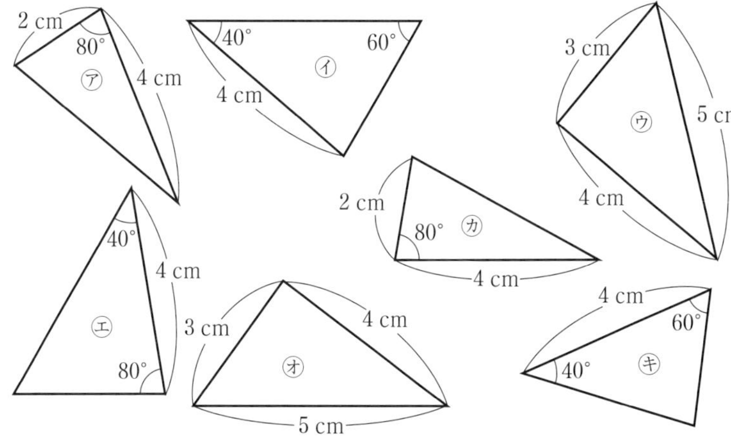

解答▶▶ p.25

●相似な図形の性質

教科書 p.130〜132

例題 1 右の図の四角形 ABCD と四角形 EFGH は相似(そうじ)です。 ▶▶1

(1) 四角形 EFGH は四角形 ABCD の何分の 1 の縮図ですか。

(2) 2 つの四角形が相似であることを，記号を使って表しなさい。

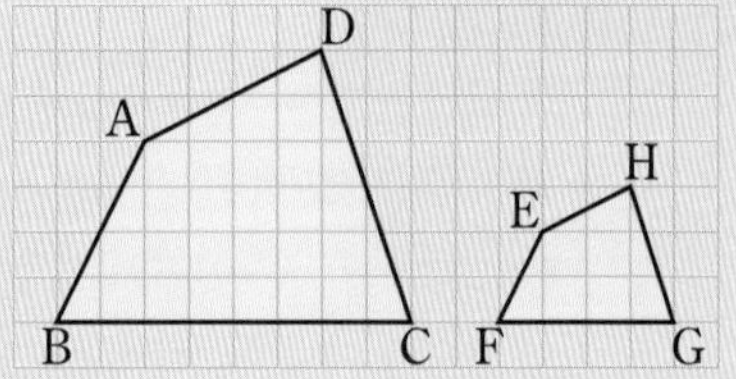

考え方 (1) 辺 BC と辺 FG の長さを比べます。
(2) 2 つの図形が相似であることを，記号∽を使って表します。

答え (1) 辺 FG の長さは辺 BC の長さの半分になっているから，
① [　　] の縮図である。

(2) 記号∽を使って，四角形 ABCD ② [　　] 四角形 EFGH

2 つの図形の一方を拡大または縮小した図形が，他方と合同になるとき，この 2 つの図形は相似であるといいます。

プラスワン 相似な図形の性質

[1] 相似な図形では，対応する線分の長さの比は，すべて等しい。
[2] 相似な図形では，対応する角の大きさは，それぞれ等しい。

●相似比

教科書 p.133〜134

例題 2 右の図において，△ABC∽△A′B′C′ です。△ABC と △A′B′C′ の相似比を求めなさい。 ▶▶2 3

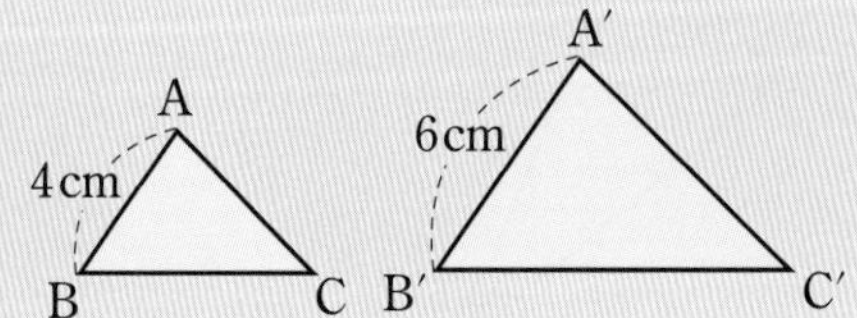

考え方 対応する線分の長さの比が相似比になります。

答え AB：A′B′＝4：① [　　] ＝2：② [　　]

プラスワン 相似比

相似な図形で，対応する線分の長さの比を**相似比**といいます。
相似な図形では，となり合う 2 辺の長さの比も等しくなります。

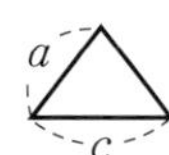

∽

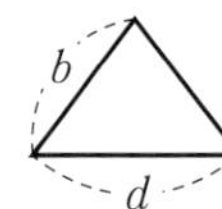

$a：b=c：d$ ならば $a：c=b：d$

対応する辺は AB と A′B′，BC と B′C′，CA と C′A′ です。

絶対理解 **1** 【相似な図形の性質】次の(1)，(2)のそれぞれにおいて，2 つの図形は相似です。このことを，記号∽を使って表しなさい。

教科書 p.132 問 2

●キーポイント
相似の記号∽を使うときは，合同の場合と同じように，対応する頂点は同じ順に書きます。

□(1)

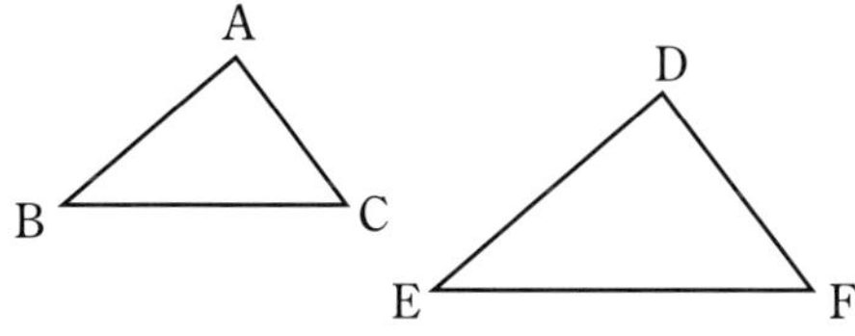

□(2)

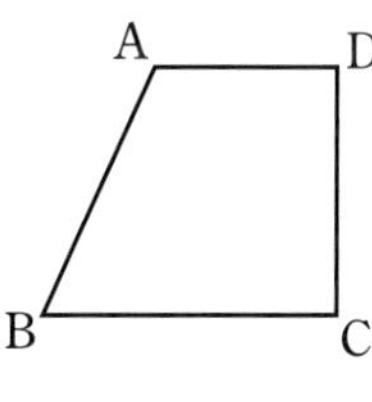

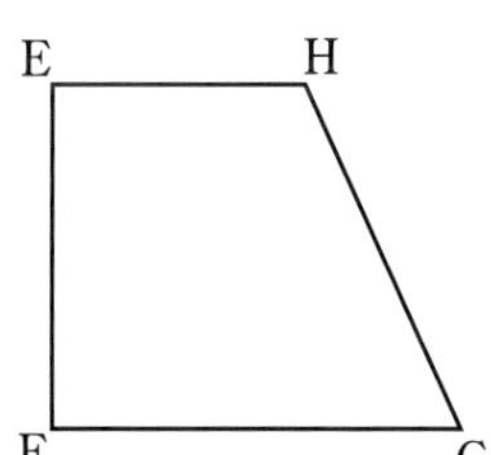

2 【相似比】右の図において，△ABC∽△PQR です。次の問いに答えなさい。

□(1) 対応する線分の長さの比がすべて等しいことを示しなさい。

□(2) △ABC と △PQR の相似比を求めなさい。

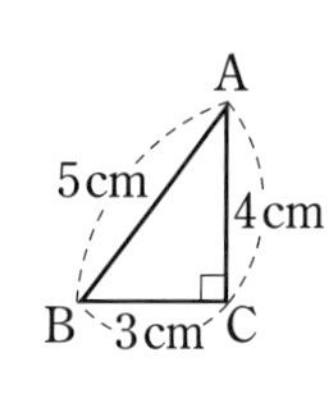

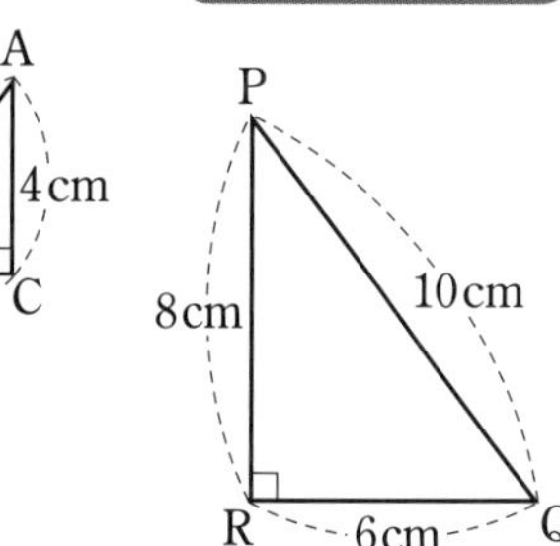

よく出る **3** 【相似な図形の辺の長さ】下の図において，四角形 ABCD∽四角形 EFGH です。このとき，次の問いに答えなさい。

教科書 p.134 例 2

●キーポイント
相似な図形では，対応する角の大きさはそれぞれ等しくなります。

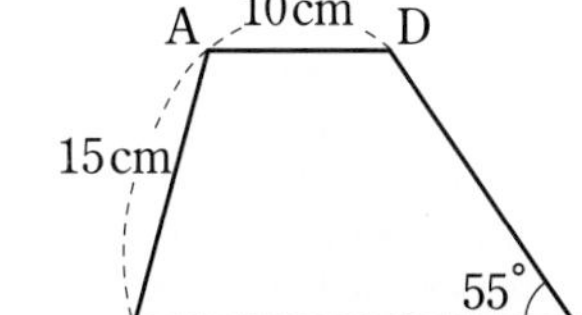

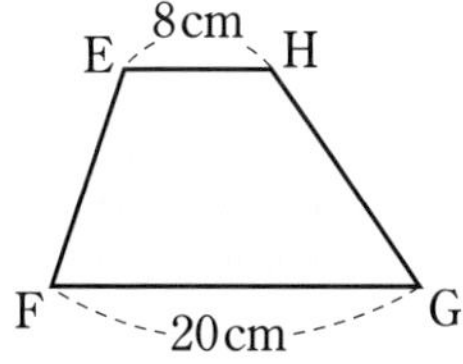

□(1) 辺 EF の長さを求めなさい。

□(2) 辺 BC の長さを求めなさい。

□(3) ∠G の大きさを求めなさい。

例題の答え **1** ① $\frac{1}{2}$ ② ∽ **2** ① 6 ② 3

解答▶▶ p.25

5章 相似

1 相似な図形

1 相似な図形の性質―(2)／2 三角形の相似条件―(1)

●相似の位置

教科書 p.135～136

□ **例題 1** 右の図に，点Oを相似の中心として，△ABC を 2倍に拡大した △A′B′C′ をかきなさい。 ▶▶1 2

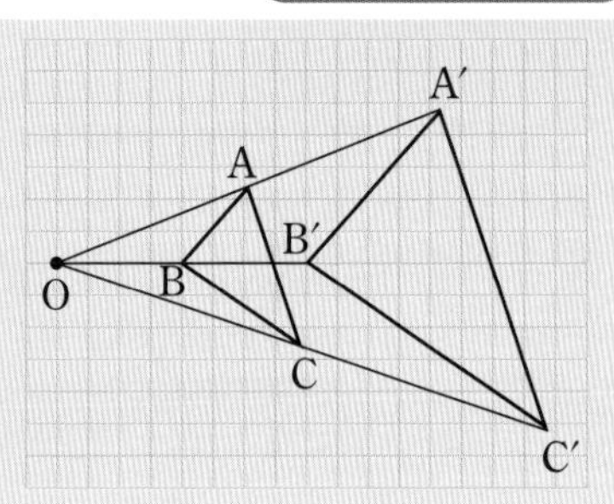

考え方 点Oから対応する点までの距離（きょり）の比がすべて等しくなるように，点A′，点B′，点C′をとります。

答え OA′＝① [ ]，OB′＝② [ ]，
OC′＝③ [ ] となる点A′，点B′，点C′をとる。

プラスワン 相似の位置，相似の中心

2つの図形の対応する頂点を結んだ直線が1点Oで交わり，Oから対応する点までの距離の比がすべて等しいとき，2つの図形は相似になります。このような位置にある2つの図形を**相似の位置**にあるといい，点Oを**相似の中心**といいます。

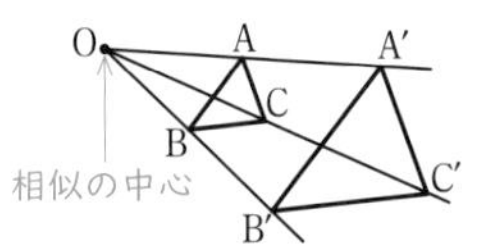

●三角形の相似条件

教科書 p.137～139

□ **例題 2** 次の図において，相似な三角形の組をすべて選び，そのとき使った相似条件を答えなさい。 ▶▶3

㋐
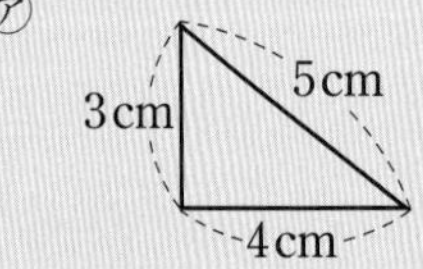

㋑
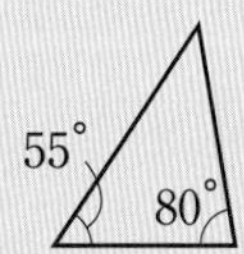

㋒
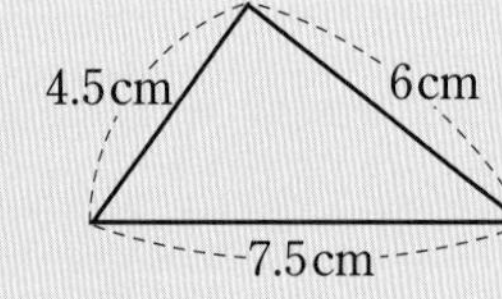

㋓
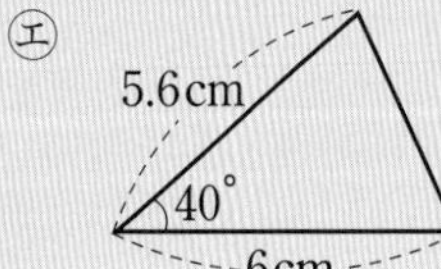

㋔
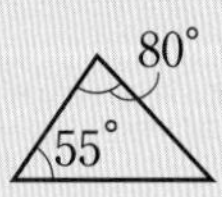

㋕
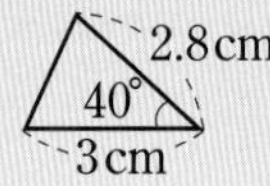

考え方 辺の長さの比と等しい角に着目します。

答え 相似な三角形の組

㋐と① [ ] 相似条件 ② [ ] がすべて等しい。

㋑と③ [ ] ④ [ ] がそれぞれ等しい。

㋓と⑤ [ ] ⑥ [ ] がそれぞれ等しい。

プラスワン 三角形の相似条件

2つの三角形は，次のどれかが成り立つとき相似です。

[1] **3組の辺の比**がすべて等しい。
[2] **2組の辺の比とその間の角**がそれぞれ等しい。
[3] **2組の角**がそれぞれ等しい。

三角形の合同条件
[1] 3組の辺がそれぞれ等しい。
[2] 2組の辺とその間の角がそれぞれ等しい。
[3] 1組の辺とその両端（りょうたん）の角がそれぞれ等しい。

1 【相似の位置】右の図に，点 O を相似の中心として，△ABC を 2 倍に拡大した △A′B′C′ と，$\frac{1}{2}$ に縮小した △A″B″C″ をそれぞれかきなさい。 教科書 p.135 問 8

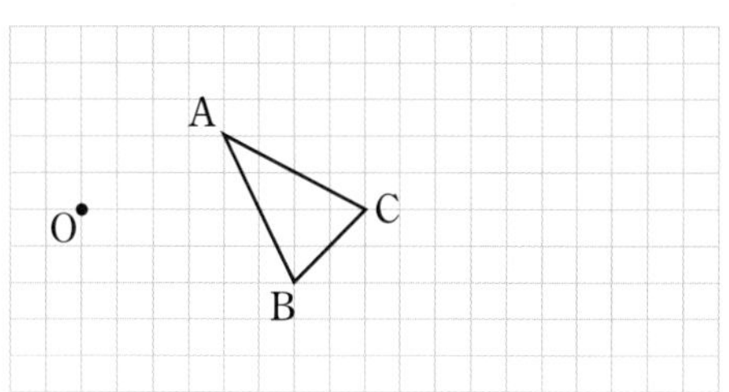

2 【相似の位置】右の図に，点 O を相似の中心として，四角形 ABCD を $\frac{1}{2}$ に縮小した四角形 A′B′C′D′ をかきなさい。 教科書 p.136

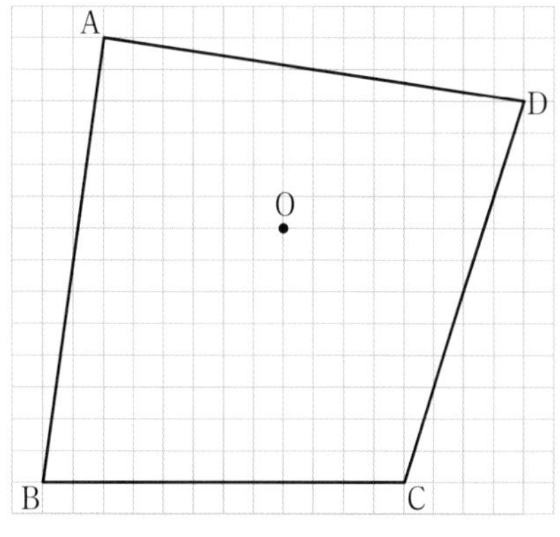

絶対理解 **3** 【三角形の相似条件】次の図において，相似な三角形を，記号∽を使って表し，そのとき使った相似条件を答えなさい。 教科書 p.139 問 2

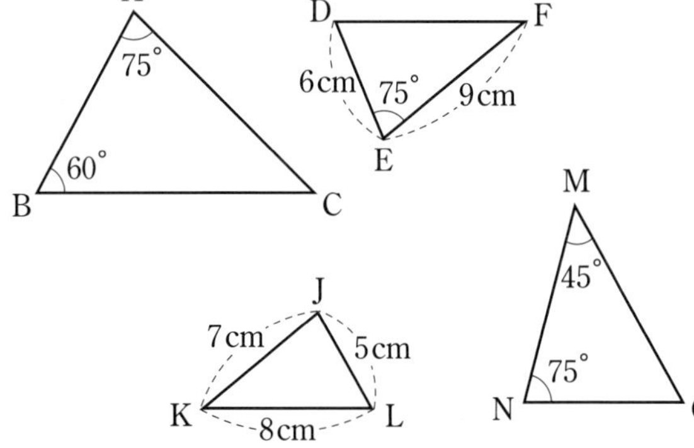

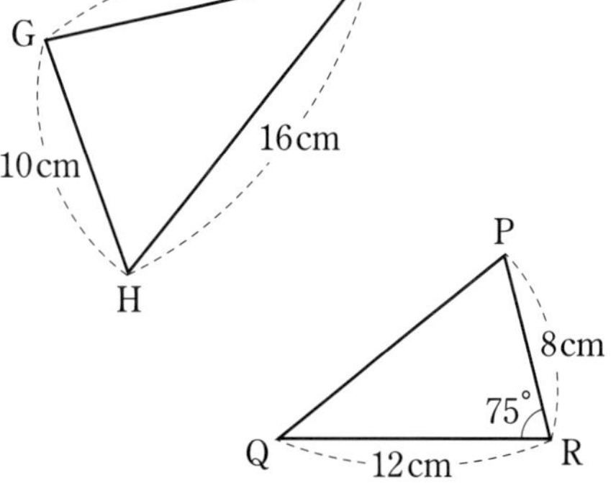

例題の答え **1** ①2OA ②2OB ③2OC
2 ①㋒ ②3 組の辺の比 ③㋔ ④2 組の角 ⑤㋕ ⑥2 組の辺の比とその間の角

解答▶▶ p.26

●相似な三角形

教科書 p.139〜140

□ **例題 1** 右のような図があります。△ABC∽△ADE であることを証明しなさい。 ▶▶1 2

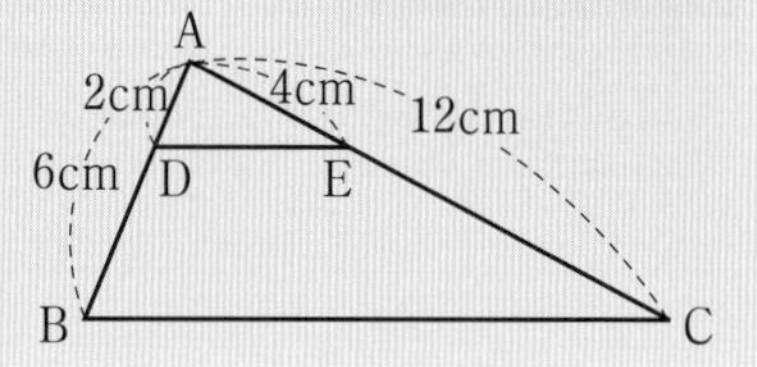

考え方 三角形の相似条件[2]を根拠(こんきょ)として用います。

証明 AB：① [　　] ＝6：2＝3：1

AC：② [　　] ＝12：4＝3：1

であるから

AB：① [　　] ＝AC：② [　　] ……㋐

共通な角であるから

∠BAC＝∠③ [　　] ……㋑

㋐，㋑より，

④ [　　　　] がそれぞれ等しいから

△ABC∽△ADE

□ **例題 2** ∠A＝90°の直角三角形 ABC において，辺 AB 上の点 P から辺 BC に垂線 PQ をひきます。このとき，△ABC∽△QBP であることを証明しなさい。 ▶▶3

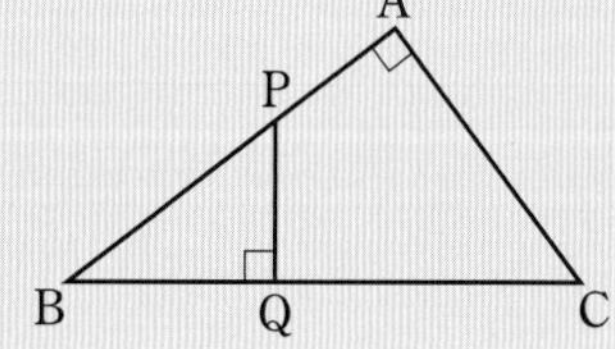

考え方 三角形の相似条件[3]を根拠として用います。

証明 △ABC と △QBP において

仮定から ∠CAB＝∠① [　　] ……㋐

共通な角であるから ∠② [　　] ＝∠QBP ……㋑

㋐，㋑より，

③ [　　　] がそれぞれ等しいから

△ABC∽△QBP

よく出る **1** 【相似な三角形の証明】次の問いに答えなさい。 教科書 p.139 問 3

□(1) 次の図において，△AEC∽△BED であることを証明しなさい。

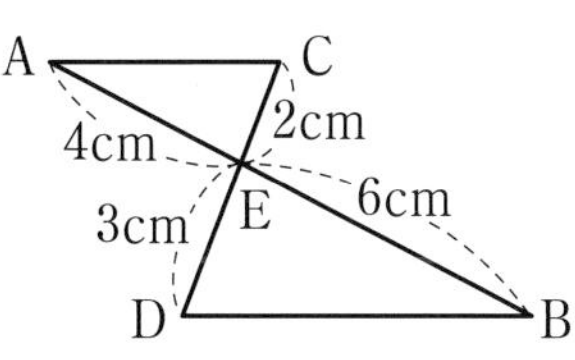

□(2) 次の図において，△ABC∽△AED であることを証明しなさい。

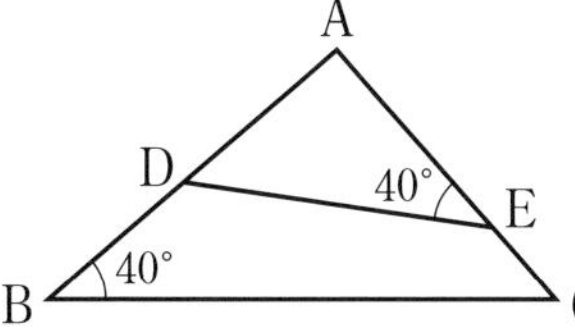

●キーポイント

三角形の相似条件を下の図で考えると

[1] $a:a'=b:b'=c:c'$

[2] $\begin{cases} a:a'=c:c' \\ \angle B=\angle B' \end{cases}$

[3] $\begin{cases} \angle B=\angle B' \\ \angle C=\angle C' \end{cases}$

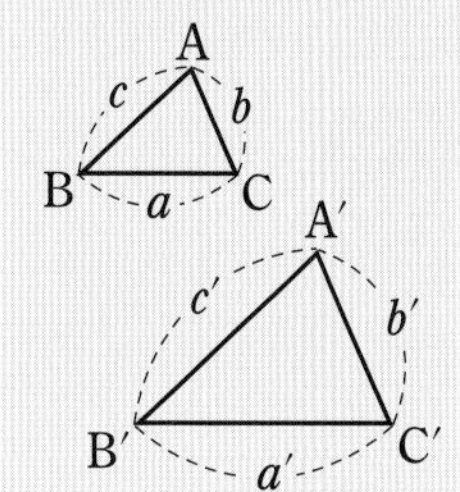

2 【相似な三角形の証明】右の図のような △ABC において，△ABC∽△DBA であることを証明しなさい。

□

教科書 p.140 例 2

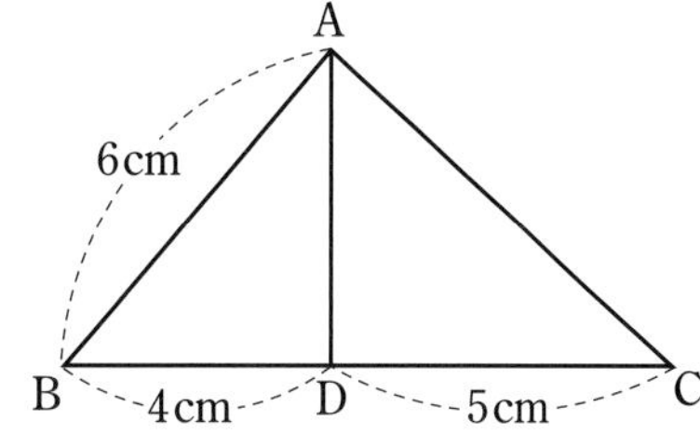

3 【相似な三角形の証明】右の図の △ABC について，頂点 A, C から，それぞれ辺 BC，AB に垂線 AD，CE をひきます。その交点を F とするとき，△CDF∽△AEF であることを証明しなさい。 教科書 p.140 問 5

□

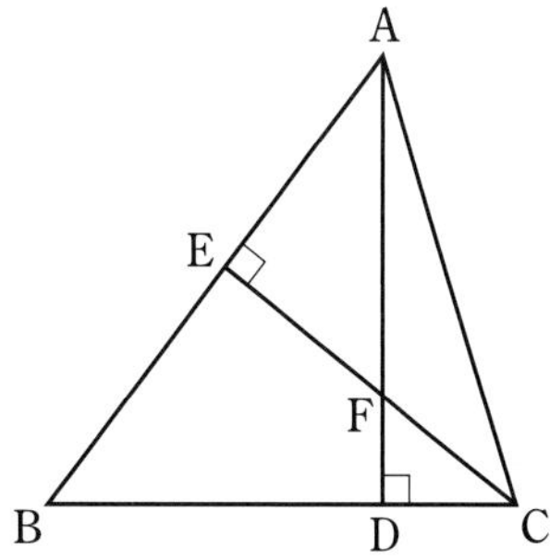

5章

教科書139〜140ページ

例題の答え **1** ①AD ②AE ③DAE ④2 組の辺の比とその間の角 **2** ①PQB ②ABC ③2 組の角

解答▶▶ p.26〜27

5章 相似

1 相似な図形
3 相似な図形の面積の比

●高さが等しい三角形の面積の比

教科書 p.141

□ 例題1 △ABC の辺 BC 上に点 D があります。
BD：DC＝5：3 であるとき，
△ABD と △ADC の比が 5：3 であることを証明しなさい。 ▶▶1

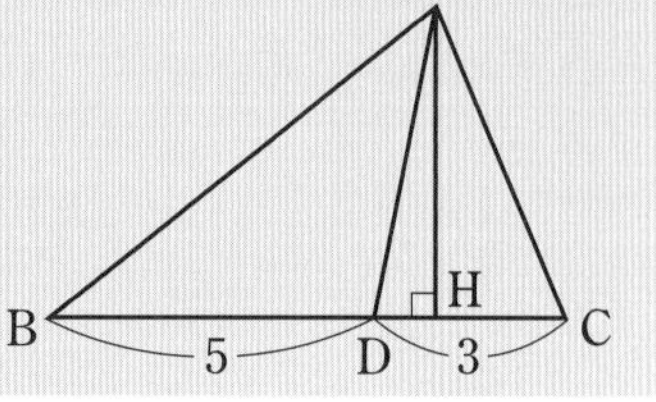

考え方 △ABD と △ADC の面積を式で表してから，比を求めます。

答え 頂点 A から辺 BC に垂線 AH をひくと

△ABD の面積は $\frac{1}{2}\times$ ① $\times$AH

△ADC の面積は $\frac{1}{2}\times$DC$\times$ ②

高さ AH は求めなくていいんですね！

したがって，△ABD と △ADC の面積の比は

$\left(\frac{1}{2}\times\right.$ ① $\left.\times \mathrm{AH}\right):\left(\frac{1}{2}\times \mathrm{DC}\times\right.$ ② $\left.\right)$

＝ ① ：DC＝5：3

プラスワン 高さが等しい三角形の面積の比

高さが等しい 2 つの三角形の面積の比は，底辺の長さの比に等しくなります。

●相似な図形の面積の比

教科書 p.142～143

□ 例題2 五角形 ABCDE と PQRST は相似で，その相似比は 2：3 です。五角形 ABCDE の面積が 140 cm^2 であるとき，五角形 PQRST の面積を求めなさい。 ▶▶2 3

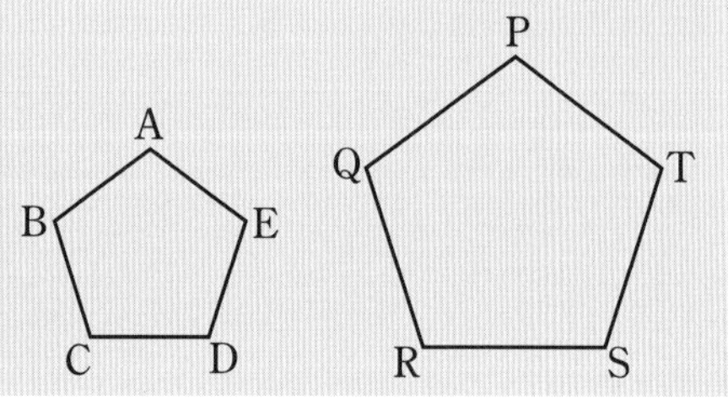

考え方 面積の比は相似比の 2 乗に等しいことから比例式をつくります。

答え 2 つの五角形の相似比は 2：3 であるから，

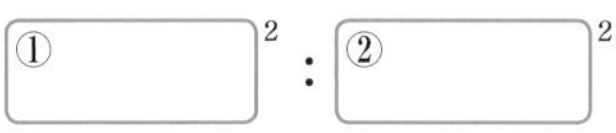

面積の比は ① ^{2} ： ② ^{2}

五角形 PQRST の面積を x cm^2 とすると

140：x＝ ① ^{2} ： ② ^{2}

＝ ③ ： ④

x＝ ⑤

求める面積は ⑤ cm^2

プラスワン 相似な図形の面積の比

2 つの相似な図形の相似比が $m:n$ であるとき，それらの面積の比は $m^2:n^2$ です。

1 【高さが等しい三角形の面積の比】
右の図の △ABC において，点 D は辺 BC を 3：2 に分ける点，点 E は線分 AD を 3：4 に分ける点です。△ABC の面積が 35 cm^2 であるとき，次の三角形の面積を求めなさい。

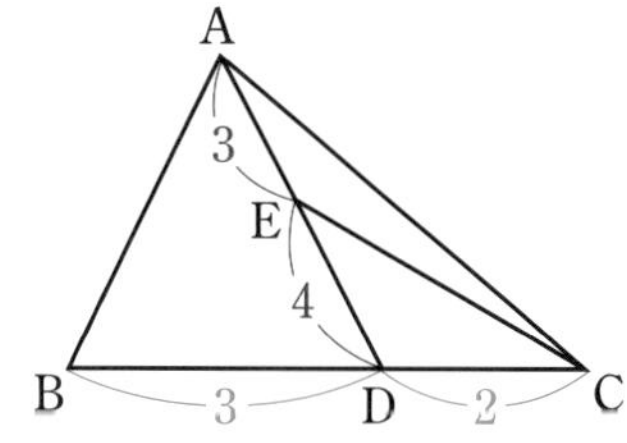

教科書 p.141 問 1

●キーポイント
底辺が同じ直線上にあり，それに対する頂点が共通な2つの三角形では，面積の比は高さの比に等しくなります。

□(1) △ADC

□(2) △AEC

絶対理解 **2 【相似な図形の面積の比】** 次の問いに答えなさい。

教科書 p.142 問 2,3
p.143 問 4,5

□(1) 多角形 F と G は相似で，その相似比は 1：3 です。
F と G の面積の比を求めなさい。

□(2) △ABC∽△DEF で，AB＝12 cm，DE＝15 cm です。
△ABC と △DEF の面積の比を求めなさい。

□(3) 半径が 21 cm の円と半径が 9 cm の円の面積の比を求めなさい。

⚠ミスに注意
相似比とは，対応する線分の長さの比です。相似比と面積の比をまちがえないようにしましょう。
相似比　AB：AD
面積の比　$AB^2：AD^2$

●キーポイント
円は拡大・縮小してもやはり円なので，円は相似な図形で，半径や直径の比が相似比です。

3 【相似な図形の面積の比】 右の図の直角三角形 ABC において，
□ 点 M を辺 BC の中点とし，M から辺 AC にひいた垂線を MN とします。このとき，△ABC と △MNC の面積の比を求めなさい。

教科書 p.143 問 6

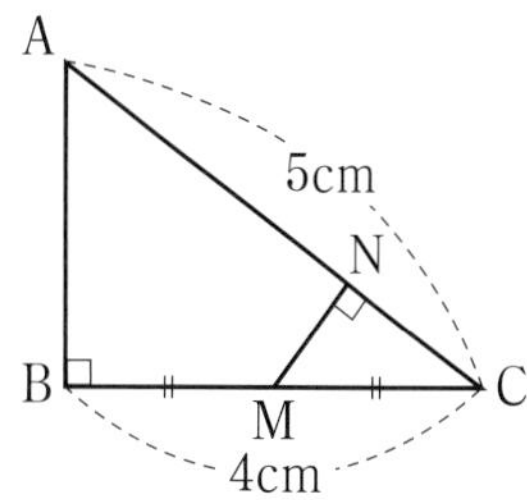

例題の答え **1** ①BD　②AH　**2** ①2　②3　③4　④9　⑤315

5章　相似

1　相似な図形
4　相似な立体とその性質

●相似な立体とその性質

教科書 p.144～145

□ 

相似な 2 つの立体 P，Q があり，P と Q の相似比は 2：5 です。次の問いに答えなさい。 ▶▶1 2

(1)　P と Q の表面積の比を求めなさい。

(2)　P の表面積が 40 cm^2 であるとき，Q の表面積を求めなさい。

考え方　相似な立体の表面積の比は，相似比の 2 乗です。

答え　(1)　P と Q の相似比は 2：5 であるから，

P と Q の表面積の比は　2^2：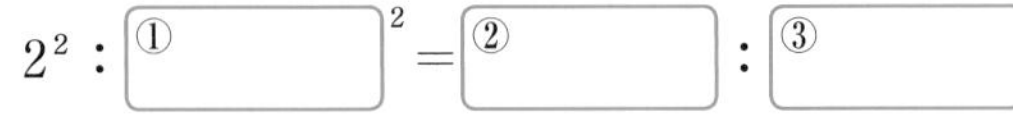
2^2：①^2＝②：③

(2)　求める表面積は　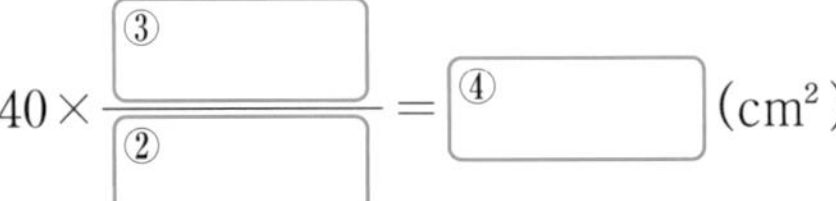
40×$\frac{③}{②}$＝④(cm^2)

□ 例題 2

相似な 2 つの立体 P，Q があります。P と Q の相似比は 3：2 で，P の体積は 135 cm^3 です。Q の体積を求めなさい。 ▶▶1 2

考え方　相似な立体の体積の比は，相似比の 3 乗です。

答え　P と Q の相似比は 3：2 であるから，

P と Q の体積の比は　3^3：①^3＝②：③

よって，求める体積は　135×$\frac{③}{②}$＝④(cm^3)

プラスワン　相似な立体の表面積の比，体積の比

2 つの相似な立体の相似比が $m：n$ であるとき，それらの表面積の比は $m^2：n^2$ であり，体積の比は $m^3：n^3$ です。

相似な立体では，対応する線分の長さの比はすべて等しく，対応する角の大きさはそれぞれ等しくなります。

絶対理解 **1** **【相似な立体とその性質】** 相似な 2 つの円柱 A，B があり，その高さはそれぞれ 6 cm，10 cm です。次の問いに答えなさい。 教科書 p.145 問 1〜3

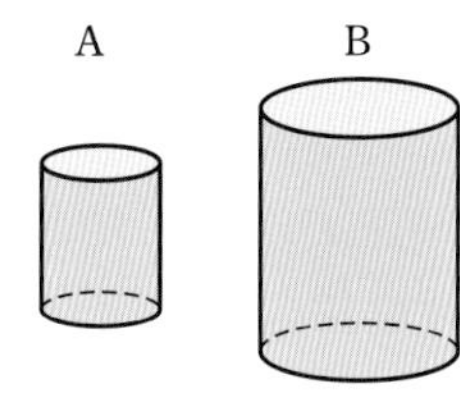

●キーポイント
相似比が直接与えられていないときは，辺の比，半径の比，高さの比などを調べて相似比を求めます。

□(1) A と B の表面積の比と体積の比をそれぞれ求めなさい。

⚠ミスに注意
相似比が $m:n$ のとき，
表面積の比は $m^2:n^2$
体積の比は $m^3:n^3$
です。
$m^2:n^2$ を使って体積を求めたりしないように注意しましょう。

□(2) A の表面積が 72π cm^2 であるとき，B の表面積を求めなさい。

□(3) B の体積が 1000π cm^3 であるとき，A の体積を求めなさい。

2 **【相似な立体とその性質】** 右の図の 2 つの球 O と O′ について，次の問いに答えなさい。 教科書 p.145 問 1〜3

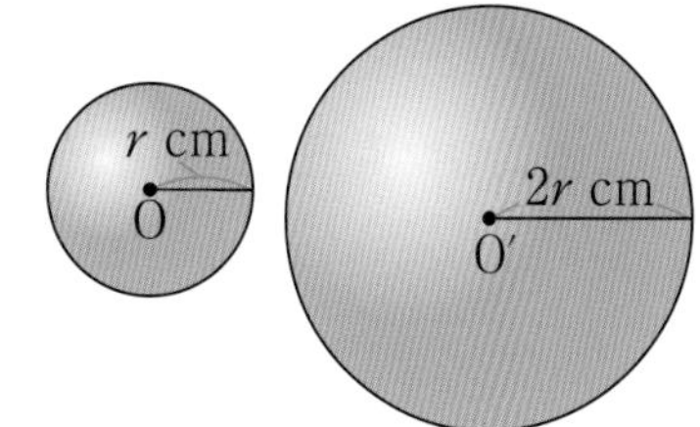

□(1) O と O′ の相似比を求めなさい。

□(2) O の表面積が 36π cm^2 であるとき，O′ の表面積を求めなさい。

□(3) O′ の体積が 288π cm^3 であるとき，O の体積を求めなさい。

例題の答え **1** ①5　②4　③25　④250　**2** ①2　②27　③8　④40

解答▶▶ p.27

1 相似な図形 1～4

よく出る **1** 右の図において，△ABC∽△DEF であるとき，次の問いに答えなさい。

□(1) ∠B に対応する角を答えなさい。

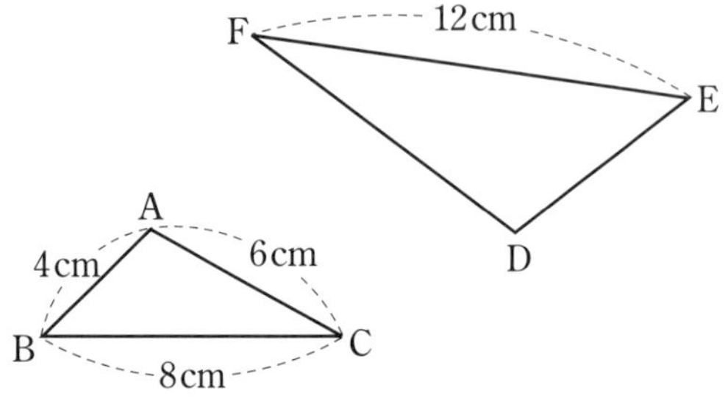

□(2) △ABC と △DEF の相似比を求めなさい。

□(3) 辺 DE，辺 DF の長さを求めなさい。

2 下の図は，点 O を相似の中心として，四角形 ABCD と相似な四角形 A′B′C′D′ をかきかけたものです。OA′：OA＝3：2 として，次の問いに答えなさい。

□(1) 四角形 A′B′C′D′ を完成しなさい。

□(2) 四角形 A′B′C′D′ と四角形 ABCD の相似比を求めなさい。

□(3) AB＝6 cm であるとき，線分 A′B′ の長さを求めなさい。

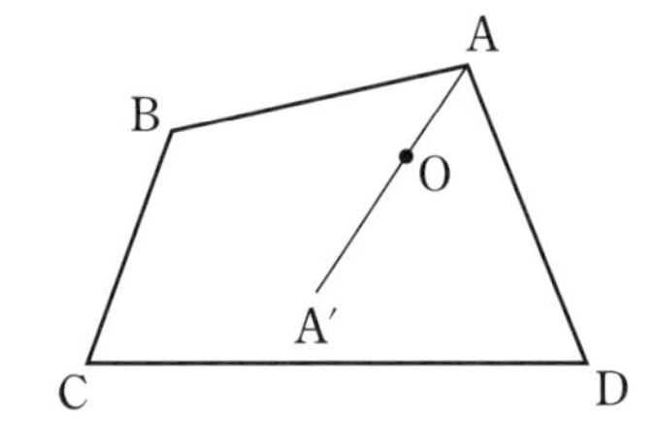

よく出る **3** 次の図において，△ABC と相似な三角形を，記号∽を使って表し，そのとき使った相似条件を答えなさい。

□(1)

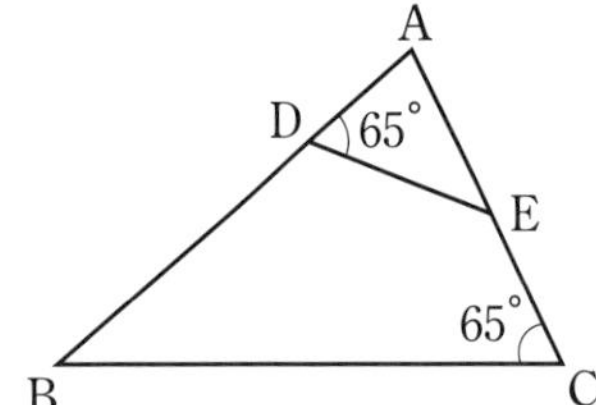

□(2)

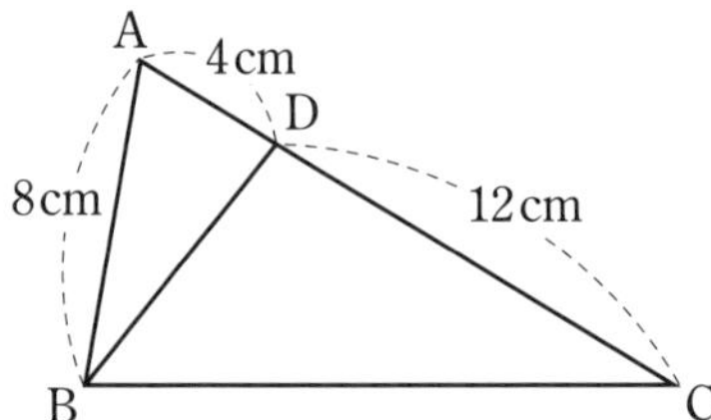

ヒント **2** (1)BO，CO，DO をそれぞれ O の方向に延長し，点 B′，C′，D′ をとる。
3 (2)∠A は共通。その ∠A をはさむ辺について，辺の長さの比を調べる。

定期テスト予報

●三角形の相似条件をしっかり覚えよう。
三角形の相似条件は2つの三角形が相似であることを示す根拠（こんきょ）となる大切なことがらだよ。条件をただ丸暗記するのではなく，図と関連づけてその意味を確認しながら覚えるようにしよう。

4 **長方形 ABCD の紙を，右の図のように，線分 AP を折り目として折ったところ，点 B が辺 CD 上の点 E と重なりました。このとき，次の問いに答えなさい。**

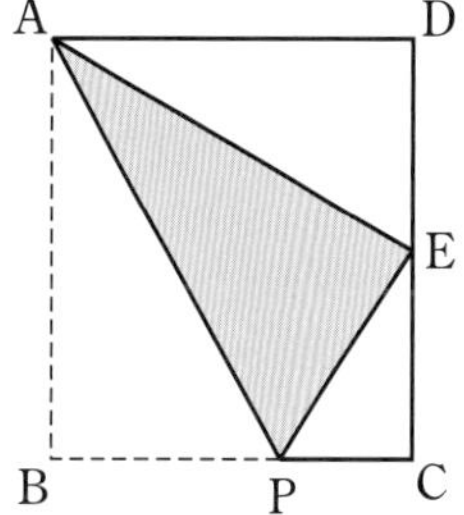

□(1)　△AED∽△EPC であることを証明しなさい。

□(2)　AB＝10 cm，BC＝8 cm，BP＝5 cm であるとき，線分 DE の長さを求めなさい。

5 **△ABC の頂点 A，C から，それぞれ辺 BC，AB に垂線 AE，CD をひきます。AB＝10 cm，BE＝3 cm，EC＝5 cm であるとき，次の三角形の面積の比を求めなさい。**

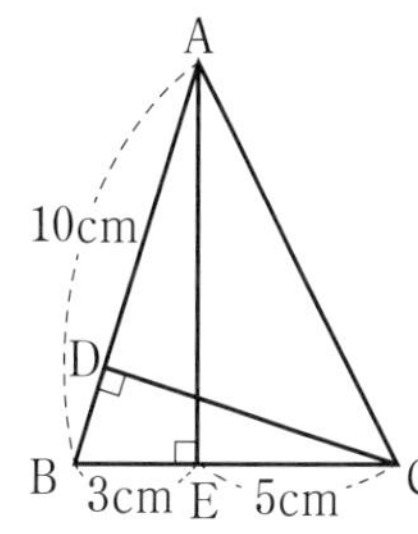

□(1)　△ABE：△ACE

□(2)　△ABE：△CBD

6 **相似な 2 つの立体 P，Q があり，P と Q の相似比は 4：5 です。次の問いに答えなさい。**

□(1)　P の表面積が 224 cm^2 であるとき，Q の表面積を求めなさい。

□(2)　Q の体積が 375 cm^3 であるとき，P の体積を求めなさい。

4 (1)三角形の相似条件［3］を用いる。

6 相似な立体の表面積の比は，相似比の2乗に等しく，体積の比は，相似比の3乗に等しい。

解答▶▶ p.27〜28

5章　相似

2　平行線と線分の比
1　三角形と比

●三角形と線分の比(1)

教科書 p.147～149

□ **例題 1** 右の図において，DE∥BC のとき，x，y の値(あたい)を求めなさい。 ▶▶1 2

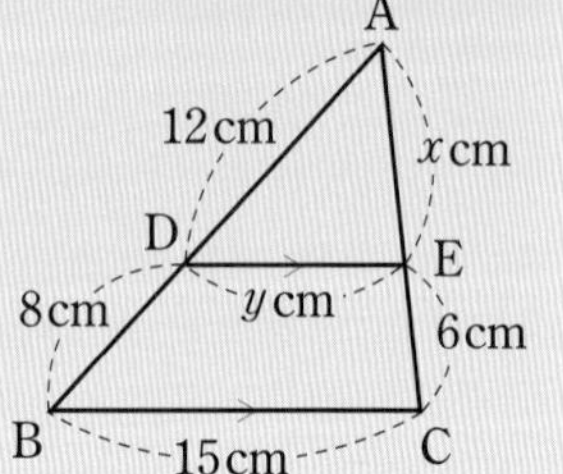

考え方　三角形と線分の比(1)の定理を利用して，比例式をつくります。

答え　三角形と線分の比(1)の定理により　AD：DB＝AE：EC

$12:8=x:$ ①□

$8x=$ ②□　　したがって　$x=$ ③□

三角形と線分の比(1)の定理により　AD：AB＝DE：BC

$12:(12+8)=y:$ ④□

$20y=$ ⑤□　　したがって　$y=$ ⑥□

プラスワン　三角形と線分の比(1)

△ABC の辺 AB，AC 上に，それぞれ点 D，E をとるとき，次のことが成り立ちます。

[1]　DE∥BC　ならば　AD：AB＝AE：AC＝DE：BC

[2]　DE∥BC　ならば　AD：DB＝AE：EC

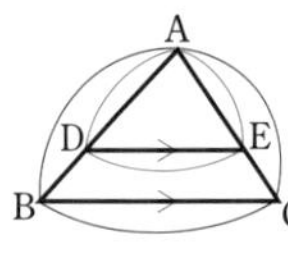

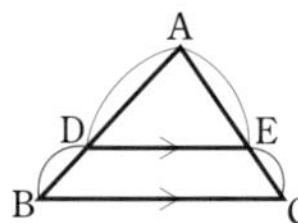

●三角形と線分の比(2)

教科書 p.149～151

□ **例題 2** 右の図の △ABC において，DE∥BC であることを証明しなさい。 ▶▶3

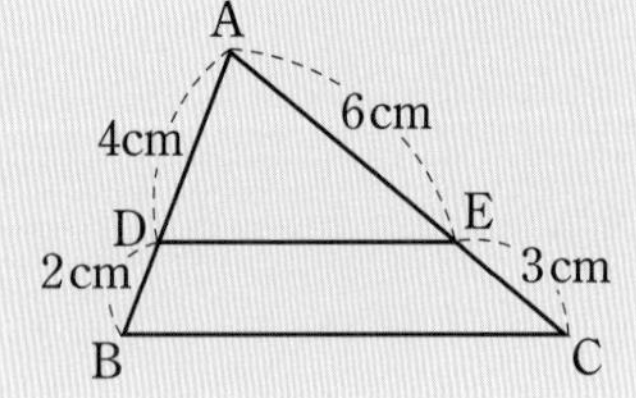

考え方　AD：DB＝AE：EC を示します。

証明　AD：DB＝4：①□＝2：②□

AE：EC＝6：③□＝2：②□

よって　AD：DB＝AE：④□

したがって　DE∥⑤□

プラスワン　三角形と線分の比(2)

△ABC の辺 AB，AC 上に，それぞれ点 D，E をとるとき，次のことが成り立ちます。

[1]　AD：AB＝AE：AC　ならば　DE∥BC

[2]　AD：DB＝AE：EC　ならば　DE∥BC

1 【三角形と線分の比(1)】次の図において，DE∥BC のとき，x，y の値を求めなさい。

教科書 p.149 例 1

□(1)

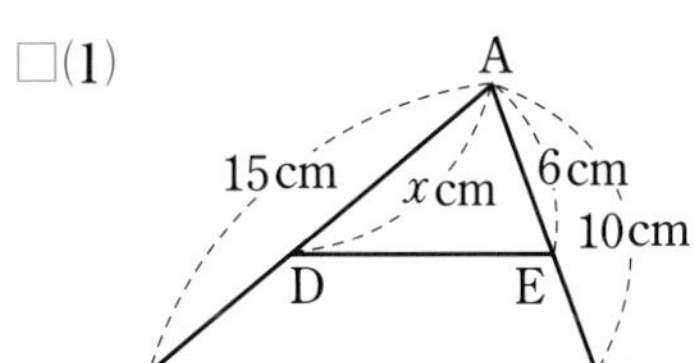

□(2)

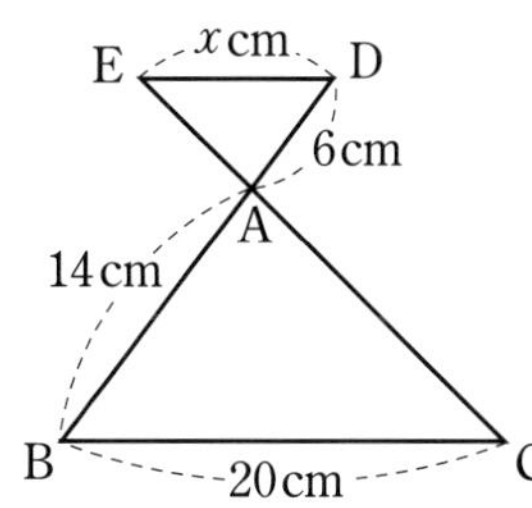

●キーポイント
三角形と線分の比(1)は，下の図のように，辺 AB，AC の延長上にそれぞれ点 D，E があるときも成り立ちます。

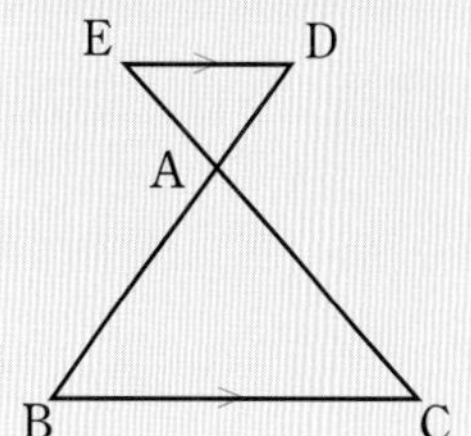

□(3)

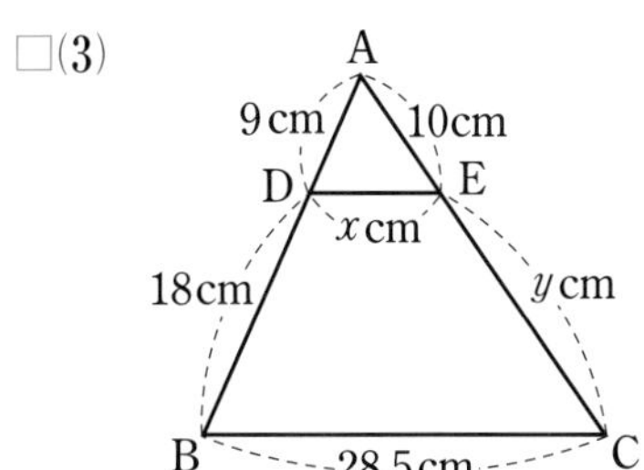

□(4)

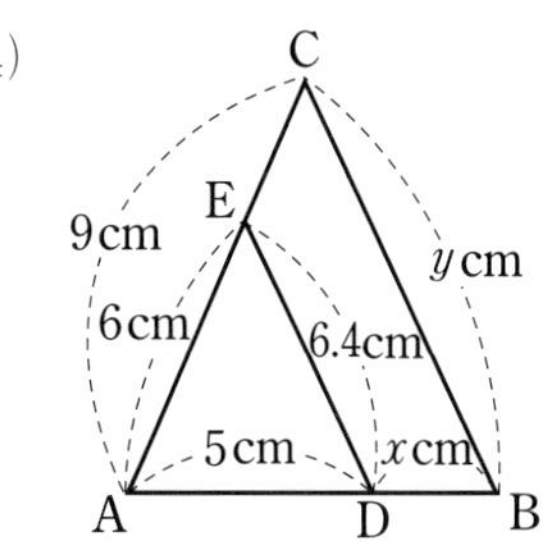

2 【三角形と線分の比(1)】右の図において，AD∥EF∥BC のとき，線分 EG，GF の長さを求めなさい。

教科書 p.149 例 1

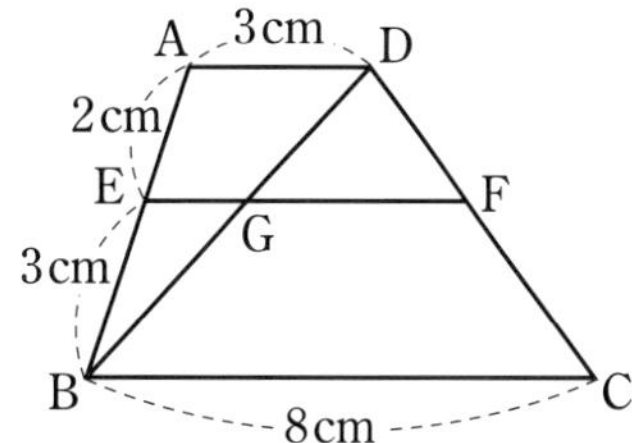

3 【三角形と線分の比(2)】右の図において，線分 DE，EF，FD の中から，△ABC の辺に平行な線分を選びなさい。

教科書 p.151 問 5

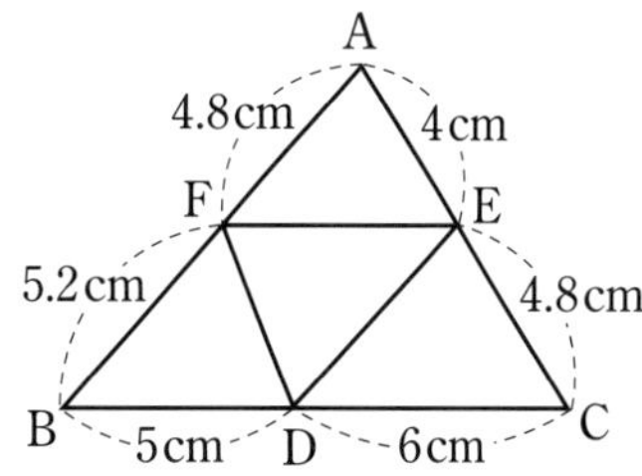

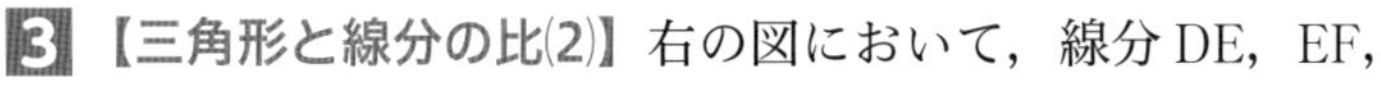

例題の答え **1** ①6 ②72 ③9 ④15 ⑤180 ⑥9 **2** ①2 ②1 ③3 ④EC ⑤BC

5章 教科書 147～151 ページ

② 平行線と線分の比
2 中点連結定理／3 平行線と線分の比

●中点連結定理

教科書 p.152〜153

□ 例題 1 右の図の△ABCにおいて，点M，Nはそれぞれ辺AB，ACの中点です。このとき，$\angle x$の大きさとyの値（あたい）を求めなさい。 ▶▶1 2

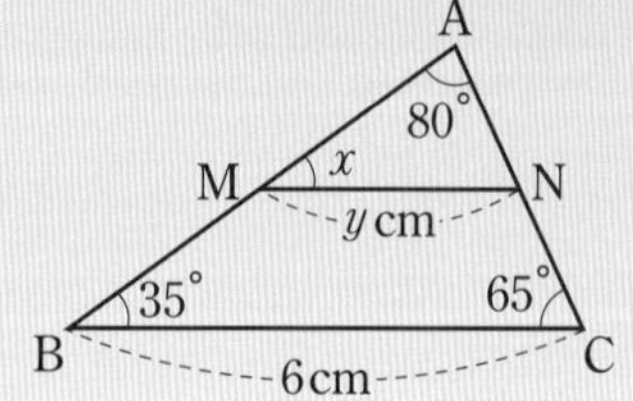

考え方 中点連結定理を利用します。

答え 中点連結定理により　MN ① ［　　］ BC

平行線の同位角は等しいから　$\angle x = \angle$ ② ［　　］ = ③ ［　　］°

中点連結定理により　$\mathrm{MN} = \frac{1}{2}$ ④ ［　　］

$y = \frac{1}{2} \times$ ⑤ ［　　］ = ⑥ ［　　］

プラスワン　中点連結定理

△ABCの辺AB，ACの中点を，それぞれM，Nとすると，次のことが成り立ちます。

$\mathrm{MN} /\!/ \mathrm{BC}$，$\mathrm{MN} = \frac{1}{2}\mathrm{BC}$

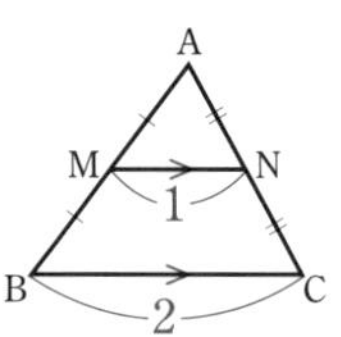

●平行線と線分の比

教科書 p.154〜157

□ 例題 2 右の図において，3直線ℓ，m，nが平行であるとき，xの値を求めなさい。 ▶▶3

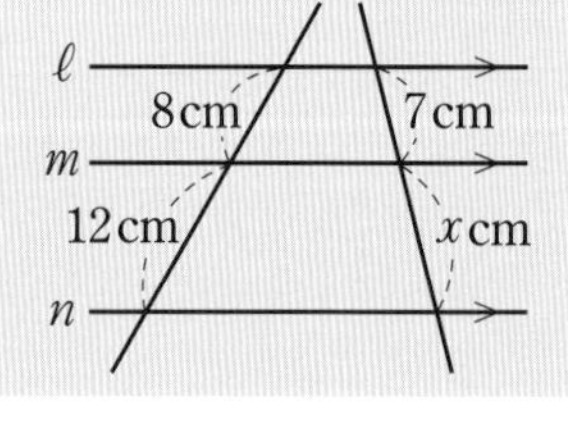

考え方 平行線と線分の比の定理を利用します。

答え 平行線と線分の比の定理により

$8 : 12 =$ ① ［　　］ $: x$

$8x =$ ② ［　　］

$x =$ ③ ［　　］

プラスワン　平行線と線分の比

平行な3直線ℓ，m，nに直線pがそれぞれ点A，B，Cで交わり，直線qがそれぞれ点D，E，Fで交わるとき，次のことが成り立ちます。

$\mathrm{AB} : \mathrm{BC} = \mathrm{DE} : \mathrm{EF}$

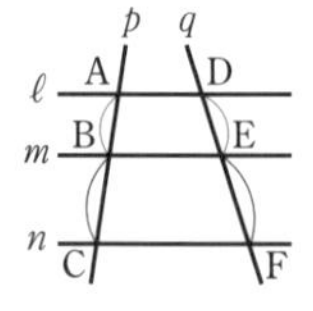

1 【中点連結定理】右の図の四角形 ABCD は，AD∥BC の台形です。AE＝EB，AG＝GC で，AD＝6 cm，BC＝10 cm であるとき，次の線分の長さを求めなさい。 教科書 p.152 問 2

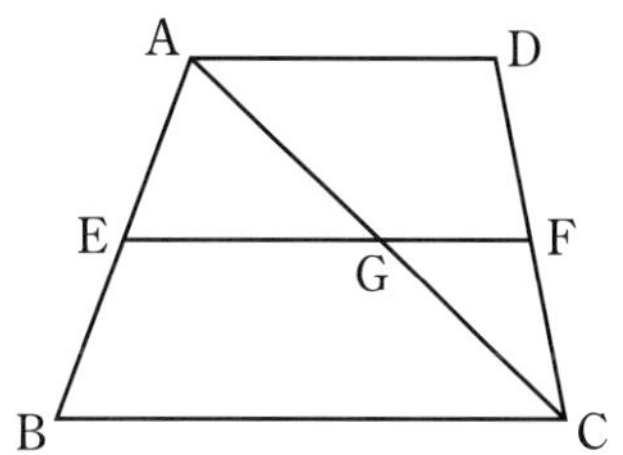

□(1) EG　　□(2) EF

2 【中点連結定理の利用】四角形 ABCD において，辺 AB，BC，CD，DA の中点をそれぞれ P，Q，R，S とします。このとき，四角形 PQRS は平行四辺形であることを証明しなさい。 教科書 p.153 例 1

□

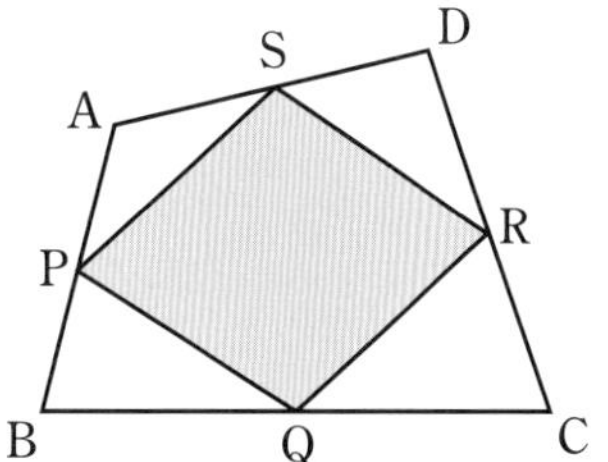

3 【平行線と線分の比】右の図において，3 直線 ℓ，m，n が平行であるとき，x の値を求めなさい。 教科書 p.155 問 2

□

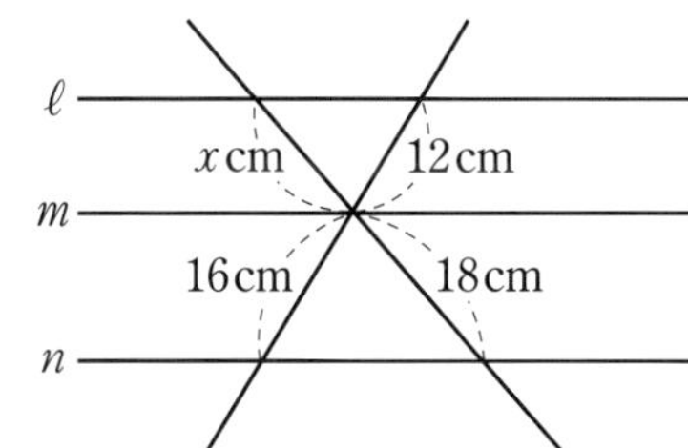

●キーポイント
2直線が交わってわかりにくいときは，平行移動させて考えてみるとわかりやすくなります。

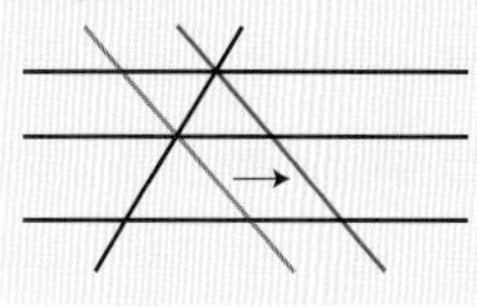

4 【角の二等分線と線分の比】次の図において，線分 AD は ∠BAC の二等分線です。このとき，x の値を求めなさい。 教科書 p.157 問 5

□(1)

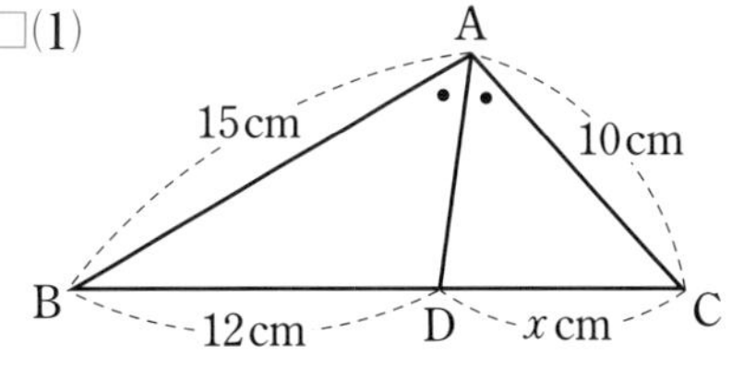

□(2)

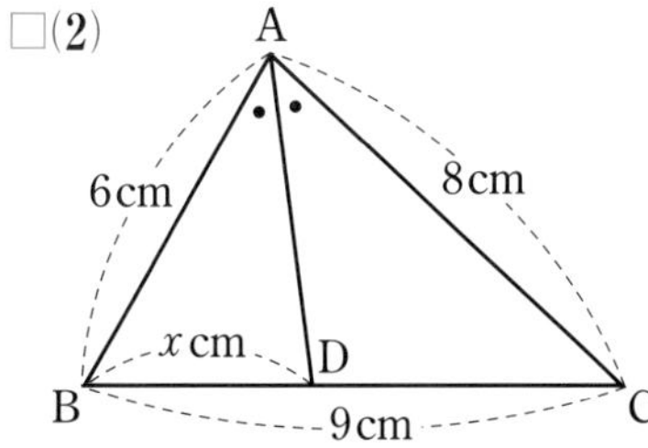

●キーポイント
△ABC において，∠A の二等分線と辺 BC の交点を D とすると，次のことが成り立ちます。
AB：AC＝BD：DC

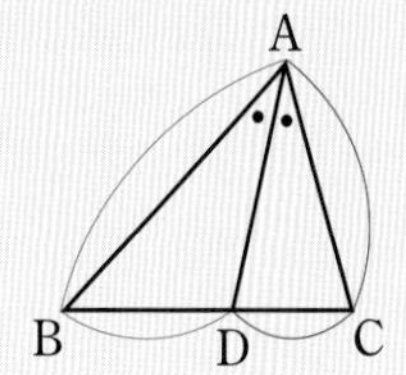

例題の答え **1** ①∥　②ABC　③35　④BC　⑤6　⑥3　**2** ①7　②84　③10.5$\left(\frac{21}{2}\right)$

解答▶▶ p.29

2 平行線と線分の比 1～3

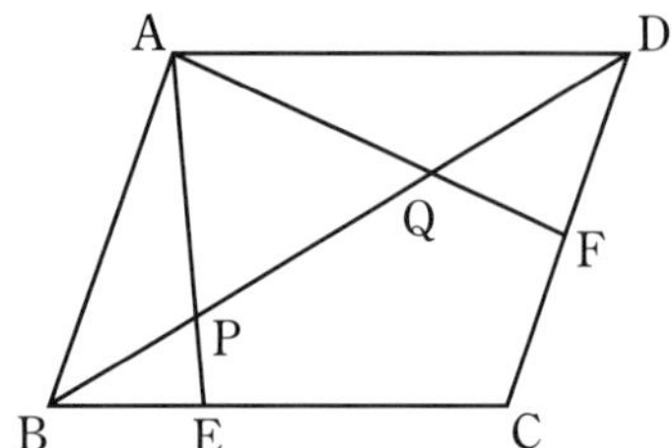

1 右の図の四角形 ABCD は平行四辺形で，点 E は辺 BC を 1：2 に分ける点，点 F は辺 CD の中点です。また，点 P，Q はそれぞれ対角線 BD と線分 AE，AF の交点です。BD＝12 cm であるとき，次の線分の長さを求めなさい。

□(1) BP　　□(2) PQ

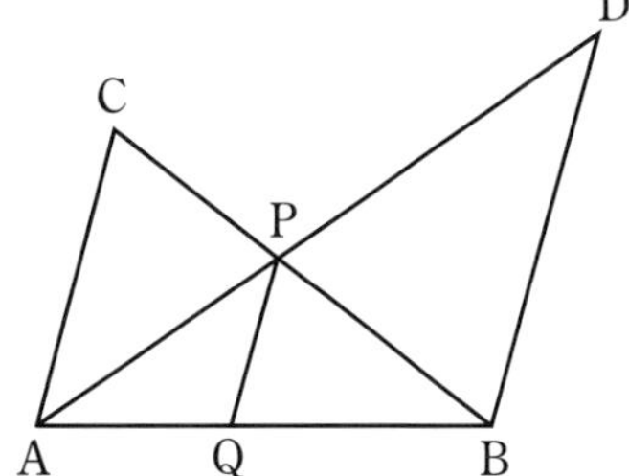

2 右の図において，点 P は AD と BC の交点であり，3 直線 CA，PQ，DB は平行です。AC＝9 cm，BD＝12 cm であるとき，次の問いに答えなさい。

□(1) AQ：QB を求めなさい。

□(2) 線分 PQ の長さを求めなさい。

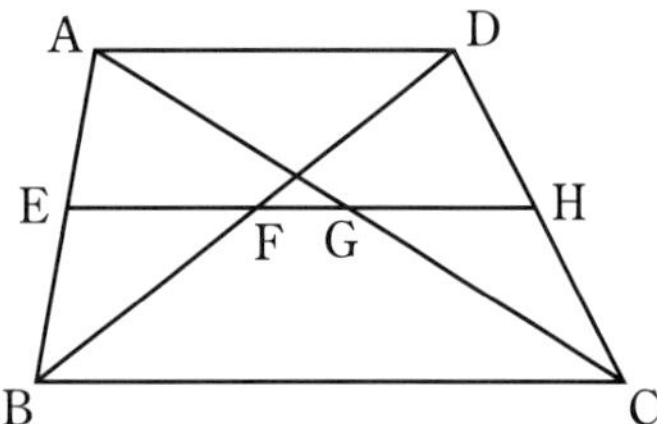

3 右の図の AD∥BC の台形 ABCD において，線分 AB，AC の中点をそれぞれ E，G とし，直線 EG と線分 DB，DC との交点をそれぞれ F，H とします。
AD＝6 cm，BC＝10 cm であるとき，次の線分の長さを求めなさい。

□(1) EH　　□(2) FG

ヒント 2 (1)△APC，△DPB で，三角形と線分の比の定理により，AP：PD を求める。

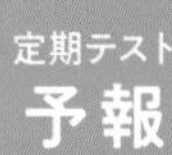

●三角形と線分の比の定理や平行線と線分の比の定理を活用できるようにしよう。
基本的な相似の知識だけで問題を解くよりも，このような定理を使って解いた方がスピードアップができるよ。難しい問題になるほど効果を発揮する定理だからしっかり覚えよう。

4 右の図において，点 D，E は線分 AB を 3 等分する点，点 F，G，H は線分 AC を 4 等分する点で，BH＝9 cm です。
次の線分の長さを求めなさい。

□(1) JH　　□(2) EI

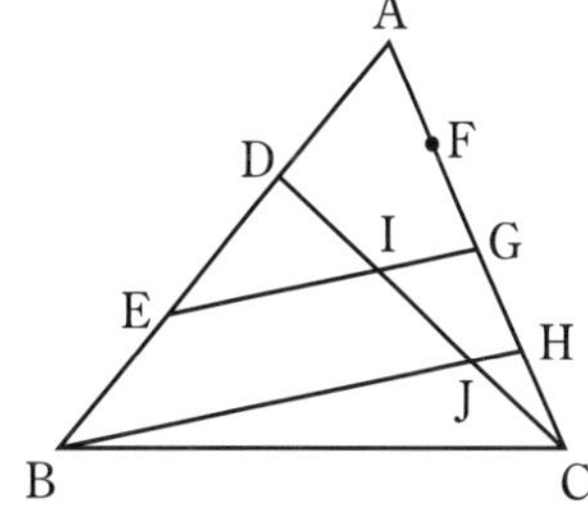

5 次の図において，3 直線 ℓ，m，n が平行であるとき，x の値(あたい)を求めなさい。

□(1)

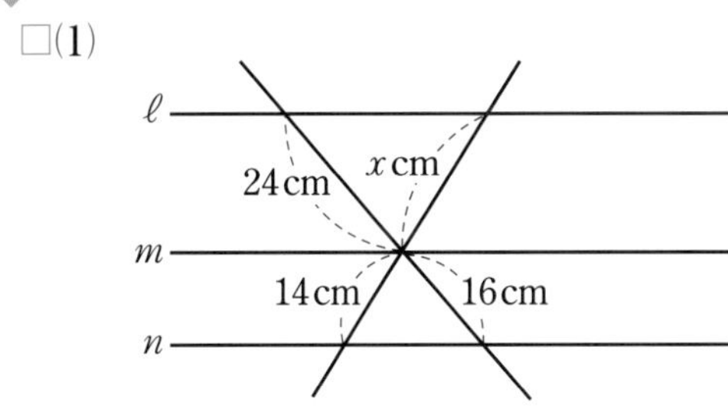

□(2)

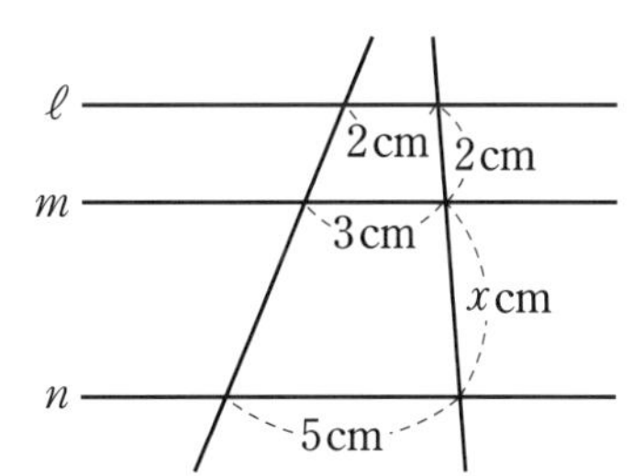

6 右の図の △ABC において，点 D は ∠BAC の二等分線と辺 BC の交点で，点 E は ∠CBA の二等分線と辺 AC の交点です。線分 AD と線分 BE の交点を F，AB＝12 cm，AE＝8 cm，EC＝10 cm とするとき，次の問いに答えなさい。

□(1) 辺 BC の長さを求めなさい。

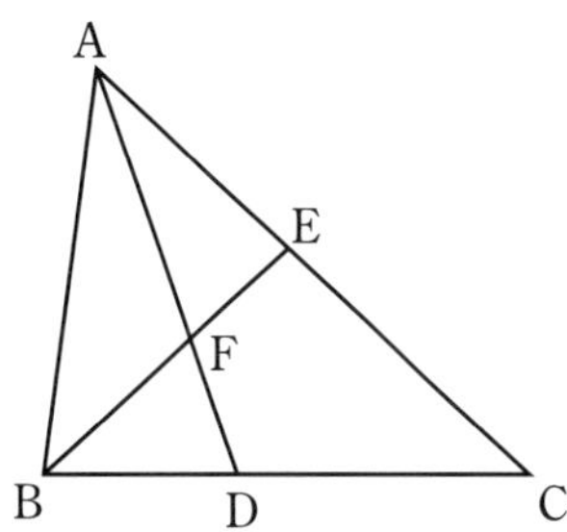

□(2) AF：FD を求めなさい。

ヒント
4 D と F を結び，△CDF と △ABH で考える。
5 (2) 2 つの線の間に左側の線に平行な補助線をひき，その補助線と右側の線で三角形をつくる。

解答▶▶ p.29〜30

3 相似の利用
1 縮図の利用／2 相似の利用

●縮図の利用 教科書 p.159～161

例題 1 池をはさんだ2地点A，Bがあります。2地点A，Bを見通すことができる地点Cを決め，2地点A，C間の距離（きょり）とB，C間の距離，∠ACBの大きさを実際に測ると，右の図のようになりました。2地点A，B間の距離を求めなさい。 ▸▸1 2

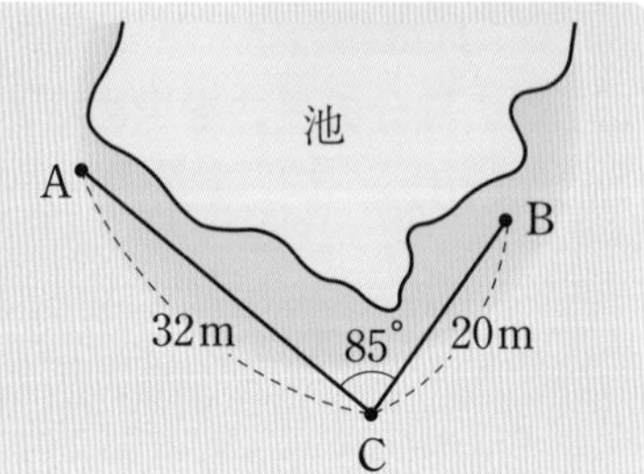

考え方 △ABCの縮図△A′B′C′をかき，辺A′B′の長さを測ります。

答え △ABCの500分の1の縮図をかくと，右の図のようになる。
縮図上でA′B′の長さは約7.2 cmであるから

A′ B′ C′ 85°

AB＝7.2×[①]＝[②] (cm)

[②] (cm)÷100＝[③] (m)であるから，

2地点A，B間の距離は約[③] m

縮図をかくことで，距離や高さなどを求めることができます。

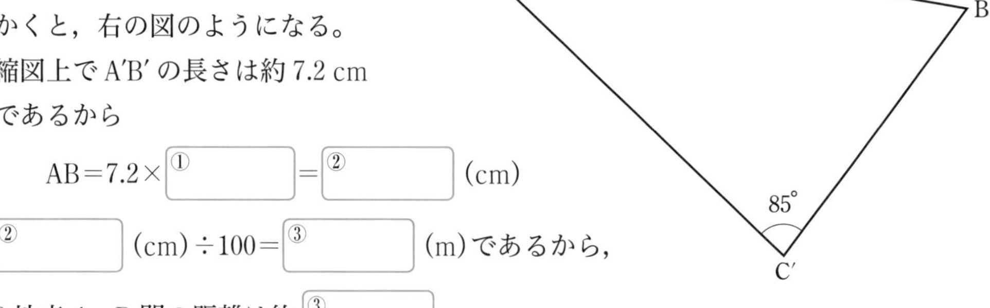

●相似の利用 教科書 p.162～163

例題 2 あるピザ店では，円形のピザを売っています。Mサイズのピザの直径は25 cm，Lサイズのピザの直径は30 cmで，ピザの値段は面積に比例します。Mサイズのピザの値段が2000円であるとき，Lサイズのピザの値段を求めなさい。 ▸▸3

考え方 相似な図形の面積の比は相似比の2乗に等しくなることを利用します。

答え MサイズとLサイズのピザは相似で，

その相似比は　25：30＝[①]：[②]

面積の比は　$[①]^2：[②]^2$＝25：36

Lサイズのピザの値段をx円とすると

25：36＝2000：x　　x＝[③]

よって，Lサイズのピザの値段は[③]円

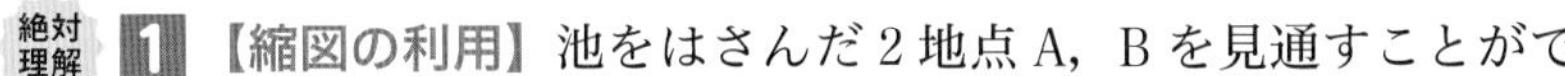

絶対理解 **1** **【縮図の利用】** 池をはさんだ 2 地点 A，B を見通すことができる地点 P を決め，2 地点 A，P 間の距離と B，P 間の距離，∠APB の大きさを実際に測ると，右の図のようになりました。2 地点 A，B 間の距離は約何 m ですか。1000 分の 1 の縮図をかいて求めなさい。

教科書 p.160 例 1

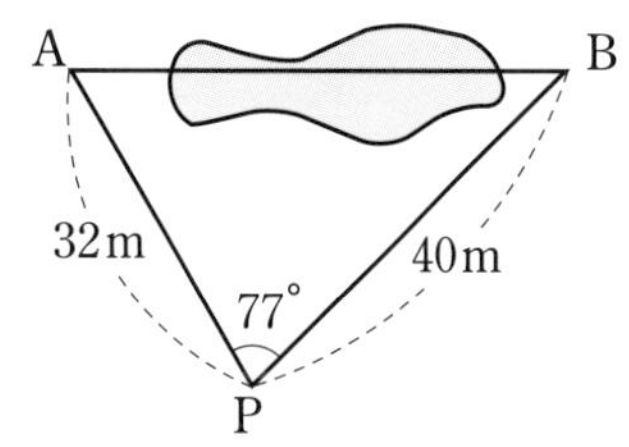

●キーポイント
1000分の1の縮図△A′P′B′をかいて，A′B′の長さを測ります。

よく出る **2** **【相似な三角形の利用】** ある日の同じ時刻に，地面に垂直に立っている木の影の長さと，その近くで地面に垂直に立てた 1 m の棒の影の長さを測ったところ，木の影の長さは 7.5 m，棒の影の長さは 1.2 m でした。木の高さを求めなさい。

教科書 p.160 例 2

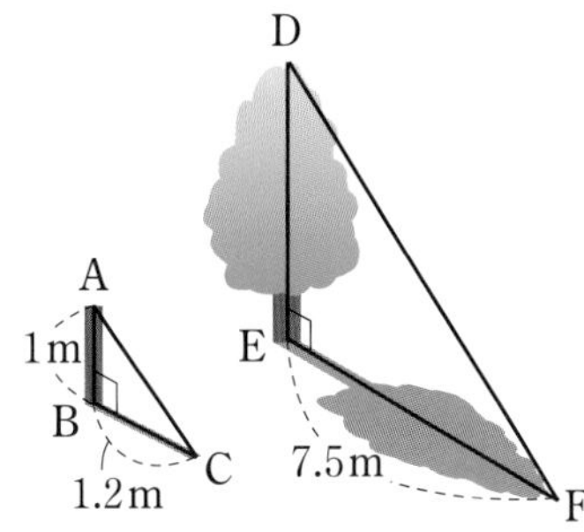

●キーポイント
木も棒も地面に垂直であり，同じ時刻の影であるから，ものの先端（せんたん）と影の先端を結ぶ直線と地面とのなす角は等しくなります。よって，2組の角がそれぞれ等しいから，2つの三角形は相似になります。

3 **【相似な図形と面積の比の利用】** 右の図のように中心が同じ円があり，外側の円の半径は，内側の円の半径の 3 倍になっています。図のアの部分を黄色の絵の具で，イの部分を緑色の絵の具でそれぞれ塗（ぬ）るとき，緑色の絵の具は黄色の絵の具の何倍必要ですか。

教科書 p.162 問 2

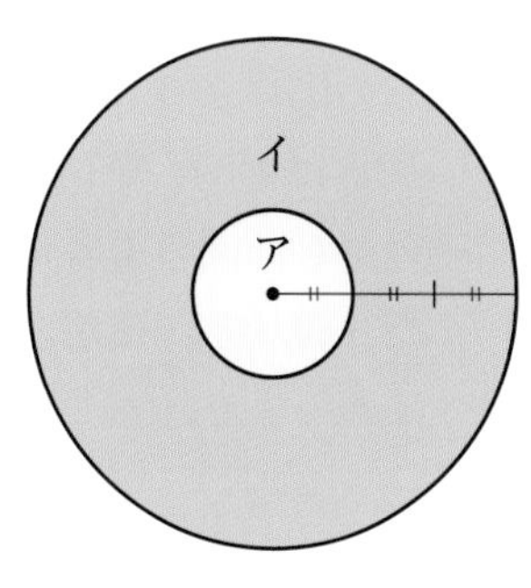

例題の答え **1** ①500　②3600　③36　**2** ①5　②6　③2880

3 相似の利用 1, 2

1 □ 壁をはさんだ2地点A，Bがあります。この間の距離(きょり)を知るために，2地点A，Bを見通すことができるC地点を決め，2地点A，C間の距離，2地点B，C間の距離，∠ACBの大きさを測ると，以下の通りでした。

AC＝18 m，BC＝24 m，∠ACB＝70°

△ABCの500分の1の縮図をかいて，2地点A，B間の距離を求めなさい。

2 □ 山をへだてた2点A，B間の距離を求めます。山すそにそって，A→P→Q→Bと測ったところ，AP＝250 m，PQ＝200 m，QB＝150 m，∠APQ＝∠PQB＝120°になりました。四角形APQBの5000分の1の縮図をかいて，2点A，B間の距離を求めなさい。

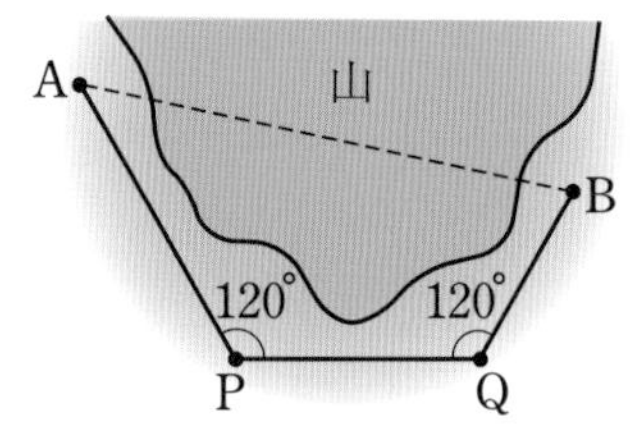

3 □ 右の図のように，長さ1 mの棒ABの影BCの長さは1.3 mでした。また，近くに立つ木DEの影が，図のように，地面と壁に映っていました。棒，木，壁が，それぞれ地面に対して垂直であるとき，木DEの高さを求めなさい。

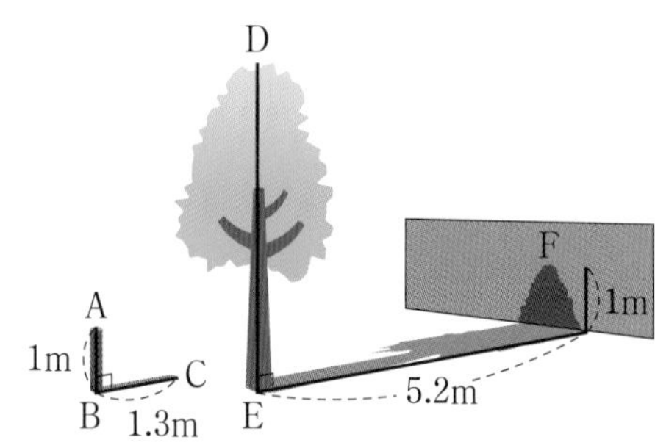

ヒント 1 2 相似比を利用して実際の距離を求める。
3 壁がなかった場合の木の影の長さを求める。

定期テスト 予報	●面積の比は相似比の２乗，体積の比は相似比の３乗になることをしっかり覚えよう。まず，与えられた図形の中でたがいに相似であるものを見つけよう。面積や体積を求める問題では，最初は比の計算だけをして，最後に具体的な数値を使って計算するのがコツだよ。

4 右の図のように中心が同じ円があり，外側の円の半径は，内側の円の半径の 4 倍になっています。図のアの部分を塗(ぬ)るのにペンキは 5 mL 必要でした。イの部分を塗るのに必要なペンキは何 mL ですか。

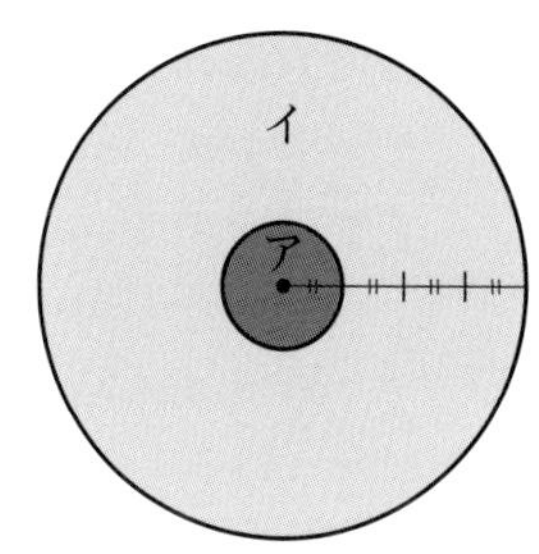

5 **右の図のような円錐(えんすい)形の容器に，200 cm³ の水を入れて，水面が底面と平行になるようにしたところ，容器の口から 10 cm のところまで水面がきました。次の問いに答えなさい。**

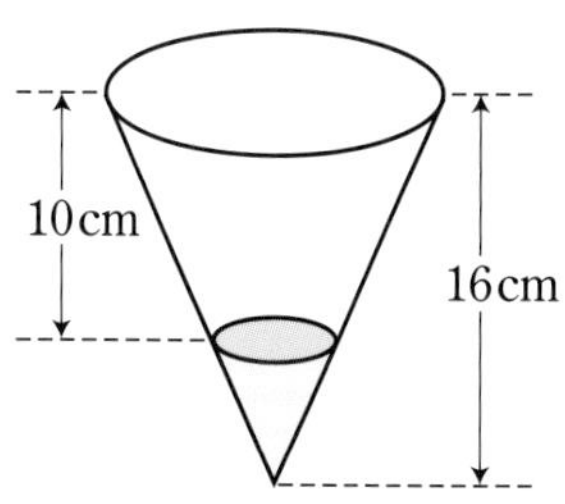

□(1) 水面の面積は，容器の口の面積の何倍ですか。

□(2) 水の体積は，容器の体積の何倍ですか。

□(3) 水面が容器の口から 4 cm のところまでくるようにするには，あと何 cm^3 の水を加えればよいですか。

6 右の図のような台形 ABCD を，辺 CD を軸(じく)として 1 回転させてできる回転体の体積を求めなさい。

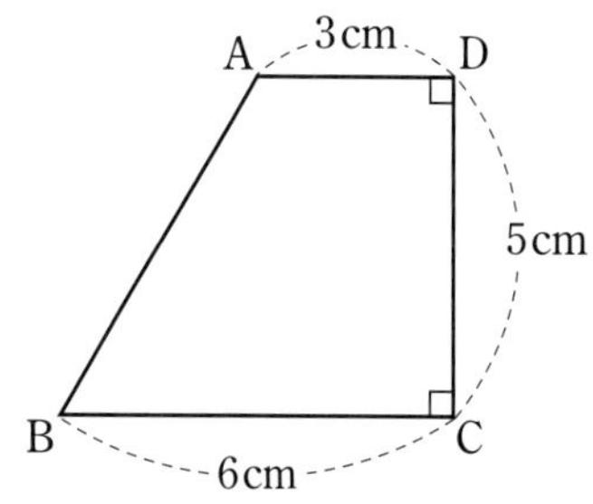

ヒント
5 水の部分と容器は相似であることに着目する。
6 辺 BA, CD を延長し，その交点を O として，△OBC，△OAD を回転させてできる2つの円錐について考える。

5章 教科書159～163ページ

解答▶▶ p.31～32

5章　相似

❶ 右の図において，AB＝4 cm，AC＝8 cm，AE＝6 cm，∠C＝∠E です。次の問いに答えなさい。知

(1) 相似な三角形の組をすべて選び，記号∽を使って表しなさい。

(2) 線分 AF の長さを求めなさい。

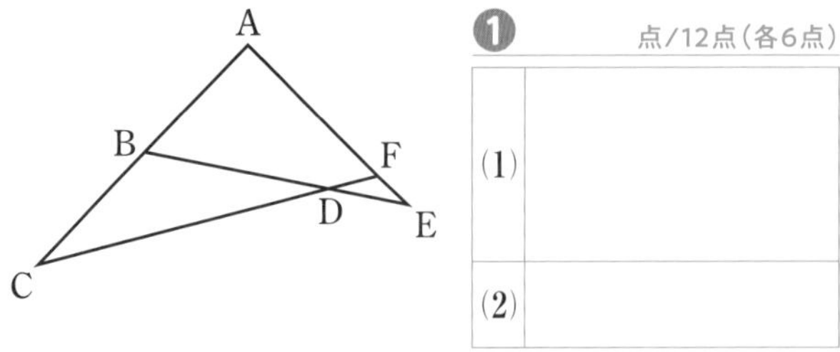

❷ 下の図において，四角形 ABCD は平行四辺形で，点 F は辺 DC の延長線上の点です。AB＝9 cm，DF＝12 cm であるとき，次の問いに答えなさい。知

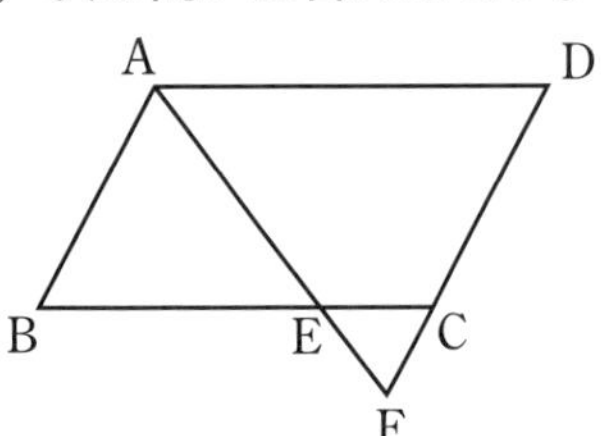

(1) △ABE∽△FDA であることを証明しなさい。

(2) AD＝15 cm であるとき，線分 BE の長さを求めなさい。

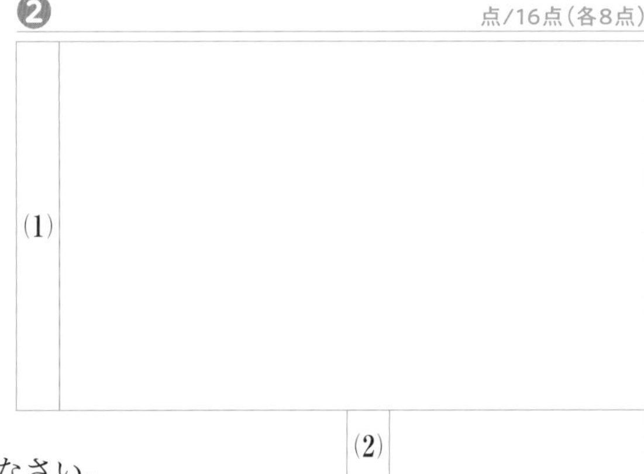

❸ 次の図において，x，y の値（あたい）を求めなさい。知

(1) AD∥EF∥BC　　(2) ∠BAC＝∠ADC＝∠BED＝90°

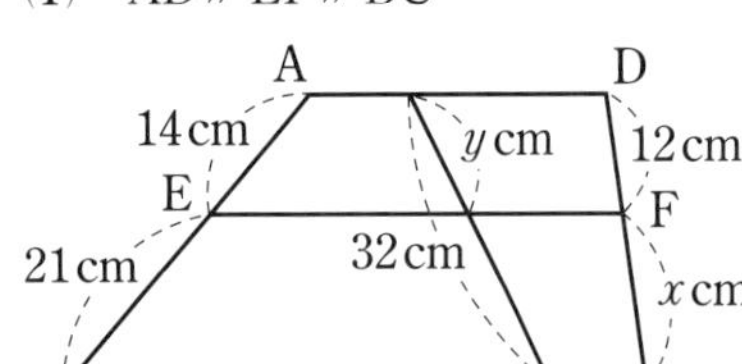

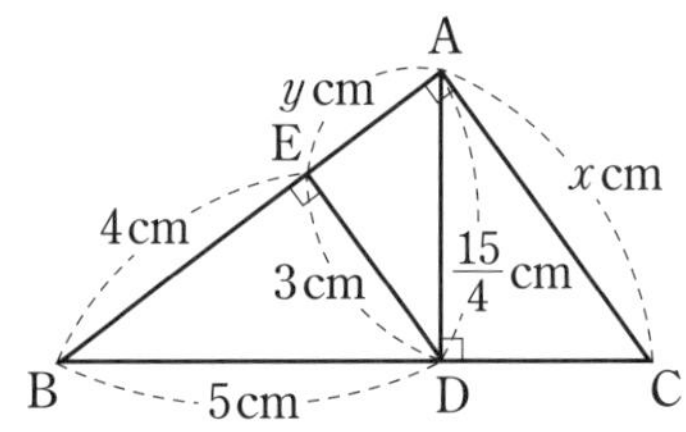

❹ 四角形 ABCD の辺 AB，BC，CD，DA の中点をそれぞれ K，L，M，N とします。対角線 AC と対角線 BD の長さの和が 12 cm であるとき，四角形 KLMN の周の長さを求めなさい。考

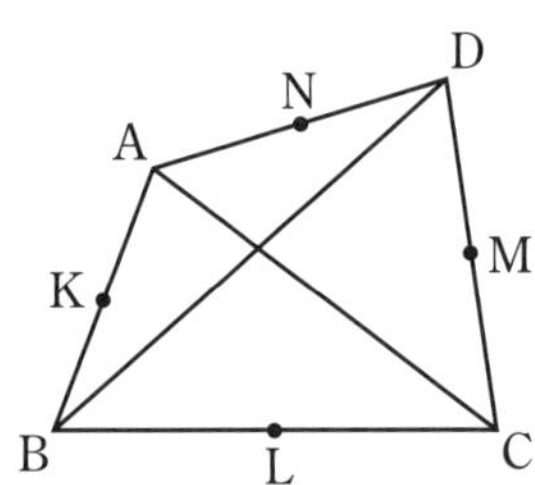

❹　点/8点

　成績評価の観点　知…数量や図形などについての知識・技能　考…数学的な思考・判断・表現

5 下の図において，AB∥EF∥DC，AB＝20 cm，EF＝8 cm，DC＝24 cm です。BC＝36 cm であるとき，線分 GC の長さを求めなさい。考

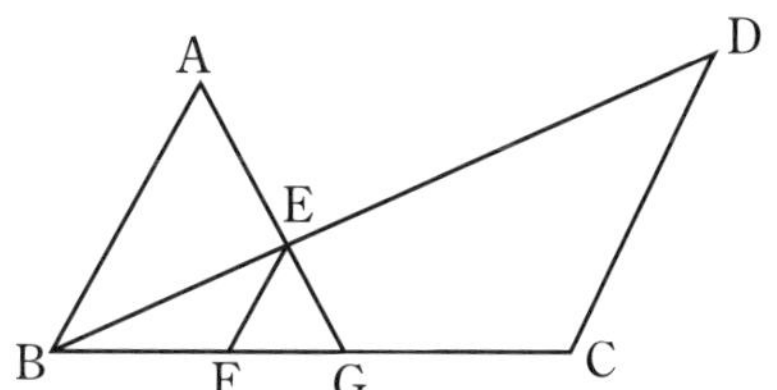

6 AD∥BC である台形 ABCD において，辺 AB の中点を M とします。また，M を通り，辺 BC に平行な直線と辺 CD との交点を N とします。AD＝10 cm，BC＝16 cm であるとき，線分 MN の長さを求めなさい。考

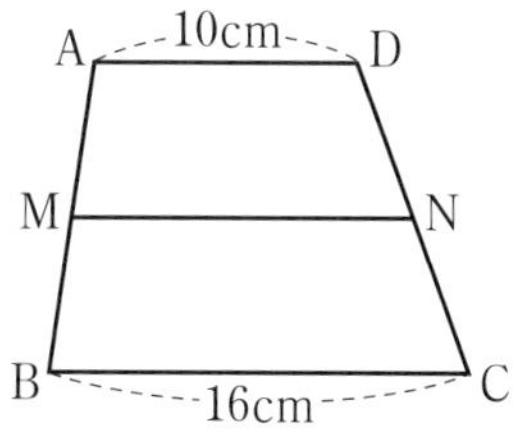

7 **右の図の平行四辺形 ABCD において，点 E，F はそれぞれ辺 BC，CD の中点，点 G，H は線分 AE，AF と対角線 BD との交点です。次の問いに答えなさい。**考

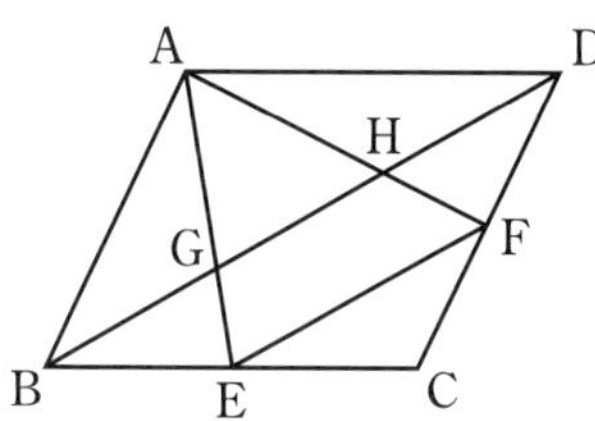

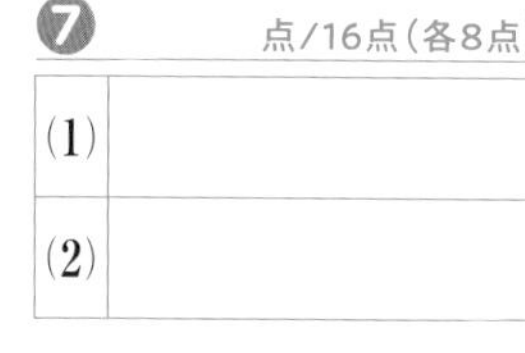

(1) △AGH と △AEF の面積の比を求めなさい。

(2) 四角形GEFHの面積は平行四辺形ABCDの面積の何倍ですか。

8 同じ原材料で作られている大小 2 種類のチョコレートがあります。これらは相似な円錐（えんすい）の形をしていて，大きいチョコレートの底面の半径は 3 cm，小さいチョコレートの底面の半径は 1 cm です。これらのチョコレートが袋（ふくろ）に入れて売られていて，袋 A には，大きいチョコレートが 2 個，袋 B には小さいチョコレートが 30 個入っています。袋 A と袋 B の値段が同じであるとき，どちらの袋が得であるといえますか。考

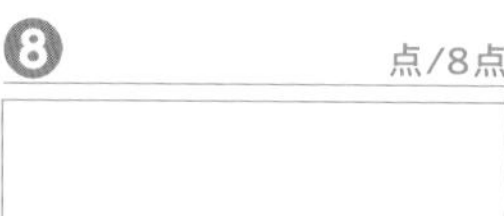

教科書のまとめ〈5章　相似〉

●相似

2つの図形の一方を拡大または縮小した図形が他方と合同になるとき，この2つの図形は**相似**であるという。

●相似な図形の性質

1. 対応する線分の長さの比は，すべて等しい。
2. 対応する角の大きさは，それぞれ等しい。

●相似比

相似な図形で，対応する線分の長さの比を**相似比**という。

●三角形の相似条件

2つの三角形は，次のどれかが成り立つとき相似である。

1. **3組の辺の比**がすべて等しい。

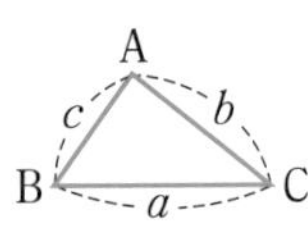

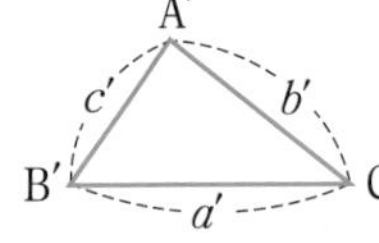

$a:a'=b:b'=c:c'$

2. **2組の辺の比とその間の角**がそれぞれ等しい。

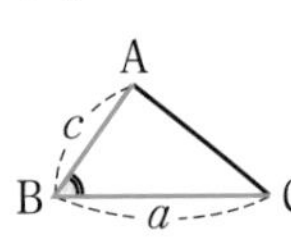

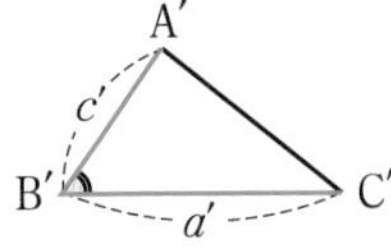

$a:a'=c:c'$，∠B＝∠B′

3. **2組の角**がそれぞれ等しい。

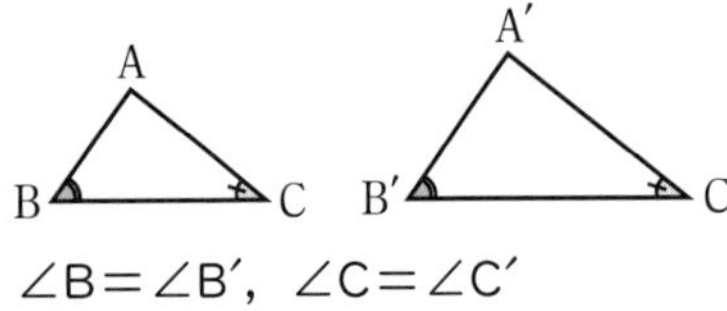

∠B＝∠B′，∠C＝∠C′

●相似な図形の面積の比

2つの相似な図形の相似比が $m:n$ であるとき，それらの面積の比は $m^2:n^2$

●相似な立体の表面積の比，体積の比

2つの相似な立体の相似比が $m:n$ であるとき，それらの表面積の比は $m^2:n^2$，体積の比は $m^3:n^3$

●三角形と線分の比

△ABC の辺 AB，AC 上にそれぞれ点 D，E をとる。

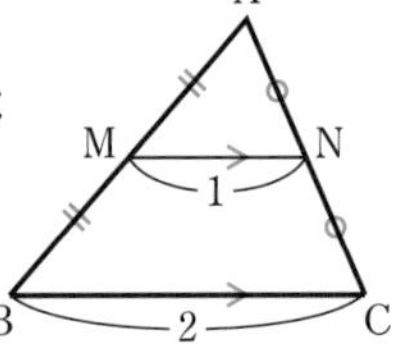

1. DE∥BC ならば
   AD：AB＝AE：AC＝DE：BC
2. DE∥BC ならば
   AD：DB＝AE：EC
3. AD：AB＝AE：AC ならば
   DE∥BC
4. AD：DB＝AE：EC ならば
   DE∥BC

●中点連結定理

△ABC の辺 AB，AC の中点をそれぞれ M，N とすると

MN∥BC，$\mathrm{MN}=\dfrac{1}{2}\mathrm{BC}$

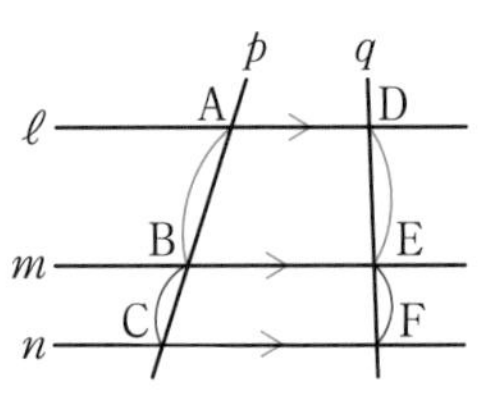

●平行線と線分の比

平行な3直線 ℓ，m，n に直線 p がそれぞれ点 A，B，C で交わり，直線 q がそれぞれ点 D，E，F で交わるとき

AB：BC＝DE：EF

●角の二等分線と線分の比

△ABC において，∠A の二等分線と辺 BC の交点を D とすると

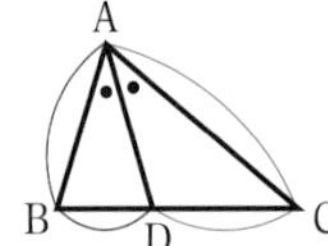

AB：AC＝BD：DC

ぴたトレ 0 スタートアップ

6章 円

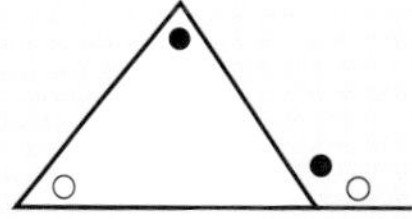

□三角形の内角・外角の性質 ⬅中学2年

①三角形の3つの内角の和は180°です。

②三角形の1つの外角は，そのとなりにない2つの内角の和に等しくなります。

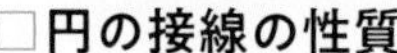

□円の接線の性質 ⬅中学1年

円の接線は，その接点を通る半径に垂直です。

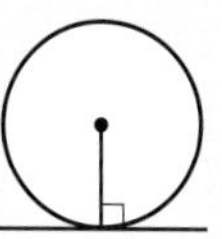

1 下の図で，$\angle x$ の大きさを求めなさい。 ⬅中学2年〈三角形の内角・外角〉

(1)

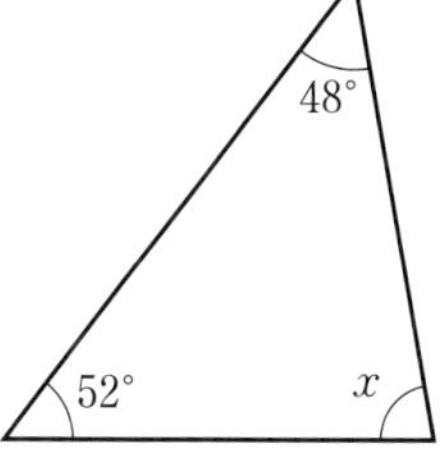

(2)

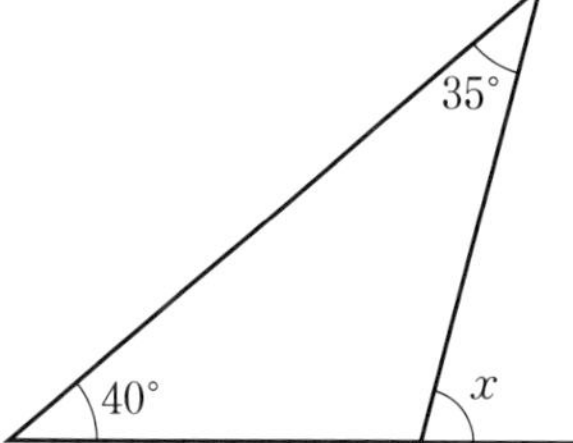

ヒント
三角形の内角の和は180°だから……

(3)

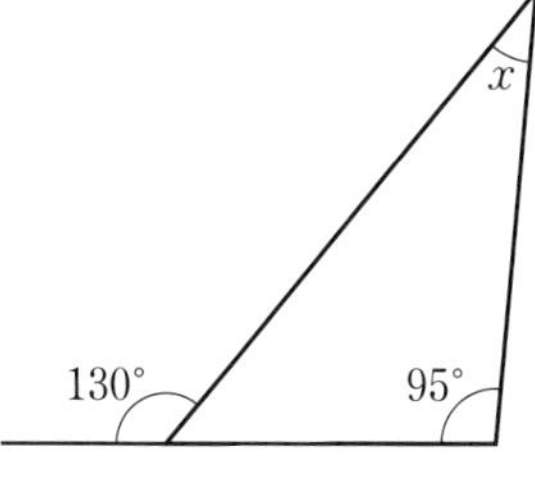

(4)

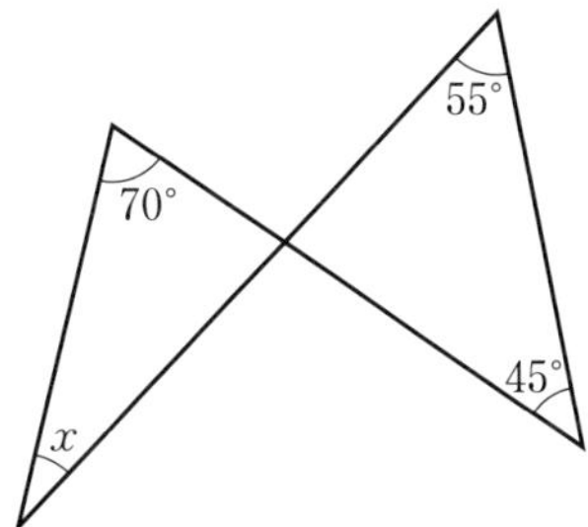

2 下の図で，同じ印をつけた辺の長さが等しいとき，$\angle x$ と $\angle y$ の大きさを，それぞれ求めなさい。 ⬅中学2年〈二等辺三角形〉

(1)

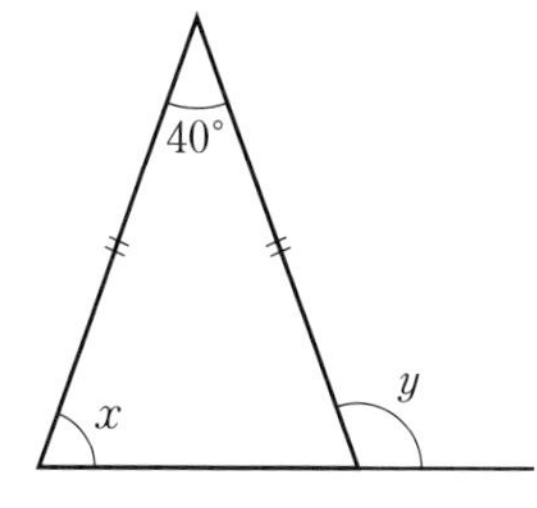

(2)

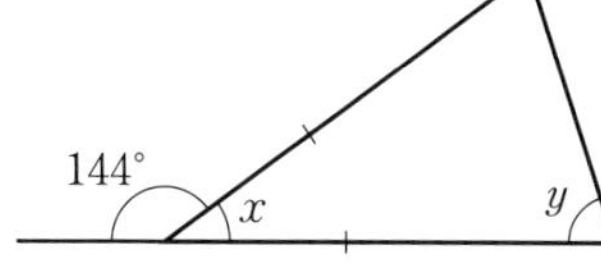

ヒント
二等辺三角形の2つの底角は等しいから……

6章

解答▶▶ p.33

ぴたトレ 1 要点チェック

6章 円

1 円

1 円周角の定理

円周角の定理

教科書 p.170〜174

□ **例題1** 次の図において，$\angle x$ の大きさを求めなさい。 ▶▶1 2

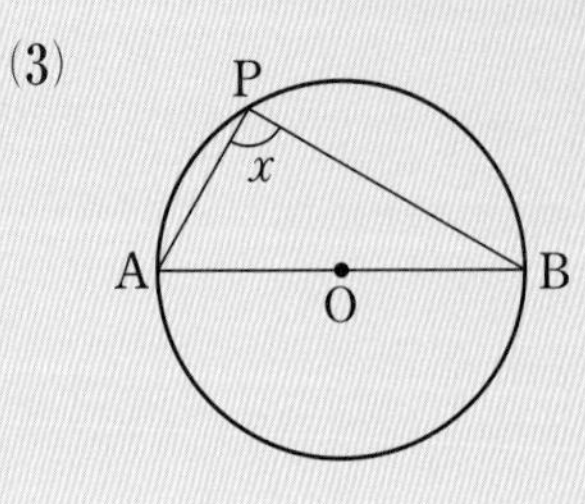

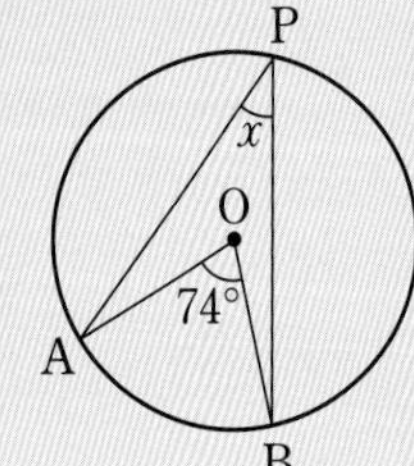

考え方 円周角(えんしゅうかく)の定理を利用します。

答え (1) $\angle x$ の大きさは，$\angle AOB$ の大きさの半分であるから

$\angle x=$ ①□ $\angle AOB=$ ①□ $\times 74°=$ ②□°

(2) 同じ弧(こ)に対する円周角の大きさは等しいから

$\angle x=\angle BDC=$ ③□°

(3) 半円の弧に対する円周角であるから　$\angle x=$ ④□°

プラスワン　円周角の定理

[1] 1つの弧に対する円周角の大きさは，その弧に対する中心角の大きさの半分である。
[2] 同じ弧に対する円周角の大きさは等しい。
[3] 半円の弧に対する円周角の大きさは 90° である。

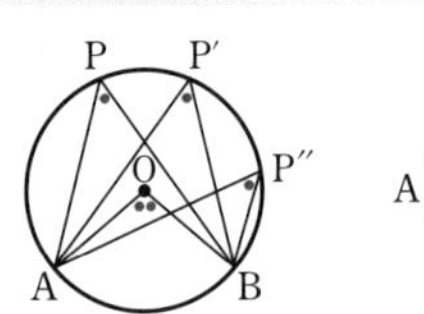

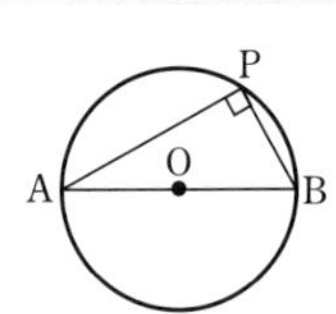

円周角と弧

教科書 p.175

□ **例題2** 右の図において，$\overset{\frown}{AB}=6\pi$ cm，$\overset{\frown}{BC}=9\pi$ cm のとき，$\angle x$ の大きさを求めなさい。 ▶▶3

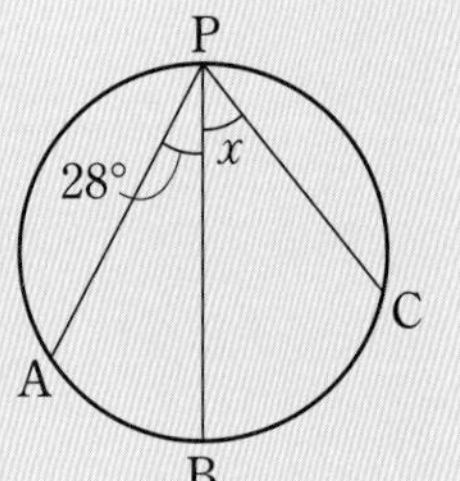

考え方 弧の長さと円周角の大きさは比例します。

答え $\overset{\frown}{AB}:\overset{\frown}{BC}=6\pi:9\pi=$ ①□ : ②□

よって　$\angle x=\dfrac{②□}{①□}\times 28°=$ ③□°

プラスワン　円周角と弧

1つの円において　[1] 等しい円周角に対する弧の長さは等しい。
[2] 長さの等しい弧に対する円周角は等しい。

弧 AB の長さを $\overset{\frown}{AB}$ で表します。

1【円周角の定理の証明】中心角 ∠AOB と円周角 ∠APB が，右の図のような位置にある場合について，$\angle\mathrm{APB}=\frac{1}{2}\angle\mathrm{AOB}$ であることを証明しなさい。

教科書 p.173 問 1

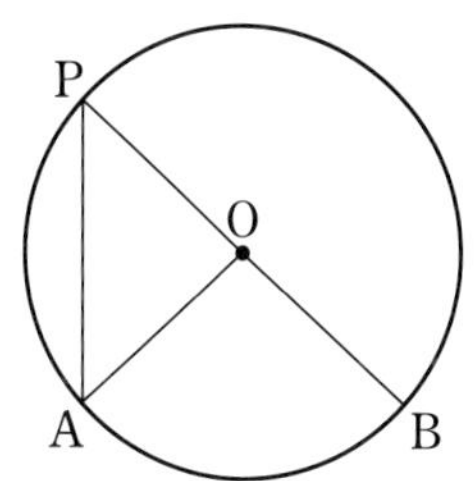

2【円周角の定理】次の図において，$\angle x$，$\angle y$ の大きさを求めなさい。

教科書 p.173 問 2, p.174 問 3, 例 2, 問 4

□(1)

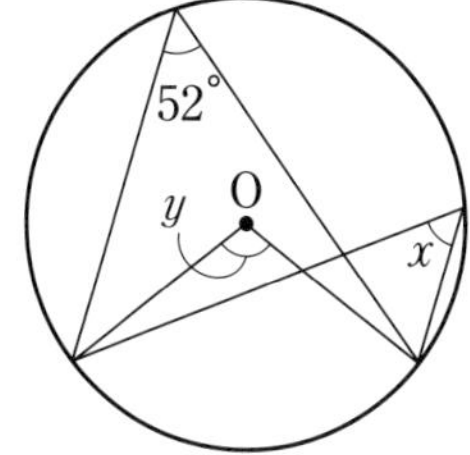

□(2)

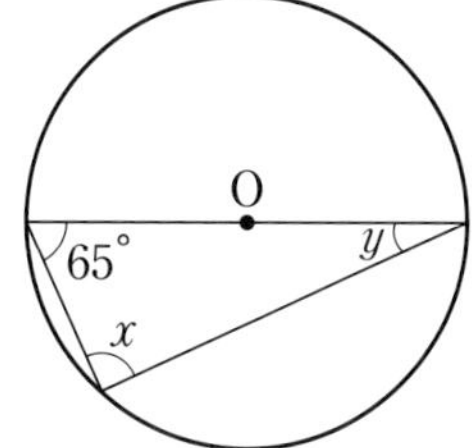

●キーポイント

1つの弧に対する中心角は1つに定まりますが，円周角はいくつも考えることができます。

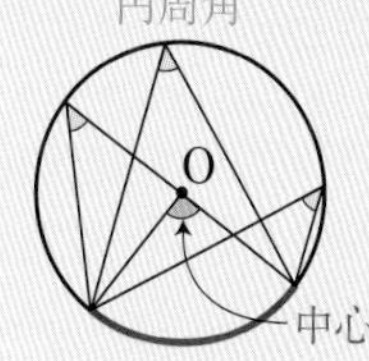

(2) 半円の弧に対する円周角の大きさは90°です。

□(3)

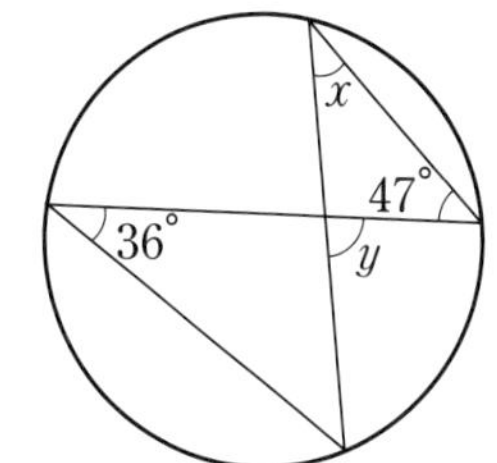

□(4)

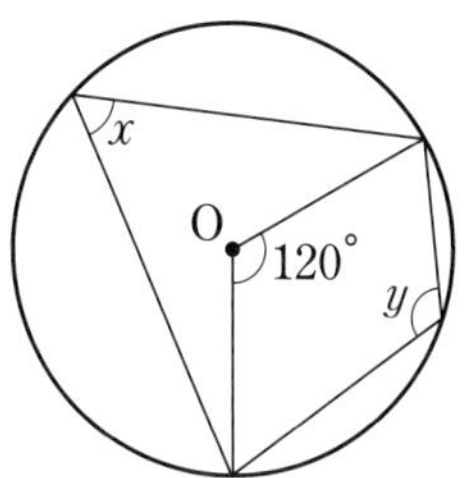

3【円周角と弧】次の図において，$\angle x$ の大きさを求めなさい。

教科書 p.175 問 5

□(1) $\overset{\frown}{\mathrm{AB}}=\overset{\frown}{\mathrm{CD}}$

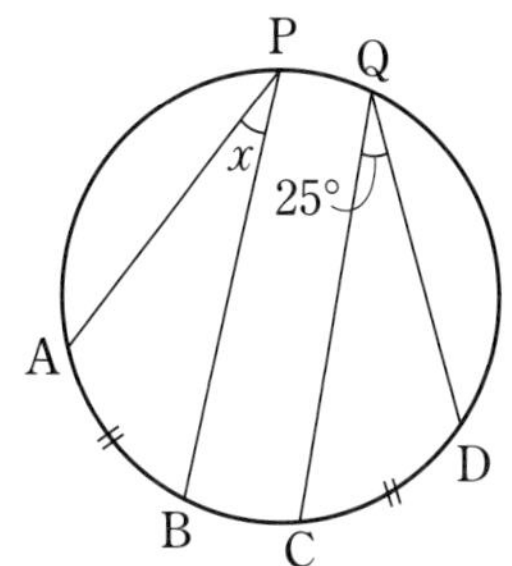

□(2) $\overset{\frown}{\mathrm{AB}}=6\pi\ \mathrm{cm}$，$\overset{\frown}{\mathrm{BC}}=8\pi\ \mathrm{cm}$

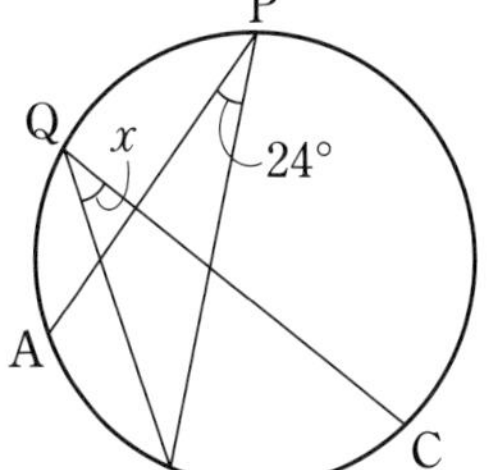

●キーポイント

下の図において

$x:y=\angle a:\angle b$

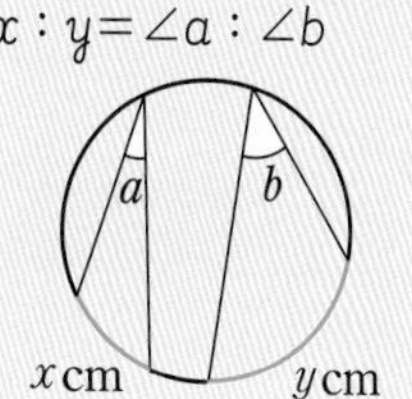

例題の答え **1** ①$\frac{1}{2}$ ②37 ③47 ④90 **2** ①2 ②3 ③42

6章 円

1 円
2 円周角の定理の逆

●円の内部・外部

教科書 p.176~178

□ 例題 1 右の図の円において，∠APB＞∠a であることを証明しなさい。 ▶▶1

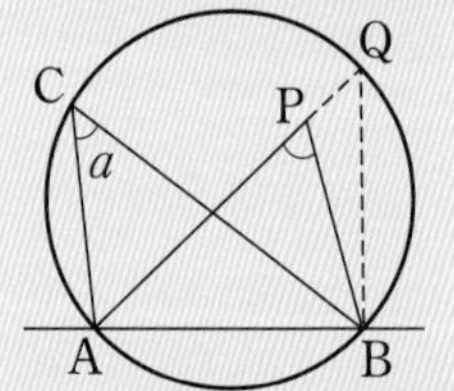

考え方 △PBQ の外角を利用します。

証明 線分 AP の延長と円周との交点を Q とすると，
円周角の定理により

∠AQB＝∠①[ ]＝∠a

△PBQ の内角と外角の性質から

∠APB＝∠AQB＋∠②[ ]＝∠a＋∠②[ ]

したがって　∠APB＞∠a

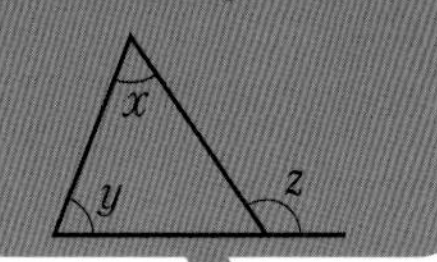

プラスワン　点 P の位置

∠ACB＝∠a とします。

1 点 P が円の周上にある場合　∠APB＝∠a
2 点 P が円の内部にある場合　∠APB＞∠a
3 点 P が円の外部にある場合　∠APB＜∠a

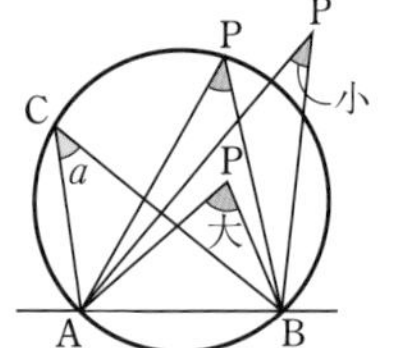

●円周角の定理の逆

教科書 p.178~179

□ 例題 2 右の図において，どの角とどの角の大きさが等しいとき，4 点 A，B，C，D は 1 つの円周上にあるといえますか。 ▶▶2 3

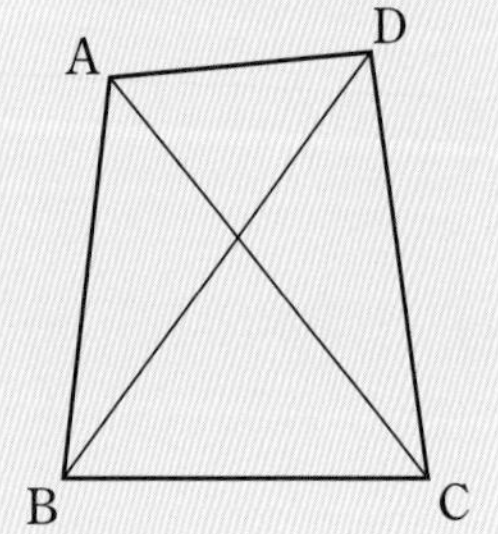

考え方 線分について同じ側にある 2 つの角に着目します。

答え 円周角の定理の逆により，次のいずれかのときである。

∠ADB＝∠①[ ]　∠BAC＝∠②[ ]

∠CAD＝∠③[ ]　∠ABD＝∠④[ ]

プラスワン　円周角の定理の逆

2 点 C，P が直線 AB について同じ側にあるとき，∠APB＝∠ACB ならば，4 点 A，B，C，P は 1 つの円周上にあります。

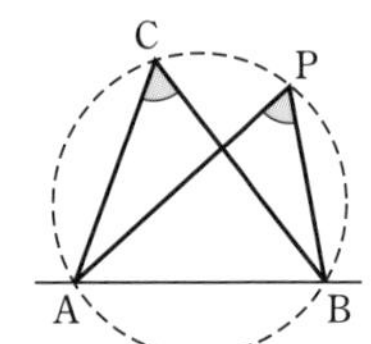

∠APB(∠ACB)＝90° のとき，点 P(点 C) は線分 AB を直径とする円周上にあります。

1 【円の内部・外部】右の図の円において，∠APB＜∠ACB であることを証明しなさい。 教科書 p.177 問 1

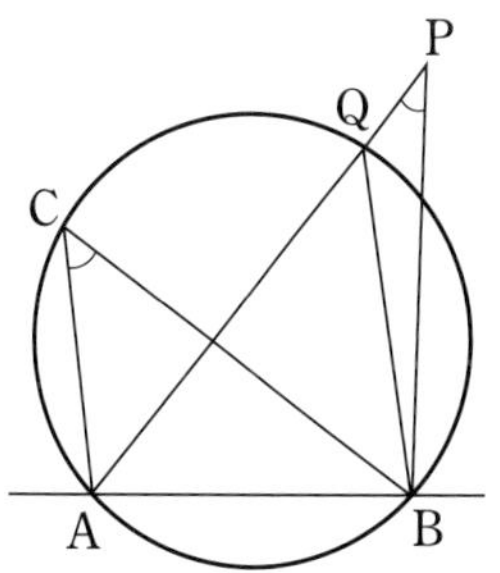

絶対理解 **2** 【円周角の定理の逆】次の図において，4 点 A，B，C，D が 1 つの円周上にあるものをすべて選び，記号で答えなさい。 教科書 p.179 問 2

㋐

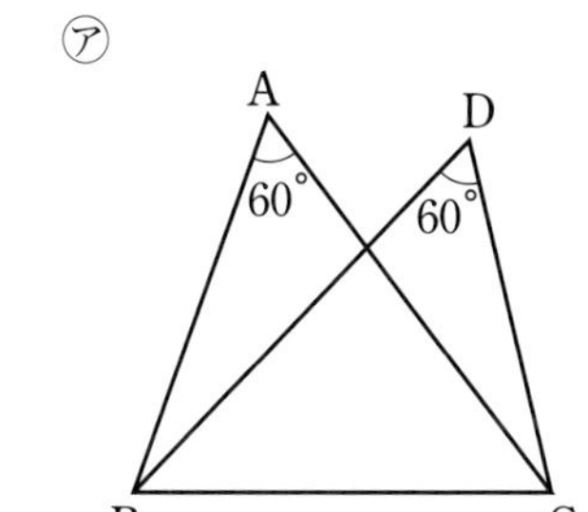

㋑

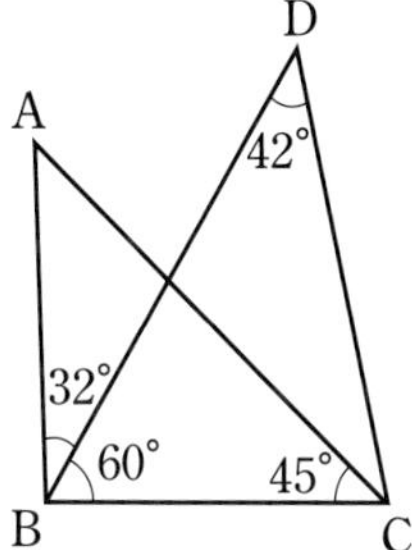

㋒

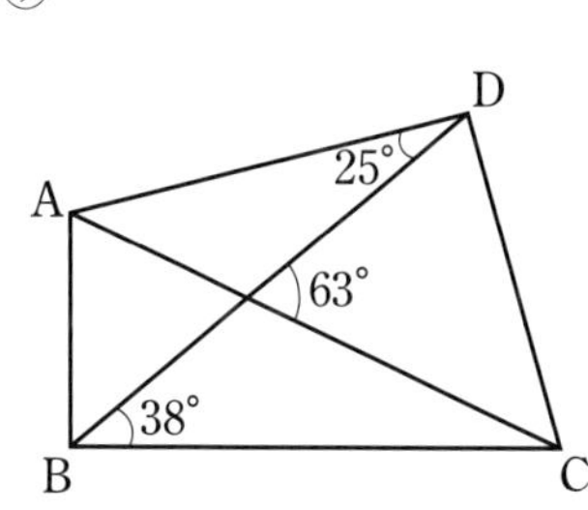

よく出る **3** 【円周角の定理の逆】次の図において，∠x の大きさを求めなさい。 教科書 p.179 問 3

(1)

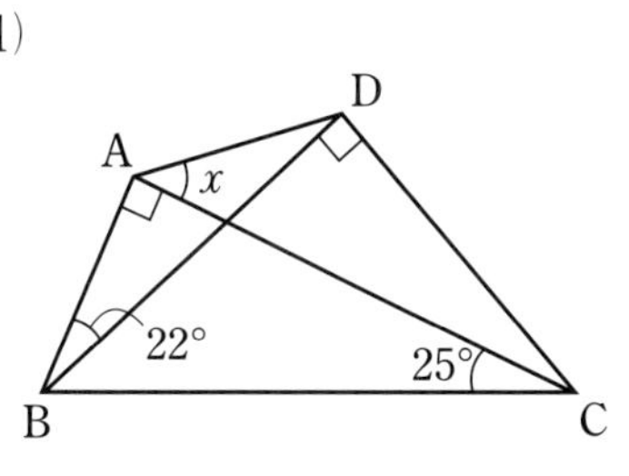

(2)

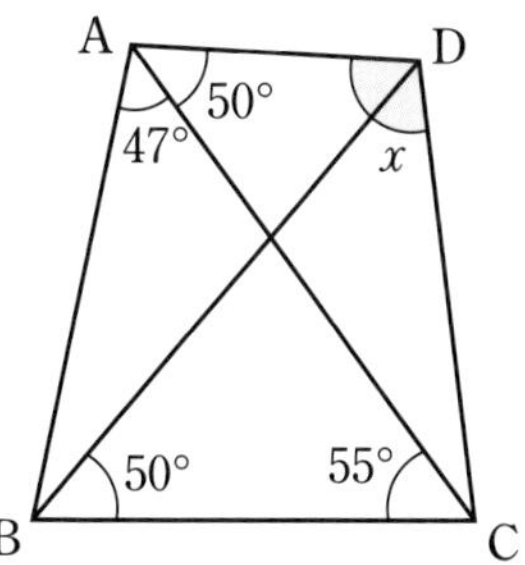

キーポイント
円周角の定理の逆を使うときは，直線について同じ側にある 2 つの角の大きさが等しいかどうか考えます。

例題の答え **1** ①ACB(BCA) ②PBQ(QBP) **2** ①ACB(BCA) ②BDC(CDB) ③CBD(DBC) ④ACD(DCA)

●円の接線の長さ

教科書 p.180

□  右の図において，PA＝PB であることを証明しなさい。 ▶▶1

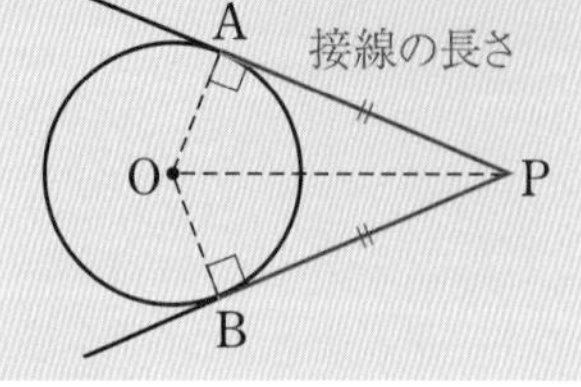

考え方 △AOP と △BOP の合同を示します。

証明 △AOP と △BOP において，円の接線は接点を通る半径に垂直であるから

∠PAO＝∠PBO＝①［　　］° ……㋐

半径であるから　②［　　］＝BO ……㋑

共通な辺であるから　PO＝PO ……㋒

㋐，㋑，㋒より，直角三角形の③［　　］がそれぞれ等しいから　△AOP ④［　　］△BOP

よって　PA＝PB

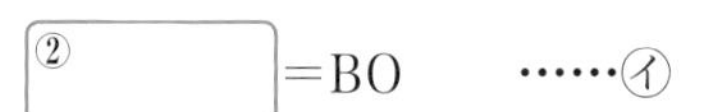

プラスワン　円の接線の長さ

円の外部の点からその円にひいた2つの接線の長さは等しいです。

直角三角形の合同条件

［1］直角三角形の斜辺(しゃへん)と1つの鋭角(えいかく)がそれぞれ等しい。

［2］直角三角形の斜辺と他の1辺がそれぞれ等しい。

●円の接線の作図

教科書 p.181

□  右の手順でかいた直線 PA が，円 O の接線である理由を答えなさい。 ▶▶2

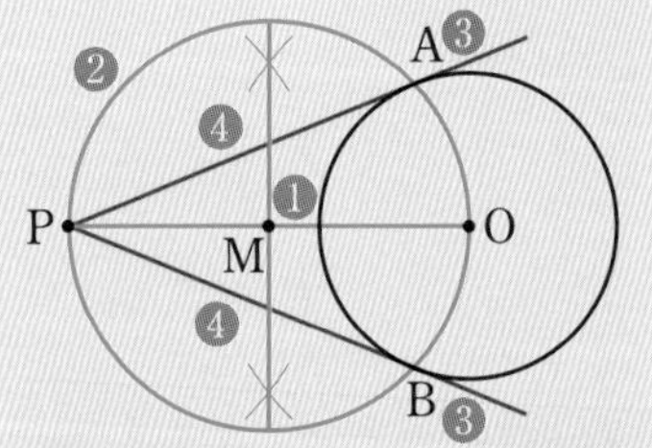

考え方 PO は円 M の直径です。

答え 半円の弧(こ)に対する円周角であるから

∠PAO＝［　　］°

(図：円 O，点 P，M，A，B，手順①～④)

半円の弧に対する円周角の大きさが 90° であることを利用して，円の接線を作図することができます。

●相似な三角形と円

教科書 p.182～183

□  右の図のように，2つの弦(げん) AB，CD が点 P で交わっています。このとき，△APD∽△CPB であることを証明しなさい。 ▶▶3 4

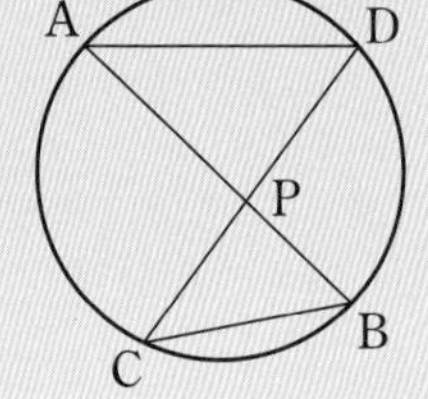

考え方 円周角の定理を用いて等しい角を見つけます。

証明 △APD と △CPB において

対頂角は等しいから　∠APD＝∠CPB ……㋐

円周角の定理により　∠ADP＝∠①［　　］ ……㋑

㋐，㋑より，②［　　］がそれぞれ等しいから　△APD∽△CPB

1 【円の接線の長さ】次の図において，PA，PB はともに円 O の接線です。このとき，$\angle x$ の大きさを求めなさい。ただし，点 A，B は接点とします。 教科書 p.180 問 2

□(1)

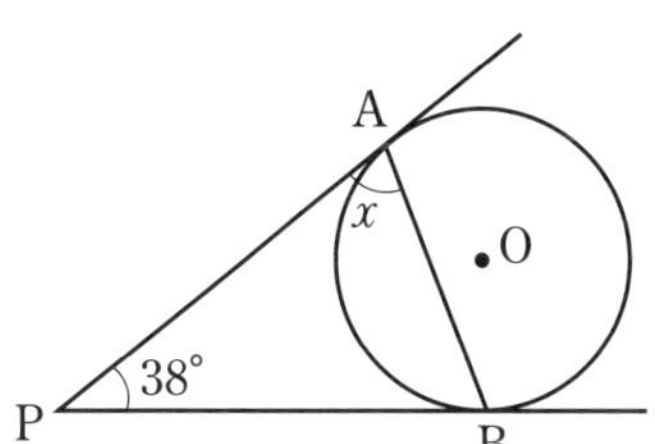

□(2) QA＝QB

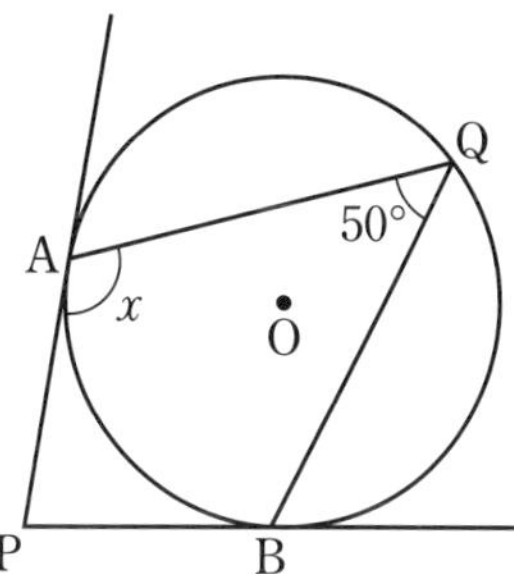

2 【円の接線の作図】右の図において，点 P を

□ 通る円 O の接線をすべて作図しなさい。

教科書 p.181

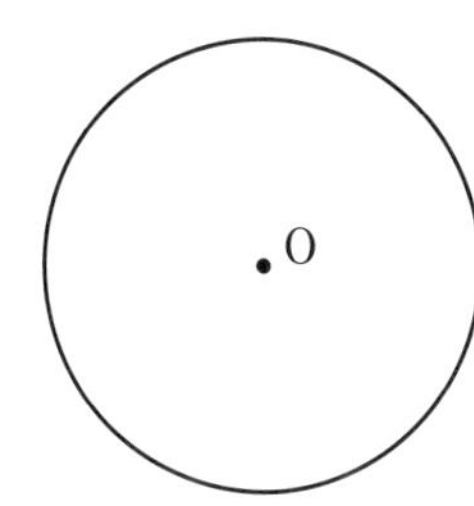

3 【相似な三角形と円】右の図のように，2 つの弦 AB，CD

□ を延長した直線が，点 P で交わっています。このとき，PD：PB＝AD：CB が成り立つことを証明しなさい。

教科書 p.183 問 5

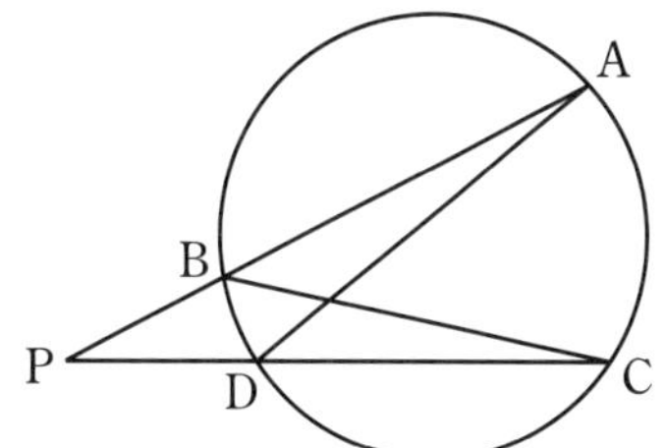

4 【相似な三角形と円】右の図のように，円周上に 4 点 A，B，C，

□ D があり，AB＝BC です。弦 AC と弦 BD の交点を E とするとき，△BCD∽△BEC であることを証明しなさい。 教科書 p.183 問 6

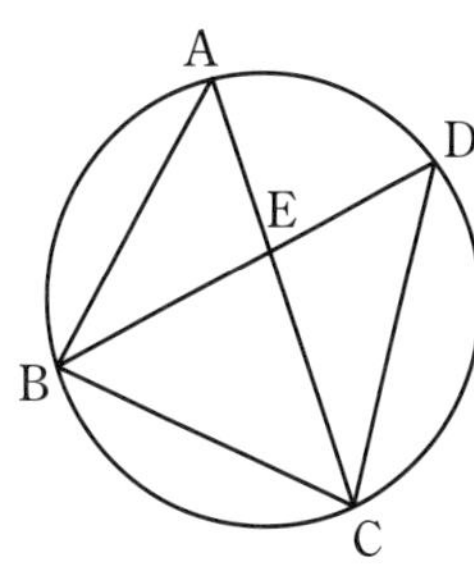

例題の答え **1** ①90 ②AO ③斜辺と他の 1 辺 ④≡ **2** 90 **3** ①CBP ②2 組の角

解答▶▶ p.34

1 中心角 ∠AOB と円周角 ∠APB が，右の図のような位置にある場合について，$\angle APB=\frac{1}{2}\angle AOB$ であることを証明しなさい。

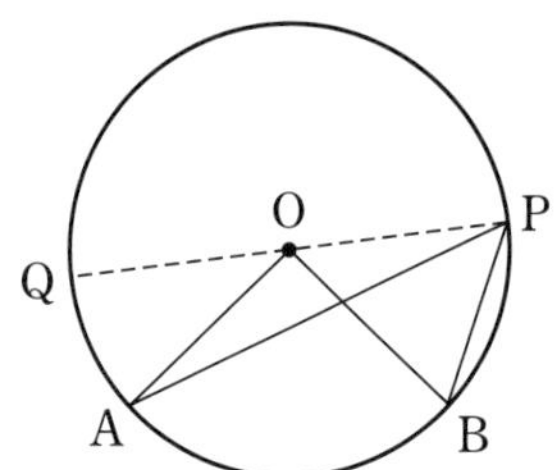

よく出る 2 次の図において，$\angle x$，$\angle y$ の大きさを求めなさい。

□(1)

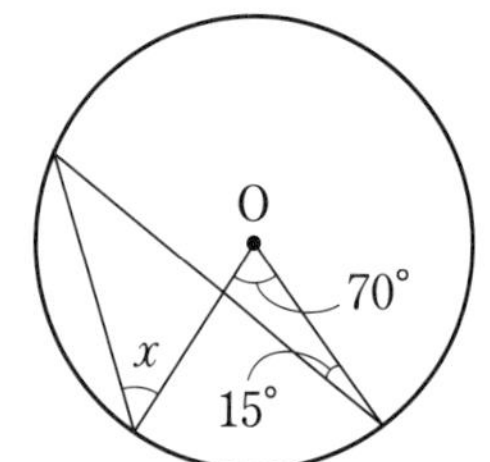

□(2)

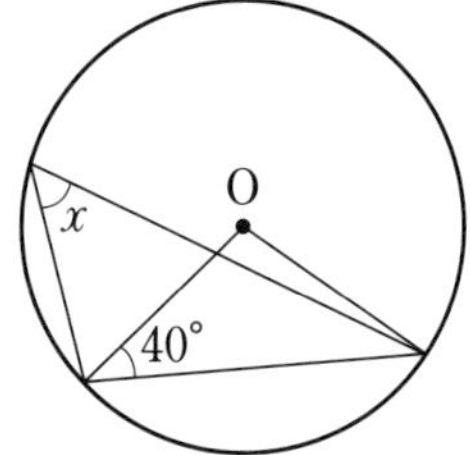

□(3)

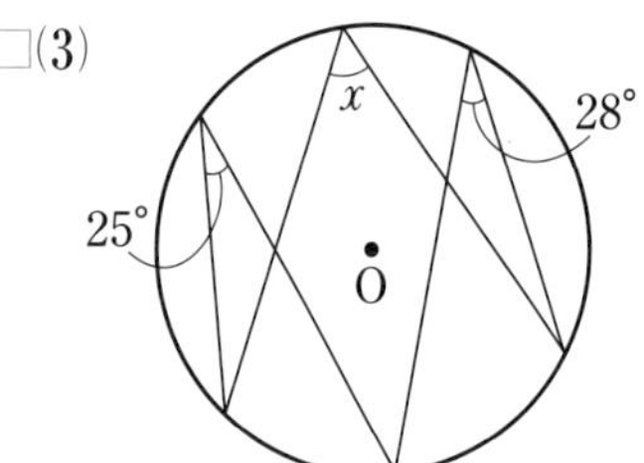

□(4)

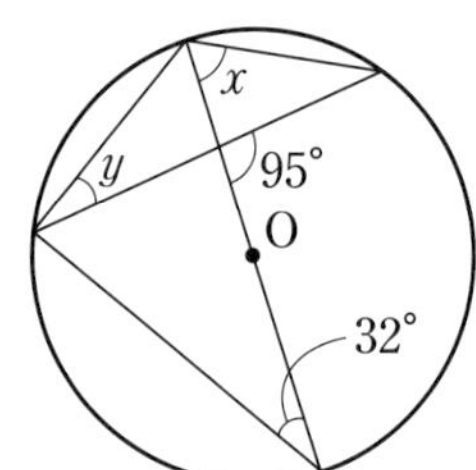

3 次の図において，$\angle x$，$\angle y$ の大きさを求めなさい。

□(1) $\overset{\frown}{AB}=\overset{\frown}{BC}$

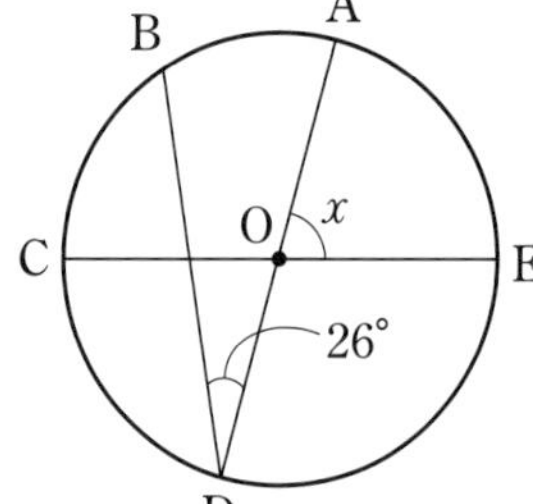

□(2)

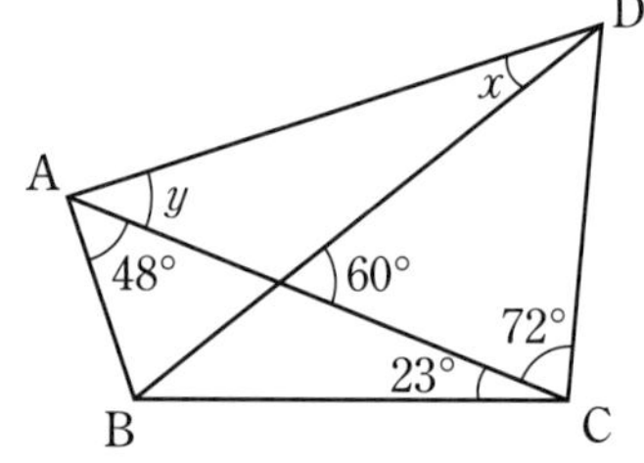

ヒント 1 ∠APO を ∠a，∠BPO を ∠b として，∠PAO と ∠AOQ の大きさを考える。
2 (3)$\angle x$ の頂点と下の頂点を結ぶ。 3 (1)点 C と D を結ぶ。(2)四角形の頂点は１つの円周上にある。

定期テスト予報

●円周角の定理を正確に覚えておこう。
同じ弧や長さの等しい弧に対する円周角は等しく，中心角の半分であること，半円の弧に対する円周角の大きさは 90° であることをしっかり覚えよう。角度を求める問題では補助線をひくことも大切だよ。

4 右の図のように，円 O の周上に点 A，B，C，D があり，線分 AC は直径，$\angle ACB=30^\circ$，$\angle CAD=40^\circ$ です。このとき，次の問いに答えなさい。

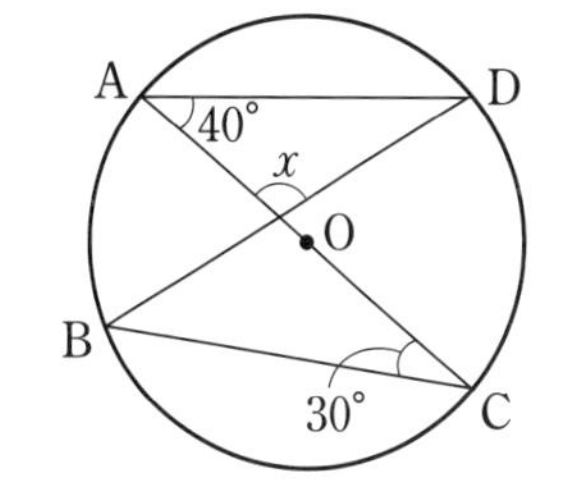

□(1) $\angle x$ の大きさを求めなさい。

□(2) 円周を点 A，B，C，D で 4 つの弧に分けるとき，$\overset{\frown}{AB}:\overset{\frown}{BC}:\overset{\frown}{CD}:\overset{\frown}{DA}$ を求めなさい。

5 □ 平行四辺形 ABCD を，対角線 BD を折り目として折り返したとき，点 C の移った点を E とします。このとき，4 点 A，B，D，E は 1 つの円周上にあることを証明しなさい。

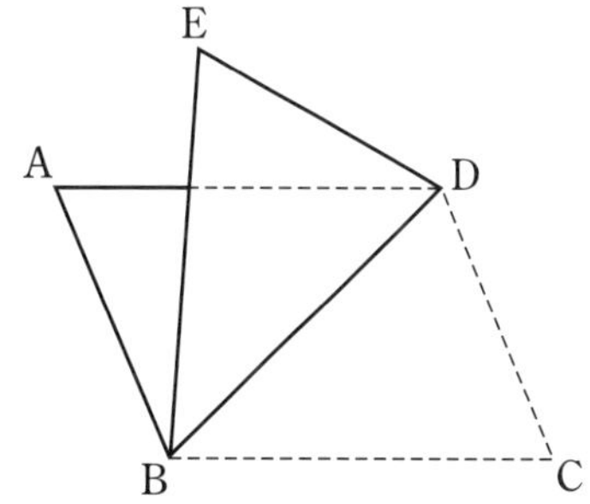

6 □ 右の図のように，円 O が △ABC の 3 辺に接していて，点 D，E，F は接点です。AB＝9 cm，BC＝10 cm，CA＝7 cm であるとき，線分 AD の長さを求めなさい。

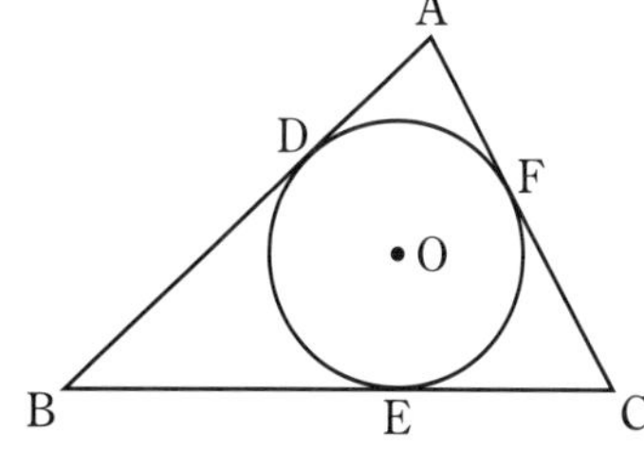

よく出る **7** 右の図のように，円周上に点 A，B，C，D があり，E は線分 AC と BD の交点で，$\overset{\frown}{BC}=\overset{\frown}{CD}$ です。次の問いに答えなさい。

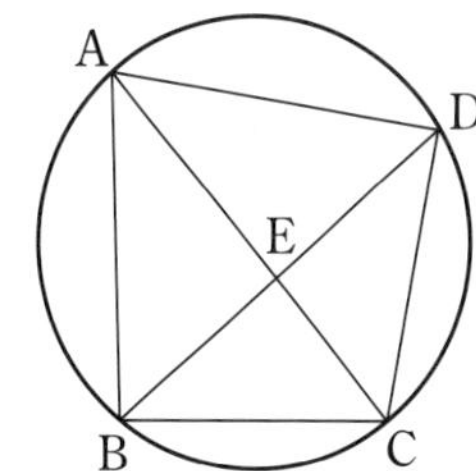

□(1) △ABE∽△ACD であることを証明しなさい。

□(2) AB＝6 cm，BC＝5 cm，AC＝8 cm であるとき，線分 BE の長さを求めなさい。

ヒント

6 AD＝x cm として，BC の長さについての方程式をつくる。

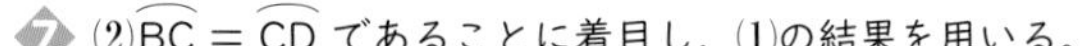
7 (2)$\overset{\frown}{BC}=\overset{\frown}{CD}$ であることに着目し，(1)の結果を用いる。

解答▶▶ p.34〜35

ぴたトレ 3 確認テスト

6章　円

❶ 次の図において，$\angle x$ の大きさを求めなさい。知

(1)

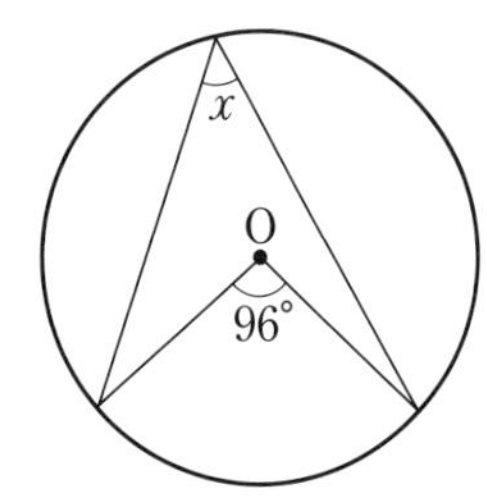

(2)　AB＝AC

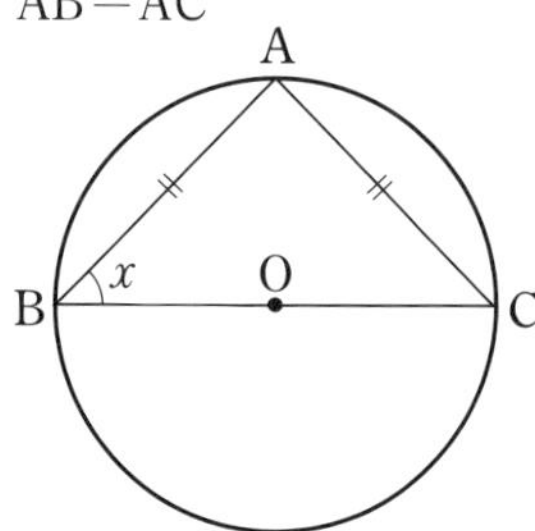

(3)

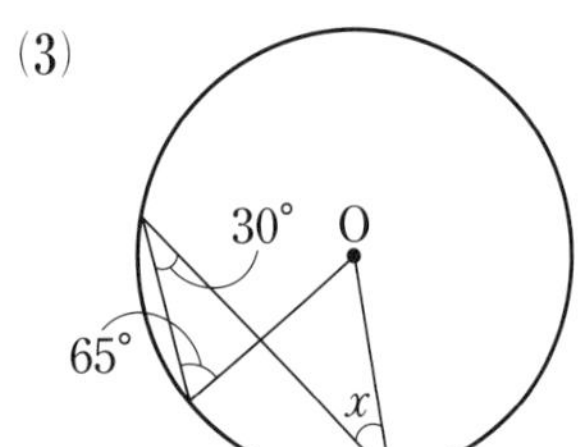

(4)

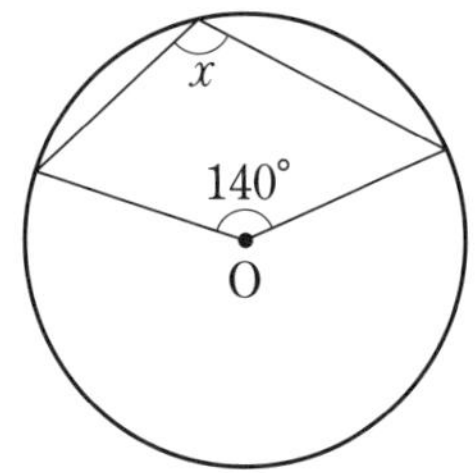

❶　点/24点（各6点）

(1)	
(2)	
(3)	
(4)	

❷ 次の図において，$\angle x$ の大きさを求めなさい。知

(1)　$\overset{\frown}{AB}=8$ cm，$\overset{\frown}{BC}=6$ cm

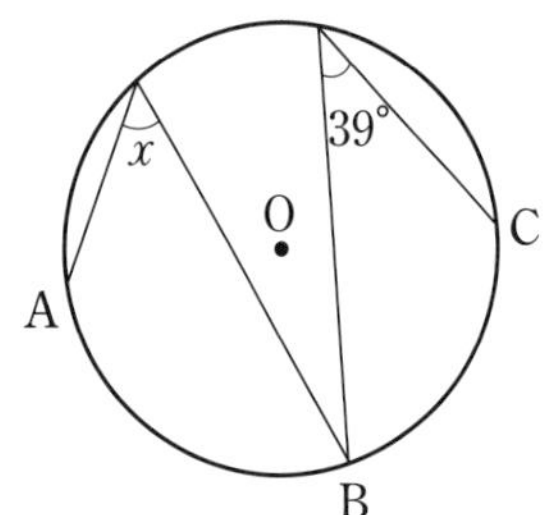

(2)　$\overset{\frown}{AB}=2\overset{\frown}{BC}$

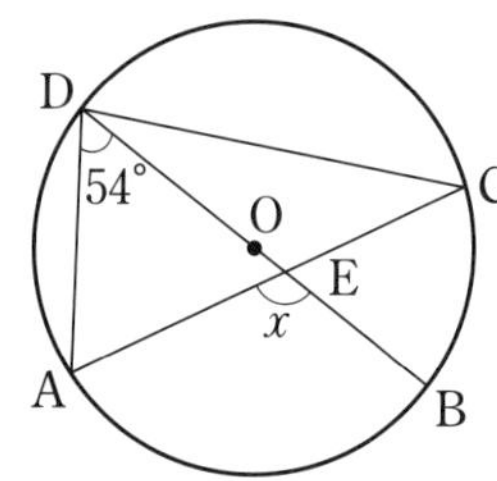

❷　点/12点（各6点）

(1)	
(2)	

点UP ❸ 下の図において，$\angle x$，$\angle y$ の大きさを求めなさい。考

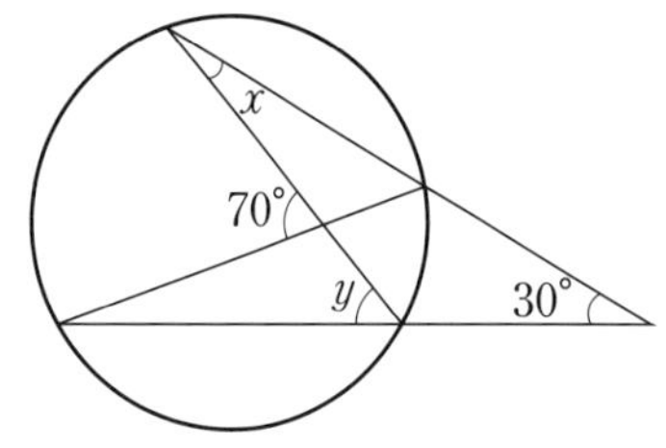

❸　点/16点（各8点）

$\angle x$ の大きさ
$\angle y$ の大きさ

成績評価の観点　知…数量や図形などについての知識・技能　考…数学的な思考・判断・表現

4 右の図のように，2 つの弦(げん) AB，CD が点 P で交わっています。BP＝6 cm，CP＝10 cm，DP＝4 cm であるとき，線分 AP の長さを求めなさい。考

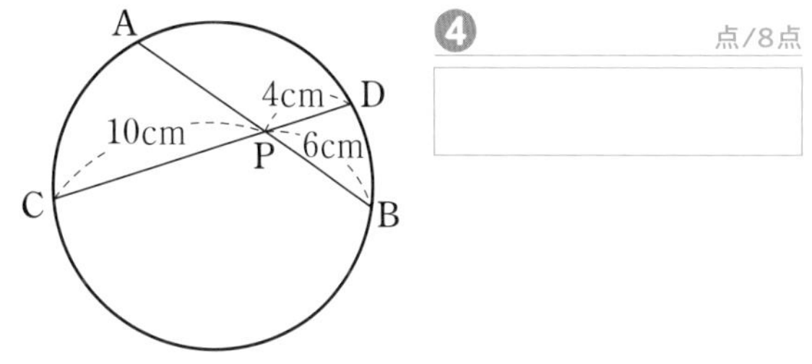

5 下の図のように，円 O の外部の点 P から 2 つの接線をひき，その接点を A，B とします。また，線分 PA，PB 上にそれぞれ点 C，D をとります。PC＝PD であるとき，4 点 A，B，C，D は 1 つの円周上にあることを証明しなさい。考

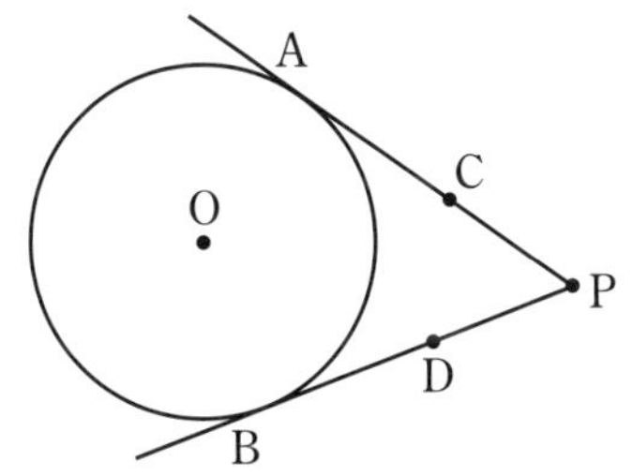

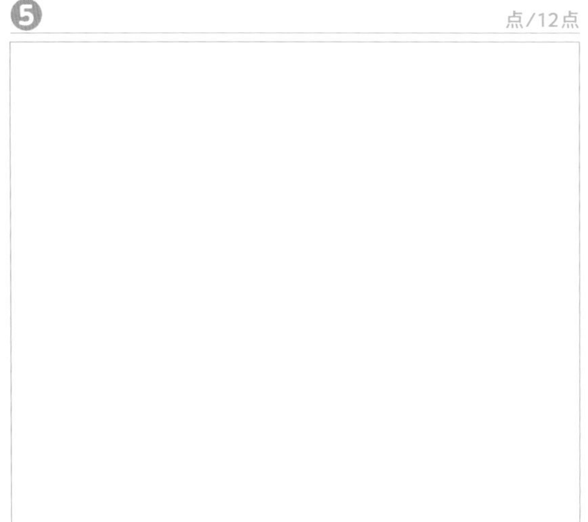

点UP **6** **下の図のように，AB＝AC である △ABC の頂点 A，B，C を通る円 O があります。この円の $\overset{\frown}{AC}$ 上に点 D をとり，線分 CD の延長線上に BD＝CE となるような点 E をとります。このとき，次の問いに答えなさい。**考

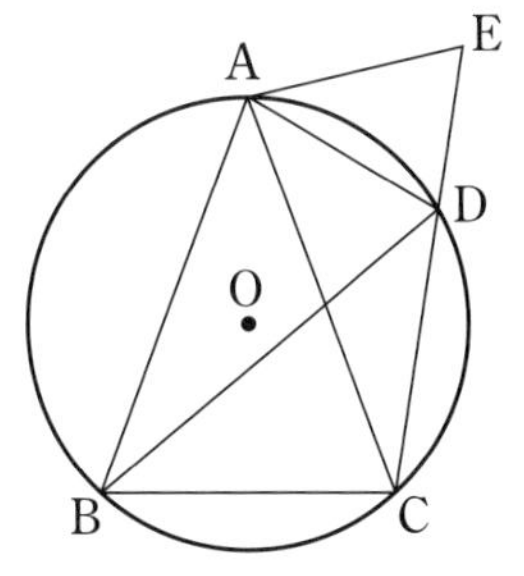

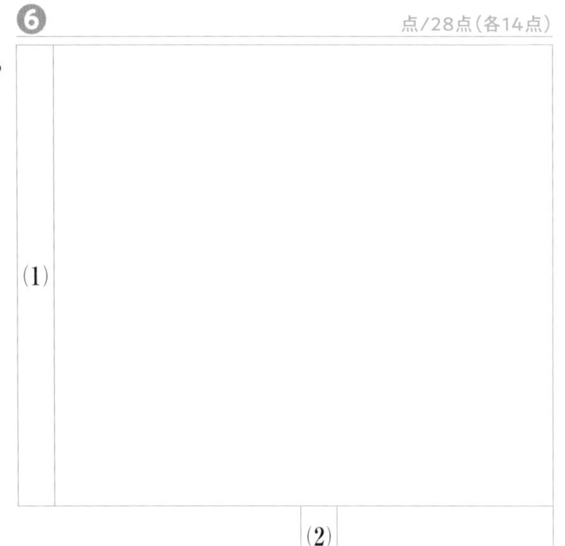

(1) △ABD≡△ACE であることを証明しなさい。

(2) AB＝8 cm，BC＝5 cm，AD＝4 cm であるとき，線分 DE の長さを求めなさい。

知 /36点	考 /64点

解答▶▶ p.36

教科書のまとめ〈6章　円〉

●円周角

円Oにおいて，$\overset{\frown}{AB}$ を除いた円周上に点Pをとるとき，∠APB を $\overset{\frown}{AB}$ に対する**円周角**という。

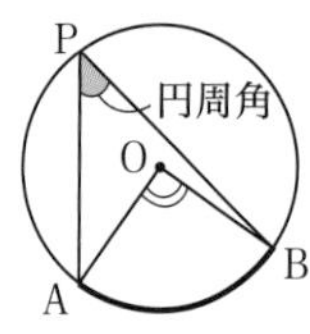

●円周角の定理

1 1つの弧に対する円周角の大きさは，その弧に対する中心角の大きさの半分である。

2 同じ弧に対する円周角の大きさは等しい。

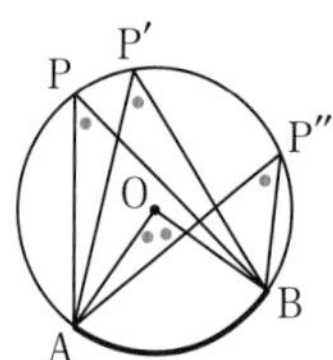

●円周角の定理の特別な場合

半円の弧に対する円周角の大きさは 90° である。

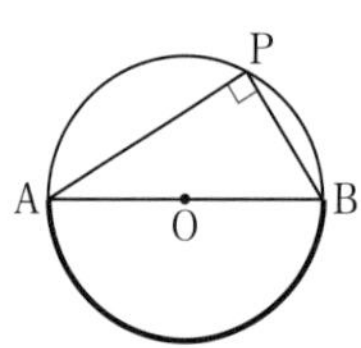

●円周角と弧

1つの円において

1 等しい円周角に対する弧の長さは等しい。

2 長さの等しい弧に対する円周角は等しい。

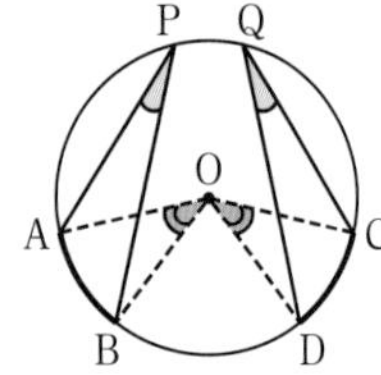

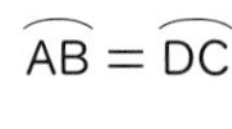

●円周角の定理の逆

・2点C，Pが直線ABについて同じ側にあるとき，∠APB＝∠ACB ならば，4点A，B，C，Pは1つの円周上にある。

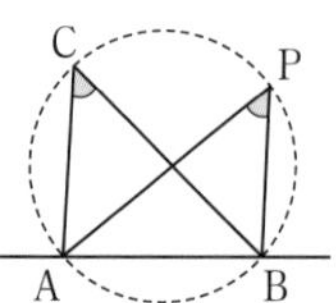

・∠APB＝90° のとき，点Pは線分ABを直径とする円周上にある。

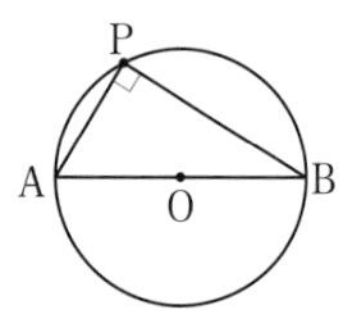

●円Oの接線の作図

❶ 線分POの垂直二等分線をひき，線分POとの交点をMとする。

❷ 点Mを中心として，線分PMを半径とする円をかく。

❸ この円と円Oとの交点をそれぞれA，Bとする。

❹ 直線PA，PBをひく。

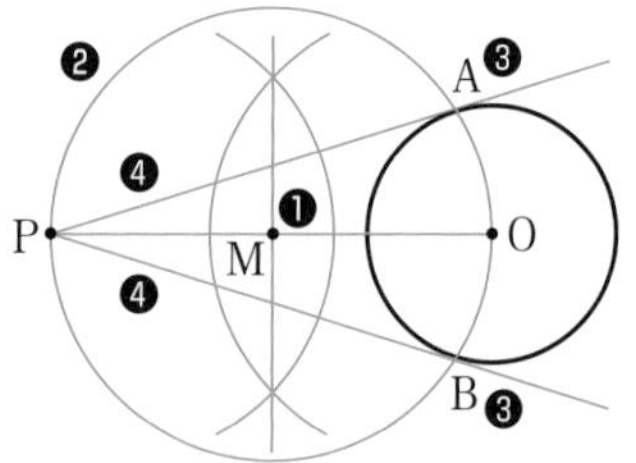

●円の接線の長さ

円の外部の点からその円にひいた2つの接線の長さは等しい。

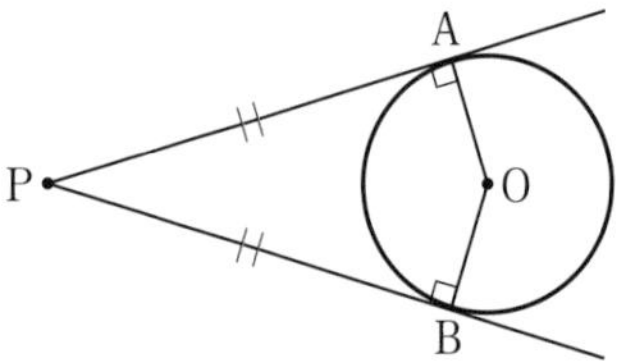

ぴたトレ 0 スタートアップ

7章　三平方の定理

次の学習に入る前に取り組もう。

□二等辺三角形の頂角の二等分線

◀中学2年

二等辺三角形の頂角の二等分線は，底辺を垂直に2等分します。

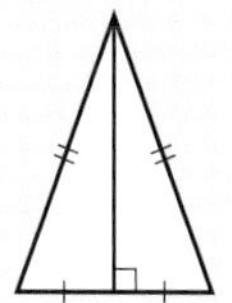

□角錐（かくすい），円錐の体積

◀中学1年

底面積を S，高さを h，体積を V とすると，$V=\frac{1}{3}Sh$

特に，円錐の底面の半径を r とすると，$V=\frac{1}{3}\pi r^2 h$

1 色をつけた部分の正方形の面積を求めなさい。

◀小学5年〈面積〉

(1)

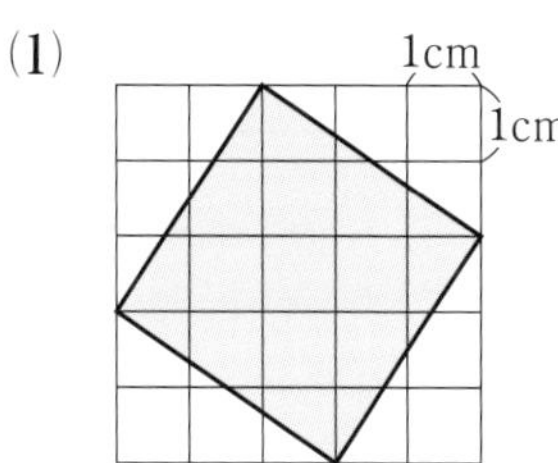

(2)

ヒント
全体の正方形から，周りの直角三角形をひくと……

2 次の2次方程式を解きなさい。

◀中学3年〈2次方程式〉

(1)　$x^2=9$

(2)　$x^2=13$

(3)　$x^2=17$

(4)　$x^2=32$

ヒント
平方根の考えを使って x の値を求めると……

3 次の立体の体積を求めなさい。

◀中学1年〈角錐，円錐の体積〉

(1)

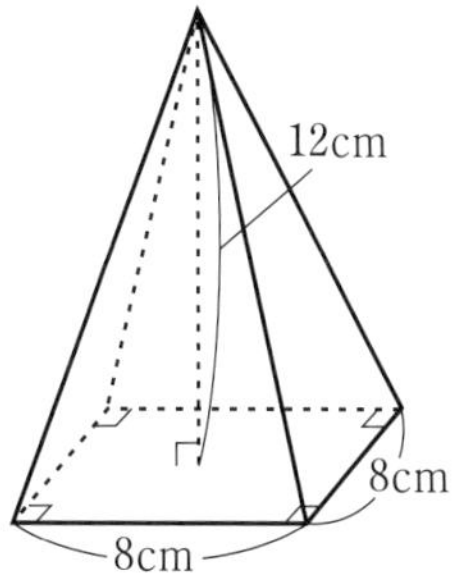

(2)

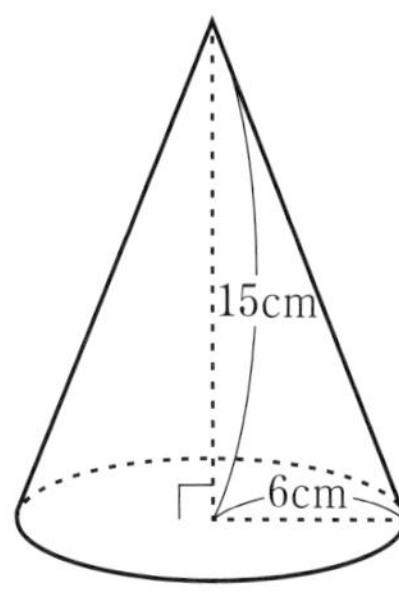

ヒント
底面の面積を求めて……

7章

7章　三平方の定理

[1]　三平方の定理
1　三平方の定理／2　三平方の定理の逆

●三平方の定理

教科書 p.192〜196

例題 1 □ 右の図の直角三角形において，x の値(あたい)を求めなさい。 ▶▶1 2

$x$cm　4cm　6cm

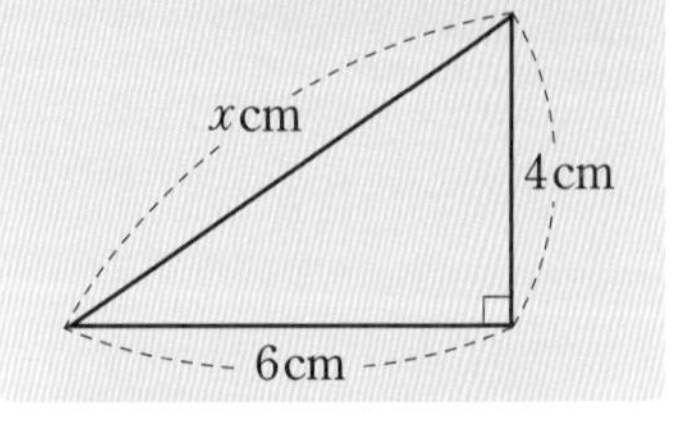

考え方　三平方の定理 $a^2+b^2=c^2$ に各辺の長さをあてはめて，方程式をつくります。

答え　三平方の定理により

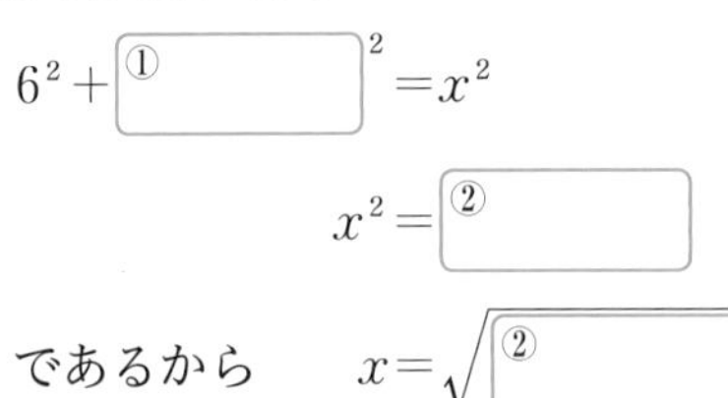

6^2+ ① $^2=x^2$

$x^2=$ ②

$x>0$ であるから　$x=\sqrt{②}$

$=$ ③

プラスワン　三平方の定理

直角三角形の直角をはさむ2辺の長さを a，b，斜辺(しゃへん)の長さを c とすると，次の等式が成り立ちます。

$a^2+b^2=c^2$

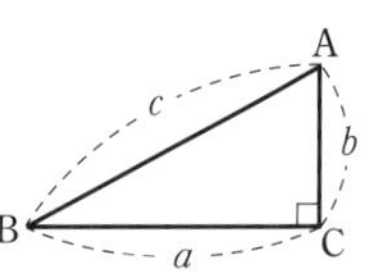

●三平方の定理の逆

教科書 p.197〜198

例題 2 □ 3辺の長さが，17 cm，15 cm，8 cm である三角形は，直角三角形であることを示しなさい。 ▶▶3

考え方　3辺の長さを a，b，c として，$a^2+b^2=c^2$ の関係が成り立つかどうかを調べます。もっとも長い辺の長さを c と考えます。

答え　$a=15$，$b=8$，$c=$ ① とすると

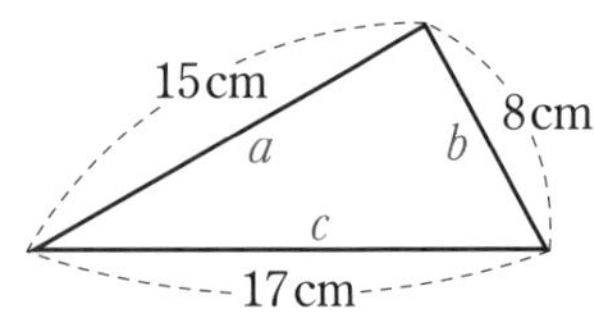

$a^2+b^2=15^2+8^2=$ ②

$c^2=$ ① $^2=$ ③

したがって，$a^2+b^2=c^2$ が成り立つから，

この三角形は，長さ ① cm の辺を

斜辺とする ④ 三角形である。

プラスワン　三平方の定理の逆

3辺の長さが a，b，c である三角形において

$a^2+b^2=c^2$

が成り立つならば，その三角形は，長さ c の辺を斜辺とする直角三角形です。

1 【三平方の定理の証明】右の図において，△ABC，△BED は合同な直角三角形で，3 点 C，B，D は一直線上にあります。次の問いに答えなさい。 教科書 p.194～195

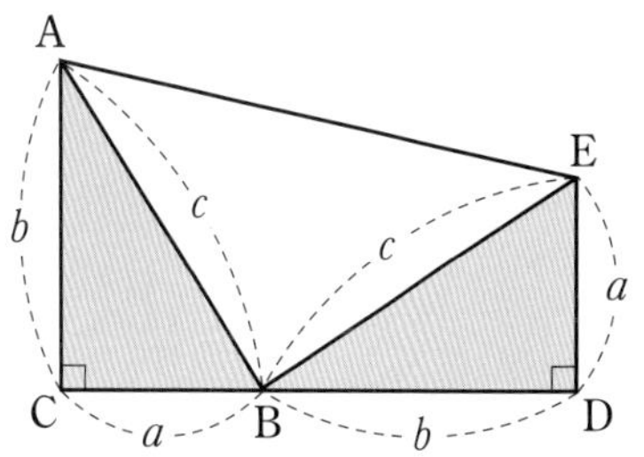

□(1) ∠ABE＝90° であることを証明しなさい。

□(2) 台形 ACDE の面積を 2 通りに表して，$a^2+b^2=c^2$ であることを証明しなさい。

絶対理解 **2** 【三平方の定理】次の図において，x の値を求めなさい。 教科書 p.196 例 1,2

□(1)

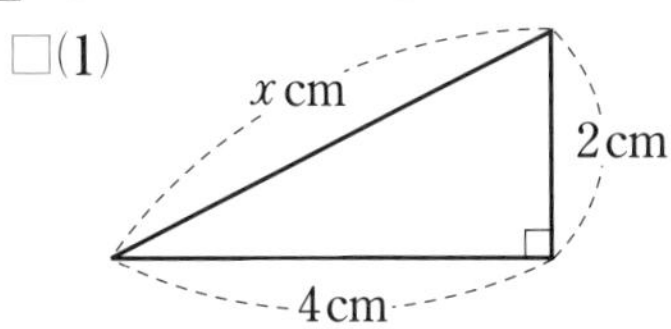

□(2)

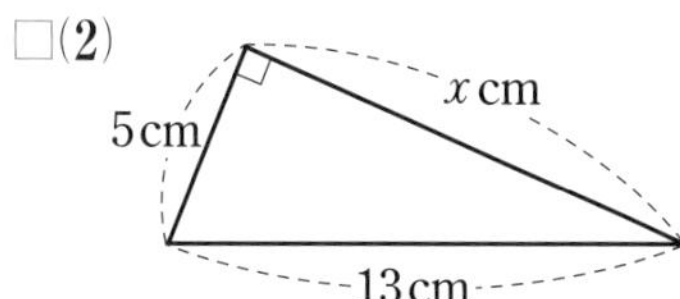

●キーポイント
三平方の定理を使うときは，どこが斜辺かを確認しましょう。

□(3)

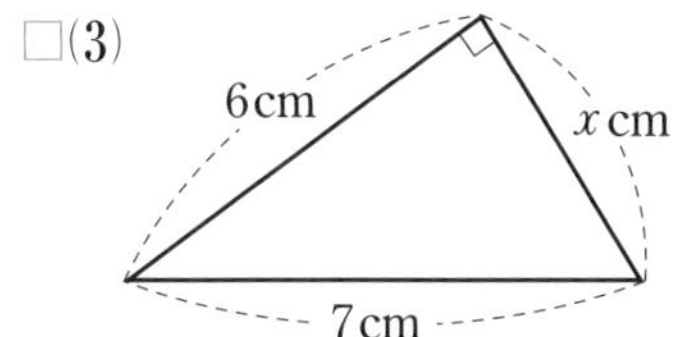

□(4)

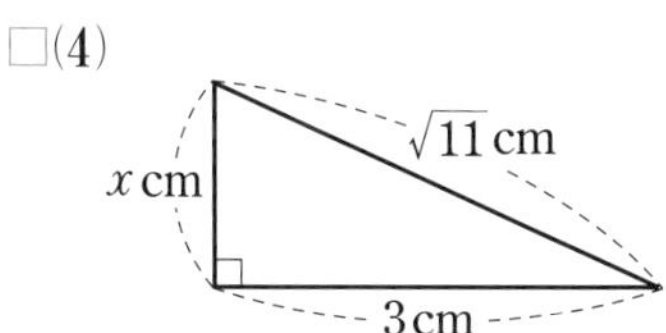

□(5)

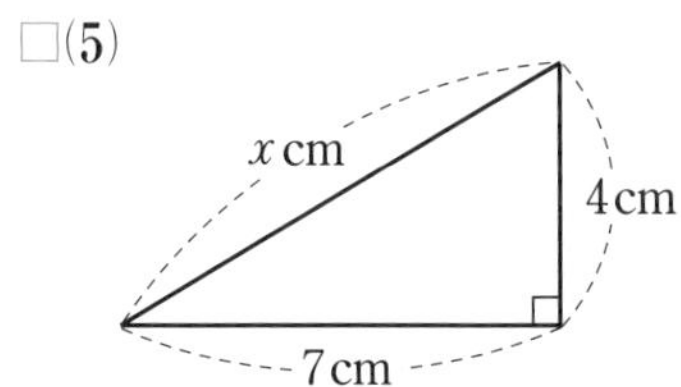

□(6)

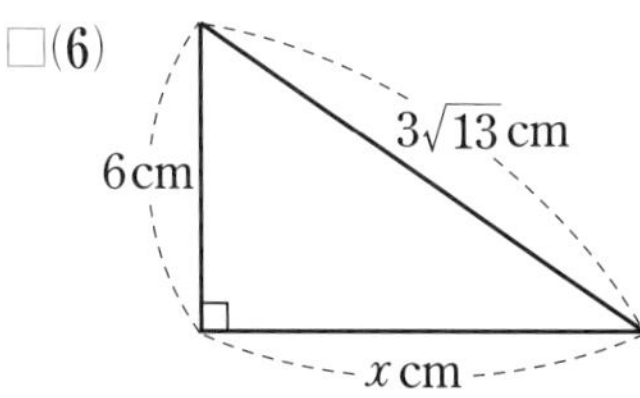

よく出る **3** 【三平方の定理の逆】3 辺の長さが，次のような三角形があります。この中から，直角三角形をすべて選び，記号で答えなさい。 教科書 p.198 例 1

□

㋐ 9 cm，12 cm，15 cm　　㋑ 12 cm，7 cm，8 cm

㋒ 3 cm，4 cm，$\sqrt{7}$ cm　　㋓ 2 cm，$\sqrt{2}$ cm，$\sqrt{3}$ cm

●キーポイント
$a^2+b^2=c^2$ が成り立てば，c の辺が斜辺で，それに対する角が直角になります。

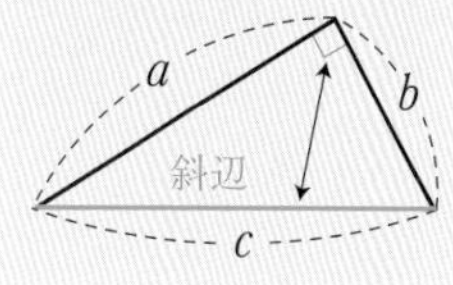

例題の答え **1** ① 4　② 52　③ $2\sqrt{13}$　**2** ① 17　② 289　③ 289　④ 直角

2　三平方の定理の利用
1　平面図形への利用

●対角線の長さ　教科書 p.201

□ 例題1　縦が 3 cm，横が 6 cm の長方形の対角線の長さを求めなさい。　▶▶1

考え方　対角線を斜辺(しゃへん)とする直角三角形で，三平方の定理を用います。

答え　対角線の長さを x cm とすると，三平方の定理により

$\boxed{①}^2+3^2=x^2$　　$x^2=\boxed{②}$

$x>0$ であるから　　$x=\boxed{③}$

よって，対角線の長さは　$\boxed{③}$ cm

●特別な直角三角形の辺の比　教科書 p.202〜203

□ 例題2　1 辺が 4 cm の正三角形の面積を求めなさい。　▶▶2

考え方　右の図のように，頂点 A から辺 BC に垂線 AD をひいて直角三角形をつくります。

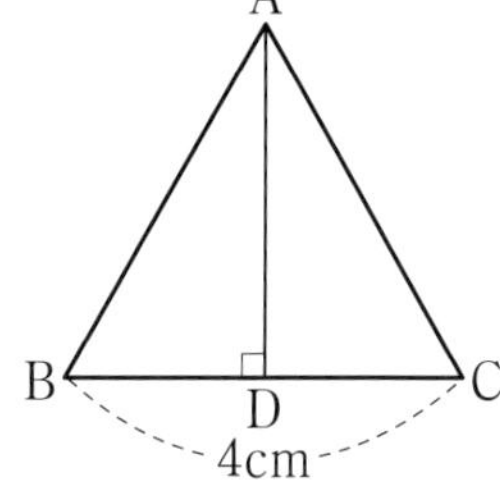

答え　右の図の正三角形 ABC の高さを AD とすると　BD＝2 cm

BD：AD＝1：$\boxed{①}$ であることから

AD＝$\boxed{①}$ BD＝$2\sqrt{3}$

よって　$\triangle ABC=\dfrac{1}{2}\times4\times2\sqrt{3}$

$=\boxed{②}$

したがって，正三角形の面積は

$\boxed{②}$ cm²

プラスワン　特別な直角三角形の辺の比

直角二等辺三角形の辺の比と，3 つの角が 30°，60°，90° である直角三角形の辺の比は，それぞれ右の図のようになります。

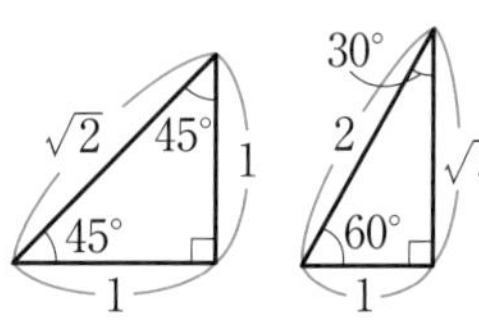

●座標平面上の 2 点間の距離　教科書 p.206

□ 例題3　2 点 A(−3，−1)，B(1，2) 間の距離(きょり)を求めなさい。　▶▶4

考え方　右の図のように，直角三角形 ABC をつくって考えます。

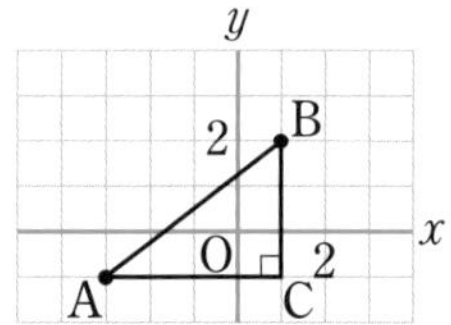

答え　右の図の △ABC は直角三角形である。

AC＝1−(−3)＝4　　BC＝2−(−1)＝3

したがって，三平方の定理により

$AB^2=\boxed{①}^2+3^2=\boxed{②}$

AB＞0 であるから　　AB＝$\boxed{③}$

プラスワン　座標平面上の 2 点間の距離

座標平面上の 2 点間の距離は，次の式で表されます。

$\sqrt{(x\text{座標の差})^2+(y\text{座標の差})^2}$

1 【対角線の長さ】次の長方形や正方形の対角線の長さを求めなさい。 教科書 p.201 例 1

□(1) 縦が 2 cm，横が 4 cm の長方形　　□(2) 1 辺が 4 cm の正方形

2 【正三角形の面積】1 辺の長さが 2 cm である正三角形の高さと面積を求めなさい。

□ 教科書 p.203 例 4

3 【三平方の定理と円】次の問いに答えなさい。 教科書 p.205 例 5

□(1) 半径 9 cm の円 O において，中心 O からの距離が 6 cm である弦(げん) AB の長さを求めなさい。

●キーポイント
中心 O から弦 AB にひいた垂線の長さが，中心 O からの距離です。

⚠ミスに注意
(1) 求めるものは弦の長さです。三平方の定理で求めた値(あたい)を 2 倍するのを忘れないようにしましょう。

□(2) 半径 7 cm の円 O において，弦 AB の長さが 12 cm であるとき，中心 O と弦 AB との距離を求めなさい。

絶対理解 **4** 【座標平面上の 2 点間の距離】次の 2 点間の距離を求めなさい。 教科書 p.206 例 6

□(1) A (1，3)，B (7，8)　　□(2) A (4，−1)，B (6，−7)

例題の答え **1** ① 6 ② 45 ③ $3\sqrt{5}$ **2** ① $\sqrt{3}$ ② $4\sqrt{3}$ **3** ① 4 ② 25 ③ 5

7章　三平方の定理

2　三平方の定理の利用
2　空間図形への利用

●直方体の対角線

教科書 p.207〜208

□ **例題 1**　右の図のような直方体において，対角線 BH の長さを求めなさい。 ▶▶1

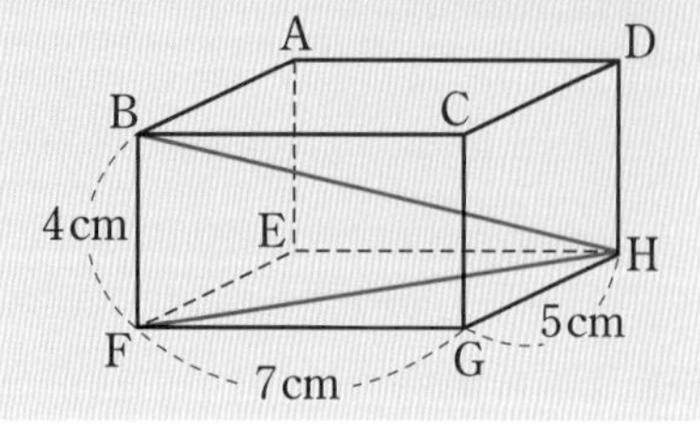

考え方　右の図の BH を斜辺（しゃへん）とする直角三角形に着目します。

答え　△BFH は直角三角形であるから

$BH^2=FH^2+4^2$　……㋐

△FGH も直角三角形であるから

$FH^2=5^2+$ ①[　　]^2　……㋑

㋐，㋑から　$BH^2=(5^2+$ ①[　　]$^2)+4^2$

よって　$BH^2=$ ②[　　]

$BH>0$ であるから　$BH=$ ③[　　] (cm)

●角錐や円錐の体積

教科書 p.208〜209

□ **例題 2**　右の図のような正四角錐（せいしかくすい）の体積を求めなさい。 ▶▶2 3

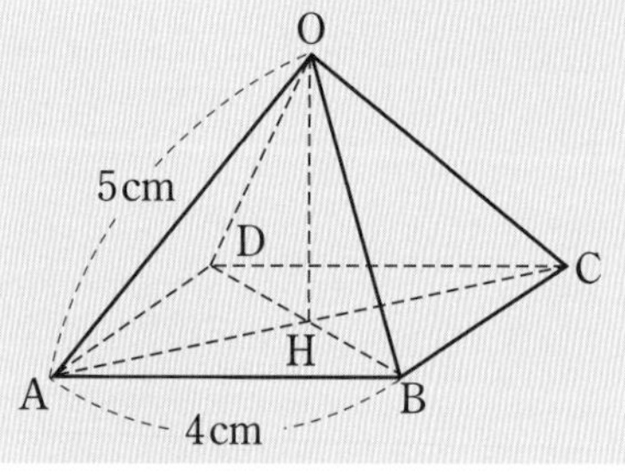

考え方　正四角錐の高さをふくむような直角三角形を見つけます。

答え　底面の正方形の対角線の交点を H とすると，
△OAH は直角三角形であるから

$AH^2+OH^2=5^2$　……㋐

線分 AC は正方形 ABCD の対角線であるから

$AC=$ ①[　　]

点 H は線分 AC の中点であるから

$AH=$ ②[　　]　……㋑

㋐，㋑から　(②[　　]$)^2+OH^2=5^2$

$OH^2=$ ③[　　]

$OH>0$ であるから　$OH=$ ④[　　]

よって，求める体積は

$\frac{1}{3}\times 4^2\times$ ④[　　] $=$ ⑤[　　] (cm^3)

プラスワン　正四角錐の高さ

底面の正方形の対角線の交点を H とすると，4つの三角形 △OAH，△OBH，△OCH，△ODH は3組の辺がそれぞれ等しいから，すべて合同になっています。
よって　∠OHA＝∠OHB
＝∠OHC＝∠OHD
＝90°
であり　OH⊥面 ABCD

(角錐や円錐の体積)＝$\frac{1}{3}$×(底面積)×(高さ)

1 【直方体の対角線】次の図のような立体の対角線の長さを求めなさい。 教科書 p.207 例 1

□(1) 直方体　　□(2) 立方体

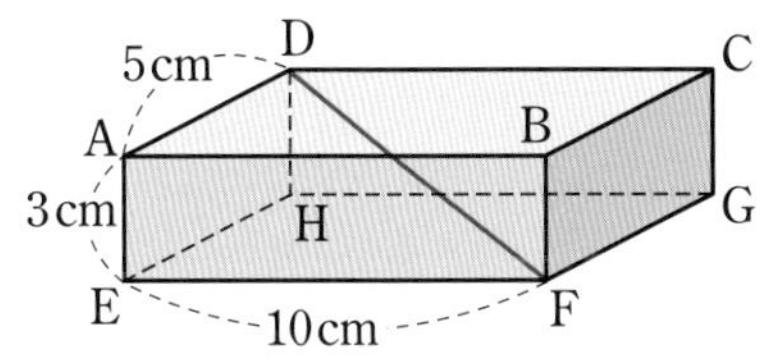

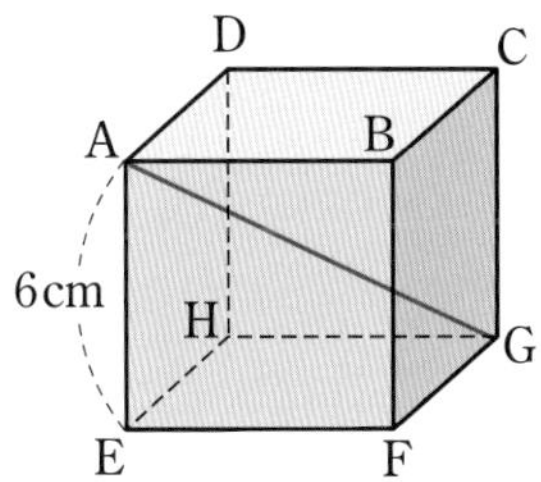

●キーポイント
縦，横，高さがそれぞれ a，b，c である直方体の対角線の長さは $\sqrt{a^2+b^2+c^2}$

⚠ミスに注意
直方体の対角線は4本ありますが，底面の対角線は，直方体の対角線とはいいません。

2 【角錐の体積】右の図のような，底面が1辺4 cm の正方形で，
□ 他の辺が8 cm である正四角錐の体積を求めなさい。

教科書 p.209 例 2

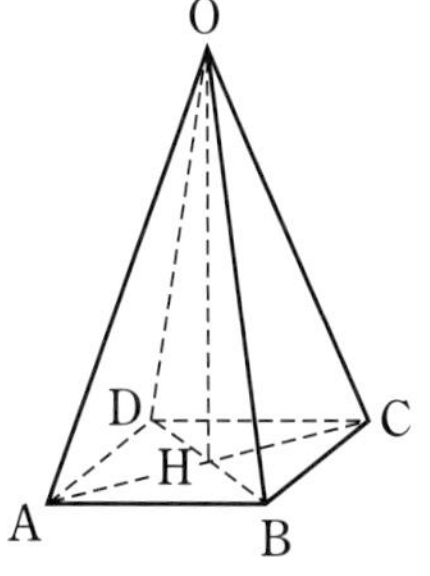

よく出る 3 【円錐の体積】底面の半径が7 cm で，母線の長さが11 cm である円錐の高さと体積を求
□ めなさい。 教科書 p.209 問 3

●キーポイント
半径と母線の長さと高さで，三平方の定理を使います。

4 【立体の表面上の最短距離】底面が1辺3 cm の正三角形で，高
□ さが6 cm である右の図のような正三角柱において，糸を点Aから点Dまで，辺BE，CF を通るようにかけます。この糸がもっとも短くなるときの糸の長さを求めなさい。 教科書 p.210 例 3

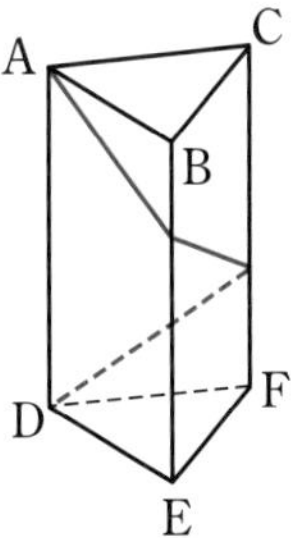

●キーポイント
展開図をかいて考えます。

7章

教科書 207～210ページ

例題の答え **1** ①7　②90　③$3\sqrt{10}$　**2** ①$4\sqrt{2}$　②$2\sqrt{2}$　③17　④$\sqrt{17}$　⑤$\frac{16\sqrt{17}}{3}$

解答▶▶ p.38

◆1 周の長さが 60 cm の直角三角形があります。直角をはさむ辺の一方の長さが 10 cm であるとき，斜辺（しゃへん）の長さを求めなさい。

◆2 右の図について，次の問いに答えなさい。

□(1) 辺 AB の長さを求めなさい。

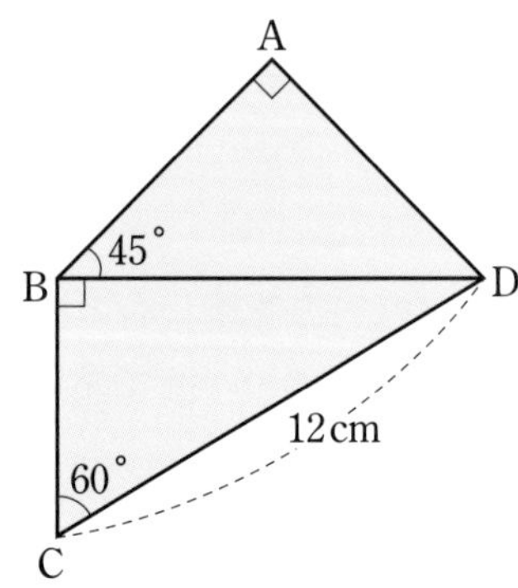

□(2) 四角形 ABCD の面積を求めなさい。

◆3 AB＝5 cm，BC＝8 cm の長方形 ABCD を，右の図のように，頂点 D が辺 BC の中点 M と重なるように折ります。このとき，線分 CF の長さを求めなさい。

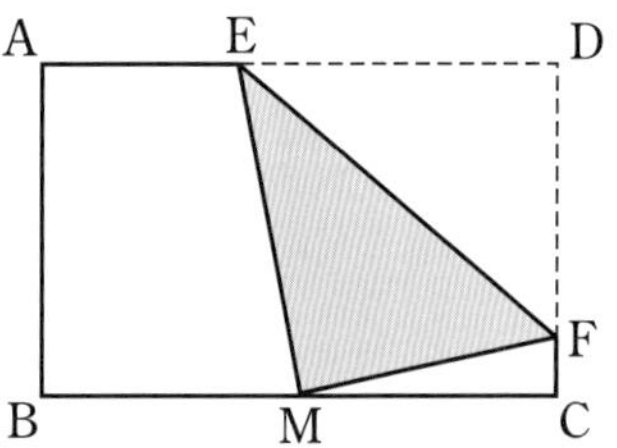

◆4 下の図において，AP は円 O の接線で，P はその接点です。次のものを求めなさい。

□(1) 線分 AP の長さ

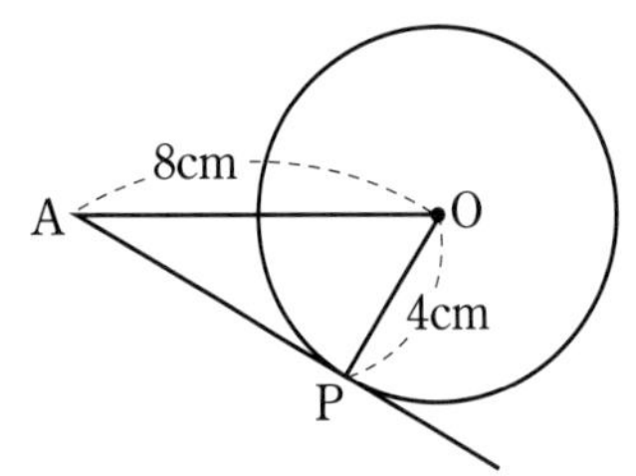

□(2) 円 O の半径

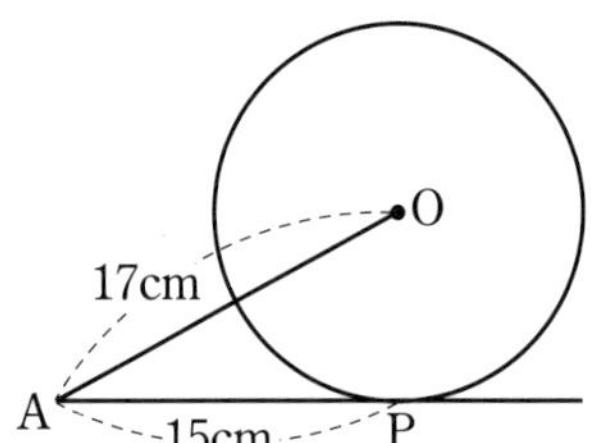

ヒント ◆1 斜辺の長さを x cm とすると，他の辺の長さは 10 cm，50－x cm と表せる。
◆3 CF＝x cm として，△MCF で三平方の定理を用いる。

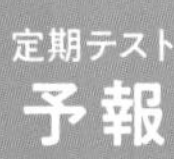

●三平方の定理が使えるように，図の中に直角三角形を見つける習慣をつけよう。
三平方の定理はシンプルな定理だけど，これをどう使うかがポイントだよ。図の中に直角三角形が見つからないときは，補助線をひいて直角三角形をつくってみよう。

5 □ 3点A(4，2)，B(1，−2)，C(−3，1)について，△ABCはどのような形の三角形か答えなさい。

6 **次の問いに答えなさい。**

□(1) 縦が6 cm，高さが4 cmで，対角線の長さが8 cmの直方体があります。この直方体の横の長さを求めなさい。

□(2) 右の図は，円錐（えんすい）の展開図で，側面の部分は，中心角144°のおうぎ形，底面は半径6 cmの円です。この展開図を組み立ててできる円錐の体積を求めなさい。

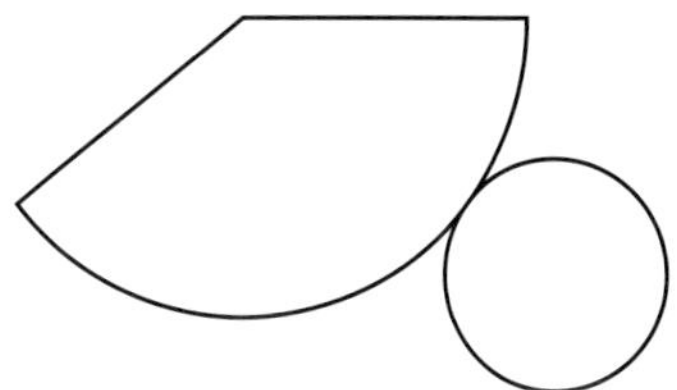

7 **右の図は1辺が6 cmの立方体であり，点Pは辺BF上の点で，BP＝2 cmです。次の問いに答えなさい。**

□(1) △PACの面積を求めなさい。

□(2) △PACを底面とみたとき，三角錐B−PACの高さを求めなさい。

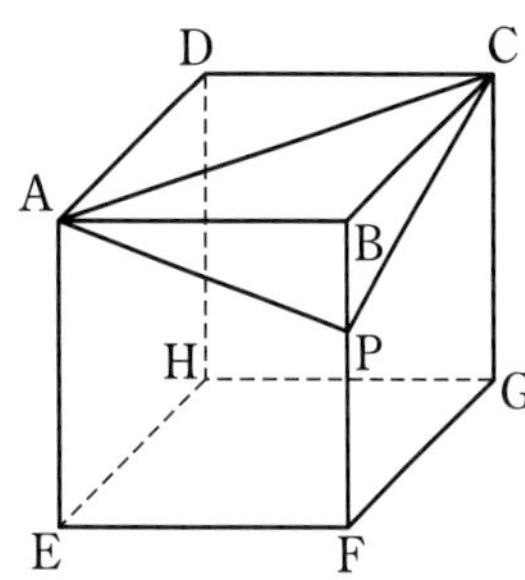

8 □ 右の図の三角柱において，底面は∠B＝90°の直角三角形です。辺BE，CF上に，AP＋PQ＋QDがもっとも短くなるように，点P，Qをそれぞれとります。AP＋PQ＋QDの長さを求めなさい。

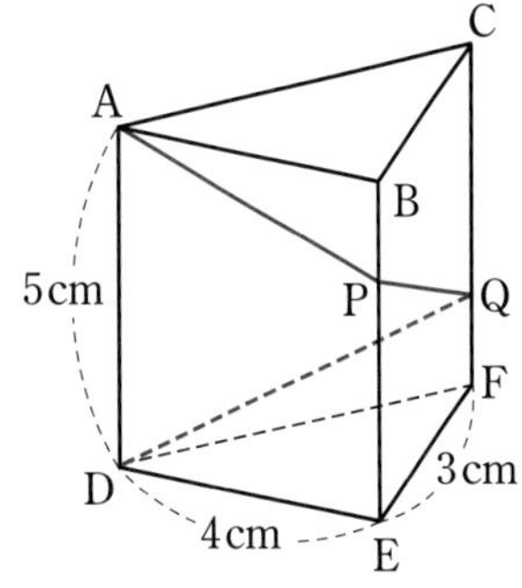

6 (2)まず，母線の長さ（おうぎ形の半径の長さ）をr cmとして，これを求める。
7 (2)三角錐の高さをh，体積をVとすると，$V=\frac{1}{3}\times$△PAC$\times h$である。

7章 教科書192〜211ページ

解答▶▶ p.38〜39

7章　三平方の定理

❶ 次の図において，x の値（あたい）を求めなさい。知

(1)

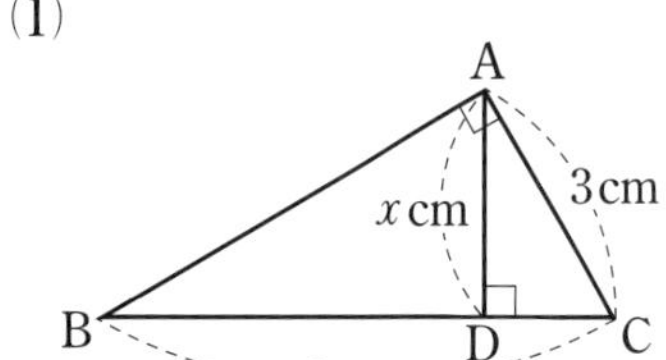

(2)

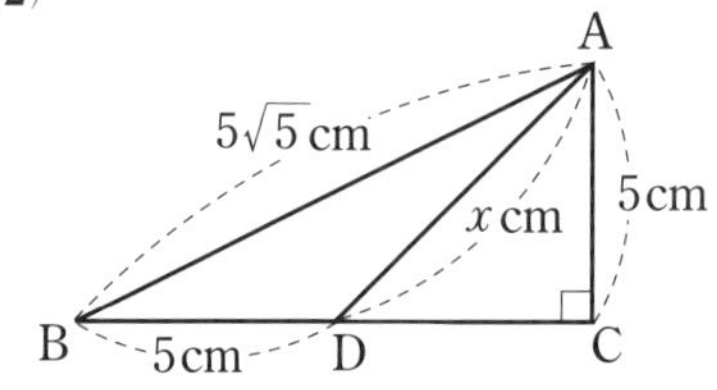

❶ 点／12点（各6点）

(1)	
(2)	

❷ 次の問いに答えなさい。知

(1)　対角線の長さが 6 cm の正方形の面積を求めなさい。

(2)　3 辺の長さが 3 cm，3 cm，$2\sqrt{5}$ cm である三角形の面積を求めなさい。

(3)　半径 20 cm の円で，中心から 16 cm の距離（きょり）にある弦（げん）の長さを求めなさい。

(4)　縦が 4 cm，横が 8 cm，高さが 2 cm の直方体の対角線の長さを求めなさい。

❷ 点／24点（各6点）

(1)	
(2)	
(3)	
(4)	

点UP ❸ AB＝6 cm である長方形 ABCD の紙があります。この紙を，右の図のように，EF を折り目として，頂点 D が辺 BC 上に重なるように折ったところ，CG＝3 cm である点 G に D が重なりました。このとき，線分 CF の長さを求めなさい。考

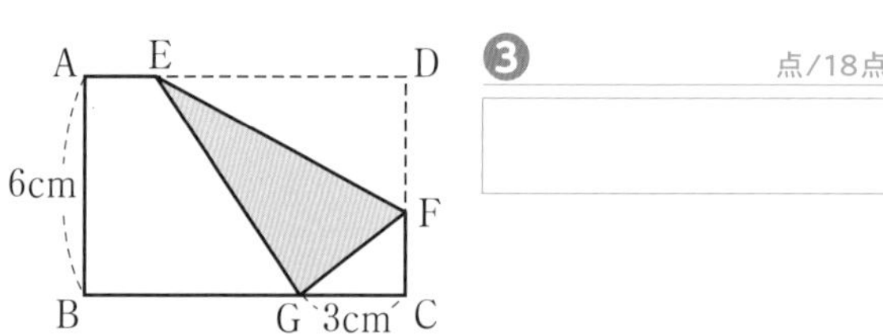

❸ 点／18点

 成績評価の観点　知…数量や図形などについての知識・技能　考…数学的な思考・判断・表現

4 座標平面上に，3 点 A (8, 1)，B (−1, 4)，C (−3, −2) があります。△ABC の面積を求めなさい。考

4	点/8点

5 右の図は，ある正四角錐（せいしかくすい）の展開図です。この展開図を組み立ててできる正四角錐について，次の問いに答えなさい。考

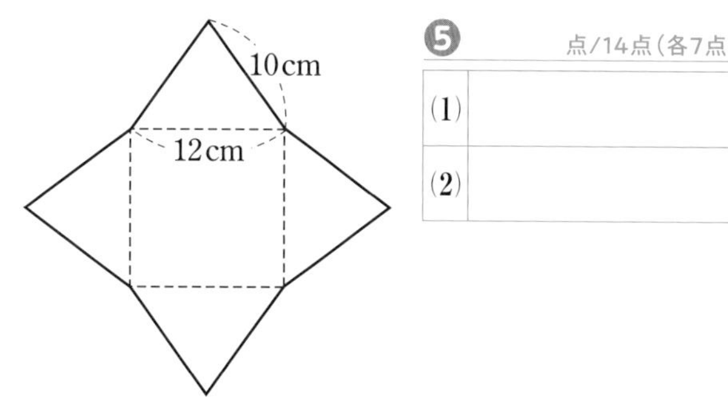

(1) 高さを求めなさい。

(2) 体積を求めなさい。

5	点/14点 (各7点)
(1)	
(2)	

6 右の図は 1 辺が 12 cm の立方体であり，点 M は辺 EF の中点です。この立方体を 3 点 A，C，M を通る平面で切るとき，切り口の面の面積を求めなさい。考

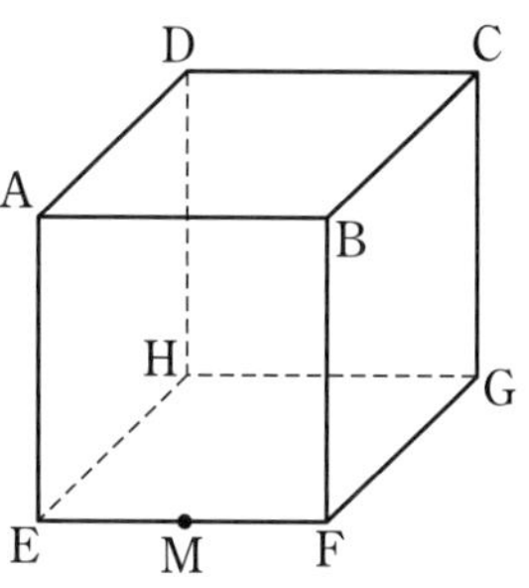

6	点/16点

7 右の図のように，底面の半径が 2 cm，母線の長さが 6 cm の円錐があり，点 A から円錐の側面にそって，1 周するようにひもをかけます。このひもがもっとも短くなるときのひもの長さを求めなさい。考

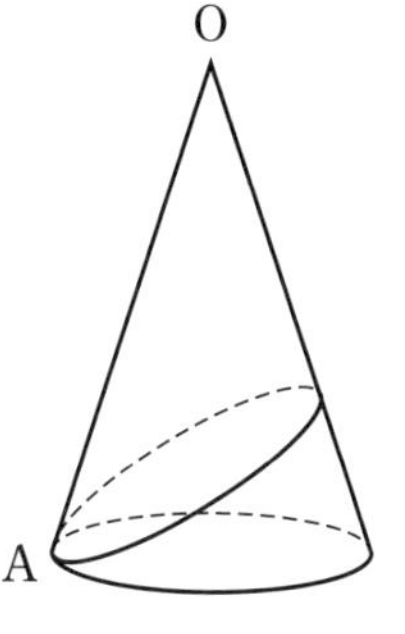

7	点/8点

7章
教科書 191〜213ページ

知 /36点	考 /64点

解答▶▶ p.39〜40

教科書のまとめ〈7章　三平方の定理〉

●三平方の定理

直角三角形の直角をはさむ2辺の長さを a, b, 斜辺(しゃへん)の長さを c とすると,

$a^2+b^2=c^2$

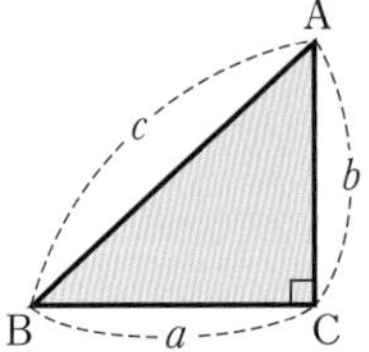

●三平方の定理の逆

3辺の長さが a, b, c である三角形において $a^2+b^2=c^2$ が成り立つならば，その三角形は，長さ c の辺を斜辺とする直角三角形である。

●正方形の対角線の長さ

1辺が2cmの正方形の対角線の長さを x cmとすると,

三平方の定理により

$2^2+2^2=x^2$

$x^2=8$

$x>0$ であるから　$x=2\sqrt{2}$

●長方形の対角線の長さ

縦が1cm，横が2cmの長方形の対角線の長さを x cmとすると,

三平方の定理により

$2^2+1^2=x^2$

$x^2=5$

$x>0$ であるから

$x=\sqrt{5}$

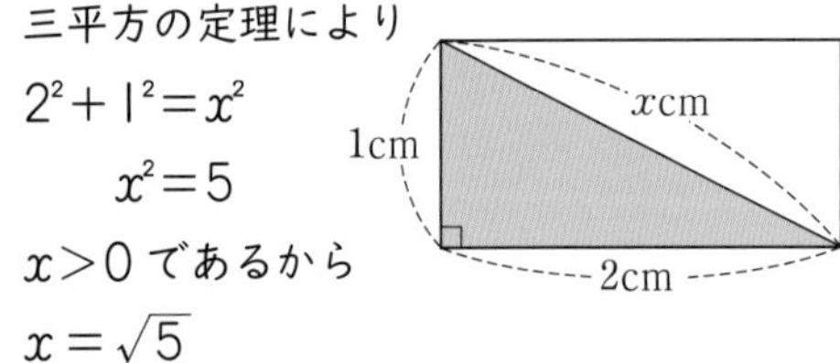

●特別な直角三角形の辺の比

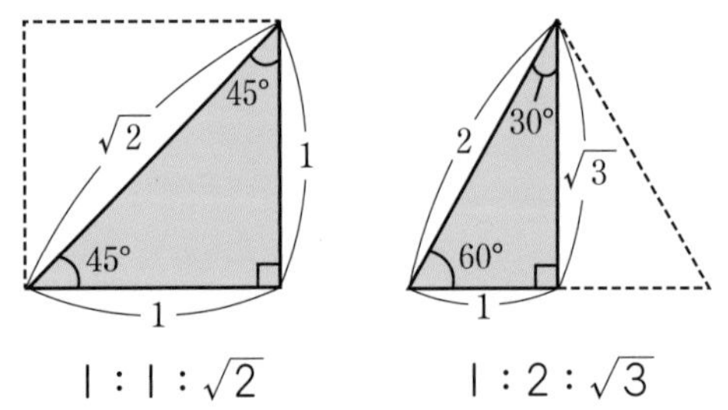

$1:1:\sqrt{2}$　　$1:2:\sqrt{3}$

●三平方の定理と円

中心Oから弦(げん)ABに垂線OHをひくと，点Hは弦ABの中点になる。△OAHは

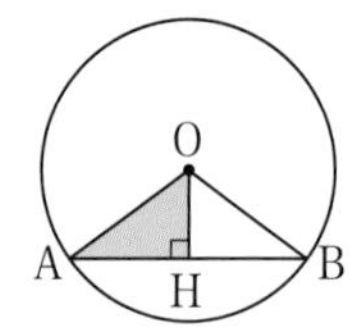

∠OHA＝90°の直角三角形であるから，三平方の定理を使って，線分AHの長さを求める。

●座標平面上の2点間の距離

2点A，Bを結ぶ線分ABを斜辺とし，座標軸(じく)に平行な2つの辺ACと辺BCをもつ直角三角形をつくると，△ABCは,

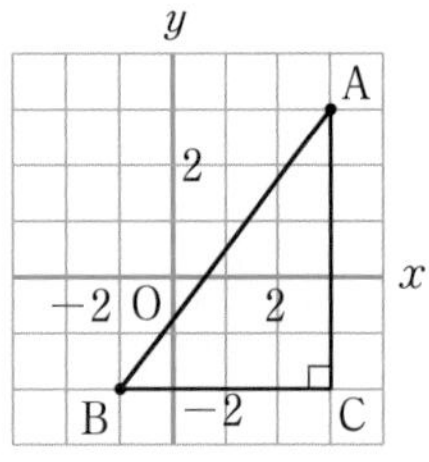

∠C＝90°の直角三角形であるから，三平方の定理を使って，2点A，B間の距離(きょり)を求める。

●直方体の対角線

3辺の長さが a, b, c の直方体の対角線AGの長さは,

$AG^2=a^2+b^2+c^2$

したがって,

$AG=\sqrt{a^2+b^2+c^2}$

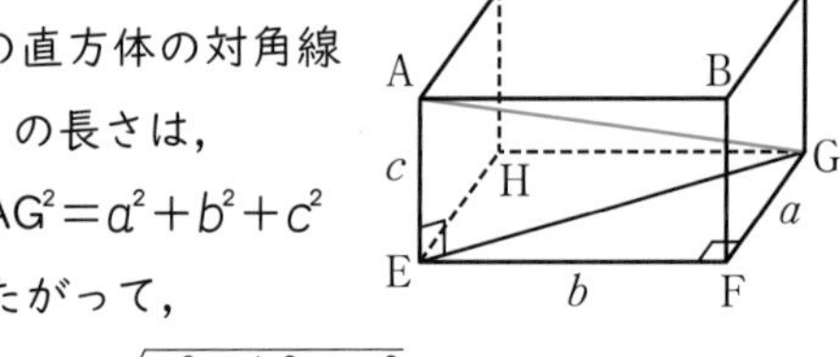

●円錐の高さ

底面の半径が3cm，母線の長さが5cmの円錐(えんすい)の高さを h cmとすると,

$3^2+h^2=5^2$

$h^2=16$

$h>0$ であるから　$h=4$

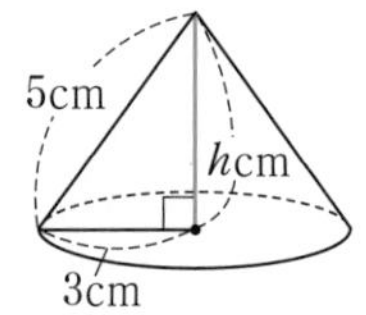

8章　標本調査

次の学習に入る前に取り組もう。

□**割合**　◀ 小学5年

ある量をもとにして，くらべる量がもとにする量の何倍にあたるかを表した数を，割合といいます。

割合＝くらべる量÷もとにする量

くらべる量＝もとにする量×割合

もとにする量＝くらべる量÷割合

1 ペットボトルのキャップを投げると，表，横，裏のいずれかになります。下の表は，それぞれの起こりやすさを実験した結果をまとめたものです。　◀ 中学1年〈確率〉

回数	200	400	600	800	1000
表	53	109	166	210	265
横	20	51	85	107	133
裏	127	240	349	483	602

(1)　表になる確率を小数第3位を四捨五入して求めなさい。

(2)　裏になる確率を小数第3位を四捨五入して求めなさい。

ヒント
1000回の実験結果から，相対度数を求めて……

2 ある中学校の中庭全体の面積は600 m^2 で，そのうち花だんの面積が240 m^2 です。　◀ 小学5年〈割合〉

(1)　花だんの面積は，中庭全体の面積の何倍ですか。

(2)　中庭全体の面積は，花だんの面積の何倍ですか。

ヒント
もとにする量とくらべる量は……

3 定価2800円の品物を，3割引きで買ったときの代金を求めなさい。　◀ 小学5年〈割合〉

ヒント
(10−3)割と考えると……

解答▶▶ p.41

ぴたトレ 1 要点チェック

8章　標本調査

[1] 母集団と標本
1 母集団と標本

●全数調査と標本調査

教科書 p.218〜223

□ **例題 1** 次の調査は，全数調査と標本調査のどちらが適当であるか答えなさい。 ▶▶1 2

(1) パック入りジュースの品質調査

(2) ある高校で行う入学試験

考え方　調査対象のすべてと一部のどちらを調べたほうが適切か考えます。

答え (1) すべてのパック入りジュースを調べたとすると，売るものがなくなってしまうから，[①　　　]調査が適当である。

(2) 入学を希望するすべての生徒の学力を調べる必要があるから，[②　　　]調査が適当である。

人口などを調べる国勢調査は，全数調査です。

プラスワン　全数調査と標本調査

全数調査…対象とする集団にふくまれるすべてのものについて行う調査

標本調査…対象とする集団の一部を調べ，その結果から集団の状況を推定する調査

母集団…標本調査において，調査対象全体

標本…調査のために母集団から取り出されたものの集まり

抽出…母集団から標本を取り出すこと

母集団の大きさ…母集団にふくまれるものの個数

標本の大きさ…標本にふくまれるものの個数

無作為に抽出する…かたよりなく標本を抽出すること

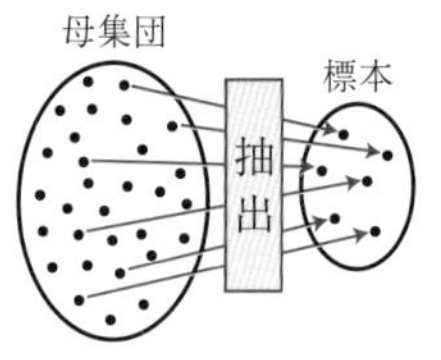

●標本平均と母集団の平均値

教科書 p.224〜226

□ **例題 2** 次の表は，ある中学校の3年男子全員の中から8人を無作為に抽出し，体重を調べたものです。 ▶▶3

58	53	54	62	56	59	54	52

(単位は kg)

この表をもとにして，3年男子全員の体重の平均値を推定しなさい。

考え方　標本平均が母集団全体の平均に近いとみなして考えます。

答え 8人の体重の合計は[①　　　]kg であるから

[①　　　]÷8=[②　　　]より，およそ[②　　　]kg と考えられる。

プラスワン　標本平均

標本平均…無作為に抽出した標本の平均値

標本平均は，母集団全体の平均値に近いと考えます。

標本の大きさが大きいほど，その状況が母集団の状況に近くなる傾向があります。

よく出る **1** 【全数調査と標本調査】次の調査は，全数調査と標本調査のどちらが適当であるか答えなさい。 教科書 p.219 問 1

□(1) 空港における航空機に乗る人の手荷物検査

□(2) ある工場で製造された食品の品質保持期限の検査

□(3) テレビ局が行う内閣支持率の調査

□(4) ある会社で行う従業員の健康診断（しんだん）

●キーポイント
労力，時間，コストがかかり過ぎる場合は，ふつう標本調査が行われます。

2 【母集団と標本】全国の有権者から無作為に 8000 人を選んで，ある法案に賛成であるか反対であるかを調査しました。次の問いに答えなさい。 教科書 p.220

□(1) この調査における母集団は何ですか。

□(2) この調査における標本の大きさを答えなさい。

絶対理解 **3** 【標本平均と母集団の平均値】次の表は，ある中学校の 3 年女子全員の中から 6 人を無作為に抽出し，身長を調べたものです。次の問いに答えなさい。 教科書 p.225 例 1，p.226 例 2

154	162	157	161	156	152

(単位は cm)

□(1) 上の表から，標本平均を求めなさい。

□(2) さらに，3 年女子全員の中から 6 人を無作為に抽出して身長を調べ，標本平均を求めることをくり返したところ，結果は次の表のようになりました。

153	154.5	158	152.5	155	155.5

(単位は cm)

この表から，標本平均の平均値を求め，小数第 2 位を四捨五入して答えなさい。

□(3) 次の文の□にあてはまるものを答えなさい。

(2)で求めた値（あたい）は，(1)で求めた値よりも母集団の平均値に□と考えられる。

⚠ミスに注意
数値が多いので計算ミスをする場合が多くなります。平均値は中央値(メジアン)に近くなる場合が多いので，大まかな目安にするとよいでしょう。

例題の答え **1** ①標本 ②全数 **2** ①448 ②56

ぴたトレ 1 要点チェック

8章　標本調査

1　母集団と標本
2　標本調査の利用

●標本調査の利用

教科書 p.227～229

□ 例題 1

あるお菓子(かし)会社では，新商品を食べた 1000 人から無作為に 50 人を抽出(ちゅうしゅつ)し，アンケートを実施しました。
新商品をおいしいと答えたのが 42 人であるとき，1000 人のうち何人くらいがおいしいと評価していると考えられるか答えなさい。 ▶▶1

考え方　(標本の割合)=(母集団の割合) と推定することができます。

答え　50 人のうち，この新商品をおいしいと答えた人の割合は

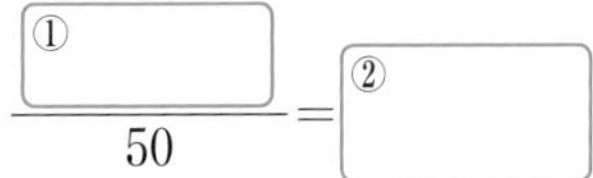

$\dfrac{①\square}{50}=②\square$

よって，母集団においてこの新商品をおいしいと評価している人の割合も ②□ と推定することができる。

したがって，新商品をおいしいと評価している人の数は

$1000\times②\square=③\square$

より，およそ ③□ 人と考えられる。

□ 例題 2

A～Z の見出し語がのっているページの総ページ数が，1350 ページである英和辞典から，無作為に 10 ページを選び，そこにのっている見出し語の数を調べると，次の表のようになりました。 ▶▶2

37	42	38	35	31	40	39	46	34	38

(単位は語)

このとき，英和辞典 1 冊の見出し語の総数を推定しなさい。

考え方　標本平均を利用します。

答え　1 ページあたりの見出し語の数の平均値を求めると，表の値(あたい)の合計は 380 語であるから　$380\div①\square=②\square$ (語)

したがって，およそ $②\square\times1350=③\square$ (語)と考えられる。

よく出る

1 【標本調査の利用】次の問いに答えなさい。

教科書 p.227 例 1

□(1) ある中学校の3年生全体300人の中から，50人を無作為に抽出し，虫歯のない生徒を調べたところ，15人でした。3年生全体では虫歯のない生徒は何人か推定しなさい。

□(2) あさがおの種が1000個あります。20個を同じ場所に植えたところ，発芽した種の数は17個でした。1000個の種を植えると何個発芽するか推定しなさい。

□(3) 袋(ふくろ)の中に，白と黒の碁石(ごいし)が合わせて400個入っています。よくかき混ぜて，この中から20個を取り出したところ，13個が黒の碁石でした。この袋の中の黒の碁石の個数を推定しなさい。

2 【標本調査の利用】ある工場でつくられた製品の中から，無作為に200個を取り出し，5日間続けて品質調査をしたところ，次の表のような結果を得ました。下の問いに答えなさい。

教科書 p.228〜229

	1日目	2日目	3日目	4日目	5日目
不良品の個数	2	3	1	2	2

□(1) 標本における1日あたりの不良品の個数の平均値を求めなさい。

□(2) 1日1000個の製品がつくられるとして，25日間に出る不良品の個数を推定しなさい。

例題の答え **1** ①42　② $\frac{21}{25}$ (0.84)　③840　**2** ①10　②38　③51300

1 母集団と標本 1, 2

1 ある中学校で3年生300人の勉強時間を調べるために，30人を選んで標本調査をします。標本の選び方として適当と思われるものを次の中からすべて選び，記号で答えなさい。

㋐ 女子の中から30人選ぶ。

㋑ ある組の出席番号1番から30番までを選ぶ。

㋒ 全員にあたりくじ30本のくじを引かせる。

㋓ 全員に1から300までの番号をつけ，10の倍数のものを選ぶ。

㋔ 運動部の中から2〜3名ずつ選ぶ。

2 ある工場でつくられた電球の寿命（じゅみょう）を調べるために，10個の電球について調べたところ，次のような結果を得ました。

（単位は時間）

1020	1430	1160	1080	1240	980	1350	940	1130	1220

この工場でつくられた電球の平均寿命は何時間と推定されますか。一の位を四捨五入して答えなさい。

3 ある会社では，商品のサンプルを使用した10000人から無作為に500人を抽出（ちゅうしゅつ）し，アンケートを実施しました。

□(1) この調査における母集団の大きさと標本の大きさを答えなさい。

□(2) 商品に満足したと答えたのが64％であったとき，サンプルを使用した人のうち何人くらいが満足していると考えられますか。

ヒント
2 標本平均から母集団の状況を推定する。
3 標本の比率も母集団の比率の推定に利用できる。

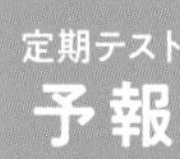

●標本の比率や平均を使って，母集団の状況を推定できるようにしよう。
標本の大きさや母集団の大きさを明確にしておくのがポイントだよ。標本から知りたいことが平均なのか割合なのか確認してから推定してみよう。

4 □ 袋(ふくろ)の中に，大きさが等しい黒玉と赤玉がたくさん入っています。よくかき混ぜて 50 個の玉を取り出し，その中の黒玉の個数を数えてもとにもどしました。これを 4 回くり返すと，黒玉の個数は，21 個，23 個，16 個，20 個でした。袋の中の黒玉の割合を推定しなさい。

よく出る 5 箱の中に，赤と青のビー玉が入っています。この箱の中から 15 個のビー玉を取り出し，赤と青の個数を数えてもとにもどします。これを 6 回くり返した結果が次の表です。下の問いに答えなさい。

	1 回目	2 回目	3 回目	4 回目	5 回目	6 回目
赤の個数	8	7	9	8	12	10
青の個数	7	8	6	7	3	5

□(1) この箱の中の赤と青のビー玉の個数の比を推定しなさい。

□(2) 箱の中に赤，青のビー玉が合わせて 200 個入っているとして，この箱には赤のビー玉が何個入っているか推定しなさい。

よく出る 6 □ ある池の金魚を 300 ぴき捕獲(ほかく)して印をつけ，池にもどしました。数日後，同じ池から 200 ぴきの金魚を捕獲したところ，その中の 26 ぴきに印がついていました。この池の金魚の総数を推定し，一の位を四捨五入して答えなさい。

8章

教科書218〜229ページ

ヒント 5 (1)取り出した赤と青のビー玉の個数の合計の比を求める。
6 池の金魚の総数を x ひきとして，比例式をつくって考える。

解答▶▶ p.41〜42

8章　標本調査

❶ P 市で政党支持率を調べるため，有権者 400 人を無作為に抽出(ちゅうしゅつ)して調査を行ったところ，A 党が 176 人，B 党が 92 人，C 党が 48 人，その他が 84 人という結果が出ました。次の問いに答えなさい。
((1)(2)知(3)考)

(1) この標本調査における母集団にあたるものと，標本にあたるものは何ですか。

(2) P 市での A 党の支持率は何 % であると考えられますか。

(3) P 市の全有権者数を 42600 人とすると，B 党の支持者は何人と推定されますか。十の位を四捨五入して答えなさい。

❶　点/40点（各10点）

(1)	母集団
	標本
(2)	
(3)	

❷ 全部で 1165 ページの英和辞典の見出し語の総数を調べるために，無作為に 5 ページを選んで見出し語の数の合計を数えることにしました。これを 3 回行ったところ，次の表のような結果となりました。下の問いに答えなさい。((1)(2)知(3)考)

	1 回目	2 回目	3 回目	計
見出し語の数の合計	182	173	191	546

(1) 2 回目の結果では，見出し語の数は 1 ページあたり何個になりますか。小数第 1 位まで求めなさい。

(2) 3 回の合計から，見出し語の数は 1 ページあたり何個になると考えられますか。小数第 1 位まで求めなさい。

(3) (2)の結果から，この英和辞典の見出し語の総数を推定し，一の位を四捨五入して答えなさい。

❷　点/30点（各10点）

(1)	
(2)	
(3)	

 成績評価の観点　知…数量や図形などについての知識・技能　考…数学的な思考・判断・表現

3 袋(ふくろ)の中に，大きさが等しい白玉がたくさん入っています。この中から 50 個の玉を取り出し，印をつけて袋の中にもどし，よくかき混ぜて 40 個の玉を取り出したところ，8 個に印がついていました。袋の中の白玉の個数を推定しなさい。知

3 点/10点

4 袋の中に，大きさが等しい赤玉と黒玉がたくさん入っています。よくかき混ぜて 80 個の玉を取り出し，その中の赤玉の個数を数えてもとにもどしました。これを 5 回くり返すと，赤玉の個数は，21 個，18 個，27 個，24 個，25 個でした。袋の中の赤玉の割合を推定しなさい。考

4 点/10点

点UP **5** 箱の中に黒玉が入っています。この箱の中に同じ大きさの白玉を 400 個入れてよくかき混ぜてから 300 個の玉を無作為に抽出すると，白玉が 20 個ふくまれていました。最初に箱の中に入っていた黒玉は何個であるか推定しなさい。考

5 点/10点

知 /60点	考 /40点

解答▶▶ p.42

教科書のまとめ〈8章　標本調査〉

●全数調査と標本調査

・対象とする集団にふくまれるすべてのものについて行う調査を**全数調査**という。

・対象とする集団の一部を調べ，その結果から集団の状況を推定する調査を**標本調査**という。

(例)　「学校で行う体力測定」は全数調査。
「ペットボトル飲料の品質調査」は全数調査よりも標本調査に適している。

●母集団と標本

・標本調査において，調査対象全体を**母集団**という。また，調査のために母集団から取り出されたものの集まりを**標本**，母集団から標本を取り出すことを標本の**抽出**（ちゅうしゅつ）という。

・母集団にふくまれるものの個数を**母集団の大きさ**，標本にふくまれるものの個数を**標本の大きさ**という。

(例)　全校生徒 560 人の中から 100 人を選び，睡眠（すいみん）時間の調査を行った。この調査の母集団は全校生徒 560 人で，標本は選び出した 100 人である。

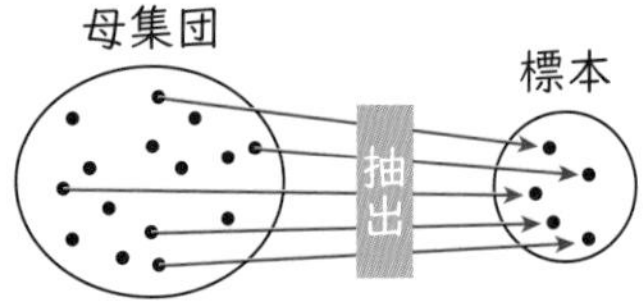

・標本調査を行うときには，母集団の状況をよく表すよう，かたよりなく標本を抽出しなくてはならない。このように標本を抽出することを，**無作為に抽出する**という。

・標本を無作為に抽出する方法

(ア)　乱数（らんすう）さいを利用する

(イ)　乱数表を利用する

(ウ)　コンピューターを利用する

●標本平均と母集団の平均値

・標本の平均値を**標本平均**という。

・標本調査では，標本の大きさが大きいほど，その状況が母集団の状況に近くなる傾向がある。

●標本調査の利用

・標本調査を利用して，母集団の平均を推定したり，比率を推定したりすることができる。

・標本を無作為に抽出しているときは，標本での数量の割合が母集団の数量の割合とおよそ等しいと考えてよい。

(例)　袋（ふくろ）の中に，黒と白の碁石（ごいし）が合わせて 300 個入っている。この袋の中から 20 個の碁石を無作為に抽出したところ，白の碁石が 12 個ふくまれていた。
袋の中の碁石に対する白の碁石の割合は，

$$\frac{12}{20}=\frac{3}{5}$$

したがって，袋の中に入っていた白の碁石のおよその個数は，

$$300\times\frac{3}{5}=180(\text{個})$$

テスト前に役立つ!

\\ 定期テスト //

予想問題

チェック!

- テスト本番を意識し，時間を計って解きましょう。

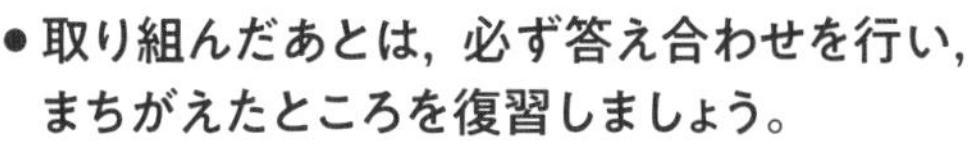

- 取り組んだあとは，必ず答え合わせを行い，まちがえたところを復習しましょう。
- 観点別評価を活用して，自分の苦手なところを確認しましょう。

テスト前に解いて，わからない問題やまちがえた問題は，もう一度確認しておこう!

定期テスト予想問題 1

1章　式の計算

❶ 次の計算をしなさい。知

教科書 p.16～17

(1) $(3x-4y)\times 5xy$　(2) $(15a-6b+9)\times\left(-\dfrac{2}{3}a\right)$

(3) $(12a^2-16a)\div(-4a)$　(4) $(18a^2b-63ab^2)\div\dfrac{9}{4}ab$

❶ 点/12点（各3点）

(1)	
(2)	
(3)	
(4)	

❷ 次の式を展開しなさい。知

教科書 p.18～23

(1) $(x-5)(y+4)$　(2) $(a+7)(2a-9)$

(3) $(x+5)(x+9)$　(4) $(a-9)^2$

(5) $(7a+5b)(-7a+5b)$　(6) $(4x+5y)^2$

(7) $(a+3b)(a-8b)$　(8) $\left(\dfrac{x}{2}+\dfrac{y}{3}\right)\left(\dfrac{x}{2}-\dfrac{y}{3}\right)$

❷ 点/24点（各3点）

(1)	
(2)	
(3)	
(4)	
(5)	
(6)	
(7)	
(8)	

❸ 次の計算をしなさい。知

教科書 p.24

(1) $(a-4)(a-6)-a(a-5)$

(2) $(x-3)^2+(x+3)^2$

(3) $(x+5)(x-10)-(x-5)(x+5)$

(4) $(a+b-9)^2$

❸ 点/16点（各4点）

(1)	
(2)	
(3)	
(4)	

 成績評価の観点　知…数量や図形などについての知識・技能　考…数学的な思考・判断・表現

❹ 次の式を因数分解しなさい。知

教科書 p.26〜33

(1) $6a^2b-9ab^2-21ab$　(2) $x^2-10x+24$

(3) $25a^2-b^2$　(4) $x^2-\frac{1}{16}$

(5) $9x^2-6x+1$　(6) $3x^2+6x+3$

(7) $(x-6)(x-1)+4$　(8) $xy-2x-4y+8$

❹	点/32点（各4点）
(1)	
(2)	
(3)	
(4)	
(5)	
(6)	
(7)	
(8)	

❺ 次の問いに答えなさい。考

教科書 p.34

(1) $a=1.2$ のとき，$(a-3)^2-a(a+4)$ の値（あたい）を求めなさい。

(2) $x=-\frac{1}{4}$，$y=7$ のとき，$(x-2y)^2-(x+2y)^2$ の値を求めなさい。

❺	点/8点（各4点）
(1)	
(2)	

❻ 150 にできるだけ小さい自然数をかけて，その積がある自然数の 2 乗になるようにします。どのような数をかければよいですか。考

教科書 p.35

❻ 点/4点

❼ 下の図のように，円 O の直径 AB 上に点 C をとり，AC$=2a$，CB$=2b$ を直径とする半円をかきます。このとき，2 つの半円の弧（こ）で分けられた円 O の 2 つの部分を図のように P，Q として，P と Q の面積の比を求めなさい。考

教科書 p.36

❼ 点/4点

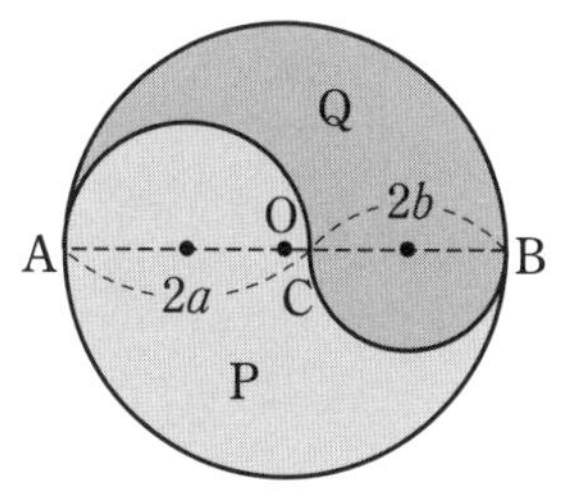

知 /84点	考 /16点

解答▶▶ p.43〜44

定期テスト
予想問題
2

2章　平方根

時間30分　／100点　合格70点

❶ 次の文が正しければ○をつけ，誤っていれば下線部をなおして正しい文にしなさい。知

教科書 p.42〜47

(1) $\sqrt{36}=\underline{\pm 6}$ である。　(2) $\sqrt{(-4)^2}=\underline{-4}$ である。

(3) $\sqrt{0.81}=\underline{0.09}$ である。　(4) $-\sqrt{(-7)^2}=\underline{-7}$ である。

❶ 点/12点（各3点）

(1)	
(2)	
(3)	
(4)	

❷ 次の2つの数の大小を，不等号を使って表しなさい。考

教科書 p.47〜48

(1) $3\quad\sqrt{7}$　(2) $-5\quad-\sqrt{24}$

❷ 点/6点（各3点）

(1)	
(2)	

❸ 次の数を大きい順に並べなさい。考

教科書 p.47〜48

$\dfrac{11}{12}\qquad\sqrt{\dfrac{11}{12}}\qquad\dfrac{\sqrt{11}}{12}\qquad\dfrac{11}{\sqrt{12}}$

❸ 点/4点

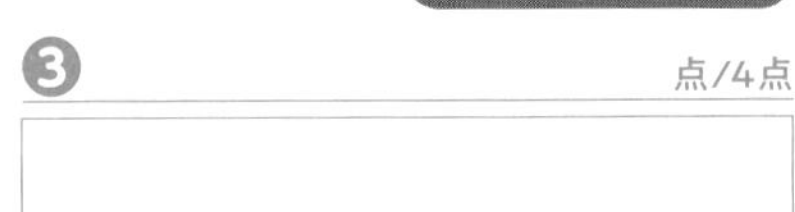

❹ 次の計算をしなさい。知

教科書 p.53〜58

(1) $\sqrt{2}\times\sqrt{8}$　(2) $2\sqrt{6}\times(-3\sqrt{10})$

(3) $\sqrt{2}\div\sqrt{6}$　(4) $4\sqrt{10}\div\sqrt{8}$

(5) $\sqrt{3}\times\sqrt{8}\times\sqrt{18}$　(6) $\sqrt{40}\div\sqrt{2}\times3\sqrt{5}$

❹ 点/18点（各3点）

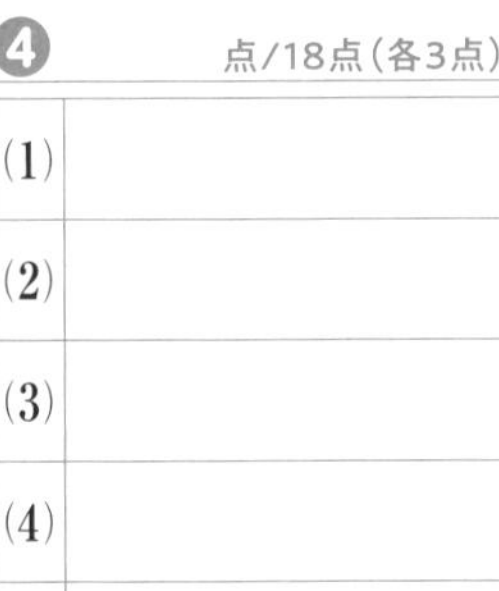

(1)	
(2)	
(3)	
(4)	
(5)	
(6)	

成績評価の観点　知…数量や図形などについての知識・技能　考…数学的な思考・判断・表現

❺ 次の計算をしなさい。知

教科書 p.59~62

(1) $\sqrt{2}+\sqrt{18}$　　(2) $\sqrt{12}-\dfrac{6}{\sqrt{3}}$

(3) $\sqrt{2}(5+4\sqrt{2})$　　(4) $(\sqrt{2}-5)(\sqrt{2}+3)$

(5) $(\sqrt{6}-\sqrt{2})^2$　　(6) $(2\sqrt{3}+1)(2\sqrt{3}-1)$

(7) $\sqrt{18}-\sqrt{24}\div 2\sqrt{3}$　　(8) $(\sqrt{3}+\sqrt{8})^2-(\sqrt{6}-1)^2$

❺ 点/24点（各3点）

(1)	
(2)	
(3)	
(4)	
(5)	
(6)	
(7)	
(8)	

❻ $x=3+\sqrt{2}$，$y=3-\sqrt{2}$ のとき，次の式の値（あたい）を求めなさい。知

教科書 p.62

(1) xy　　(2) x^2-y^2

(3) x^2+x-12

❻ 点/12点（各4点）

(1)	
(2)	
(3)	

❼ $\sqrt{7}=2.646$，$\sqrt{70}=8.367$ とするとき，次の値を求めなさい。知

教科書 p.64

(1) $\sqrt{700}$　　(2) $\sqrt{0.7}$

❼ 点/8点（各4点）

(1)	
(2)	

❽ 次の問いに答えなさい。考

教科書 p.70

(1) $\sqrt{30-n}$ が整数となる自然数 n の値をすべて求めなさい。

(2) $\sqrt{7}$ の整数部分を a，小数部分を b とするとき，a^2+b^2 の値を求めなさい。

(3) $3.5<\sqrt{x}<4$ となるような，自然数 x の個数を求めなさい。

(4) 正方形の土地の面積が 80 m^2 であるとき，この正方形の土地の周の長さを求めなさい。

❽ 点/16点（各4点）

(1)	
(2)	
(3)	
(4)	

知　/74点	考　/26点

定期テスト
予想問題
3

3章　2次方程式

❶ 次の方程式を解きなさい。知

教科書 p.76〜79

(1)　$x^2+10x+25=0$　　(2)　$x^2+3x-40=0$

(3)　$x^2-36=0$　　(4)　$y^2-6y+5=0$

(5)　$x^2=9x-20$　　(6)　$3x^2-6x-9=0$

❶　点/24点（各4点）

(1)	
(2)	
(3)	
(4)	
(5)	
(6)	

❷ 次の方程式を解きなさい。知

教科書 p.80〜82

(1)　$2x^2-8=0$　　(2)　$x^2-75=0$

(3)　$(x+5)^2=2$　　(4)　$(x-3)^2=9$

❷　点/12点（各3点）

(1)	
(2)	
(3)	
(4)	

❸ 次の方程式を解きなさい。知

教科書 p.85〜87

(1)　$x^2+x-8=0$　　(2)　$x^2-5x+1=0$

(3)　$2x^2+3x-3=0$　　(4)　$4x^2-5x+1=0$

(5)　$x^2+4x-8=0$　　(6)　$2x^2-8x+3=0$

❸　点/24点（各4点）

(1)	
(2)	
(3)	
(4)	
(5)	
(6)	

❹ 次の方程式を解きなさい。知

教科書 p.88

(1)　$(x+3)(x-2)=2x$　　(2)　$2x^2-4x=x(4x+2)$

❹　点/8点（各4点）

(1)	
(2)	

成績評価の観点　知…数量や図形などについての知識・技能　考…数学的な思考・判断・表現

5 x の2次方程式 $x^2+ax-2a=0$ の解の1つが1のとき，次の問いに答えなさい。考

(1) a の値(あたい)を求めなさい。

(2) もう1つの解を求めなさい。

教科書 p.88

5　点/10点（各5点）

(1)	
(2)	

6 ある正の数 x を2乗して5を加えるところを，5を加えて2倍したため，正しい答えより190だけ小さくなりました。この正の数 x を求めなさい。考

教科書 p.90

6　点/5点

7 連続する3つの自然数のそれぞれを2乗した和が，中央の数の2乗に100を加えた数に等しくなりました。これら3つの自然数を求めなさい。考

教科書 p.90

7　点/5点

8 AC＝16 cm，BC＝8 cm，∠C＝90°の直角三角形ABCがあります。点Pは点Aを出発して，辺AC上を秒速2 cmで点Cまで動き，点Qは点Pと同時に点Cを出発して，辺BC上を秒速1 cmで点Bまで動きます。△PQCの面積が10 cm^{2}になるのは，点Pが点Aを出発してから何秒後か求めなさい。考

教科書 p.91

8　点/6点

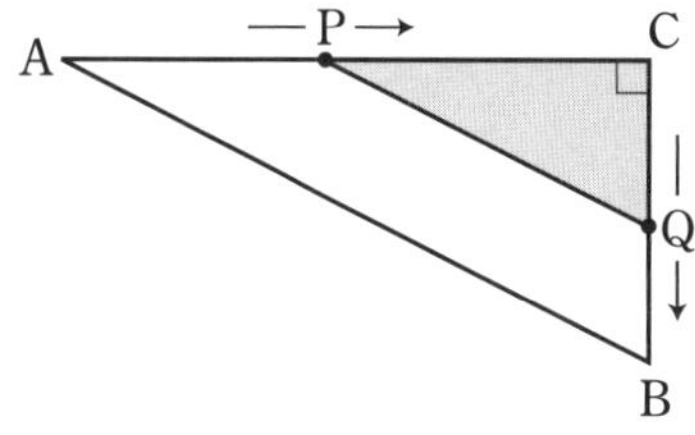

9 横の長さが縦の長さより5 cm長い長方形の紙があります。この紙の四すみから1辺が3 cmの正方形を切り取って折り曲げ，直方体の容器を作りました。容器の容積が108 cm^{3}であるとき，もとの長方形の縦の長さを求めなさい。考

教科書 p.93

9　点/6点

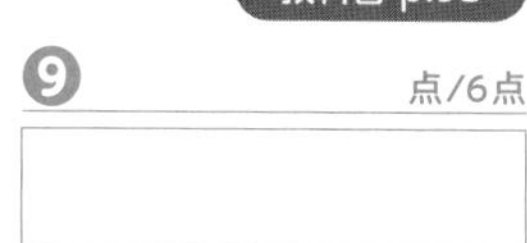

定期テスト
予想問題
4

4章　関数 $y=ax^2$

時間30分　／100点　合格70点

❶ 次の問いに答えなさい。知

教科書 p.101

(1) y は x の2乗に比例し，$x=-2$ のとき $y=-2$ です。y を x の式で表しなさい。

(2) y は x の2乗に比例し，$x=1$ のとき $y=2$ です。$x=3$ のときの y の値（あたい）を求めなさい。

❶ 点/10点（各5点）

(1)	
(2)	

❷ 次の問いに答えなさい。知

教科書 p.102〜110

(1) 右の図の放物線の式を求めなさい。

(2) 関数 $y=\frac{1}{2}x^2$ のグラフを右の図にかき入れなさい。

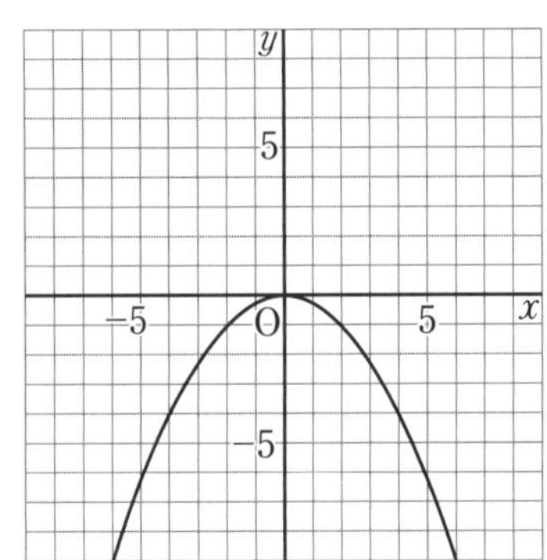

❷ 点/10点（各5点）

(1)	
(2)	左の図にかき入れなさい。

❸ 次の関数について，x の変域がかっこの中の範囲（はんい）であるときの y の変域を求めなさい。知

教科書 p.112〜113

(1) $y=x^2$　$(1 \leqq x \leqq 4)$

(2) $y=\frac{1}{2}x^2$　$(0 \leqq x \leqq 4)$

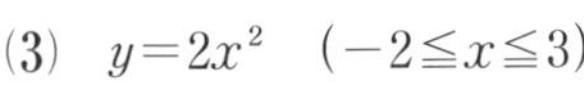
(3) $y=2x^2$　$(-2 \leqq x \leqq 3)$

(4) $y=-\frac{1}{4}x^2$　$(-4 \leqq x \leqq 6)$

❸ 点/20点（各5点）

(1)	
(2)	
(3)	
(4)	

❹ 関数 $y=ax^2$ について，x の変域が $-3 \leqq x \leqq 2$ であるとき，y の変域は $b \leqq y \leqq 6$ です。このとき，a，b の値を求めなさい。考

教科書 p.112〜113

❹ 点/6点

a の値

b の値

　成績評価の観点　知…数量や図形などについての知識・技能　考…数学的な思考・判断・表現

5 次の問いに答えなさい。知

教科書 p.114〜115

(1) 関数 $y=-3x^2$ について，x の値が 1 から 5 まで増加するときの変化の割合を求めなさい。

(2) 関数 $y=ax^2$ について，x の値が 3 から 6 まで増加するときの変化の割合は，1 次関数 $y=3x+1$ の変化の割合と等しくなりました。a の値を求めなさい。

5 点/12点（各6点）

(1)	
(2)	

6 ある所からボールを落下させたとき，落下し始めてから 3 秒間に 44.1 m 落下しました。このボールについて，次の問いに答えなさい。考

教科書 p.116,119

(1) 物体を落下させるとき，落下する時間を x 秒，落下する距(きょ)離(り)を y m とすると，y は x の 2 乗に比例する関数になります。y を x の式で表しなさい。

6 点/18点（各6点）

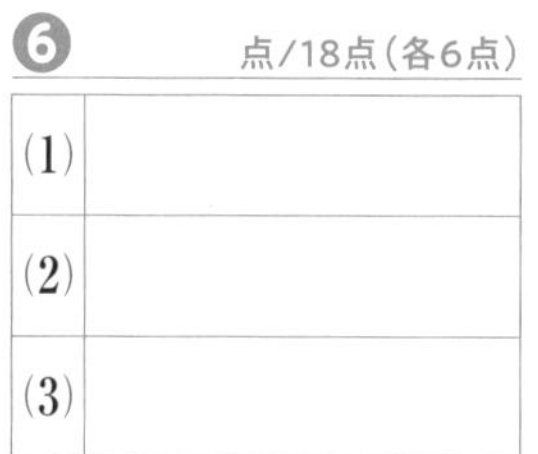

(2) 落下する距離が 78.4 m になるのは，ボールが落下し始めてから何秒後ですか。

(3) 落下し始めてから 5 秒後から 7 秒後の平均の速さを求めなさい。

7 右の図のように，関数 $y=ax^2$ のグラフ上に x 座標が -2 である点 P と点 Q (4, 8) があります。次の問いに答えなさい。考

教科書 p.122

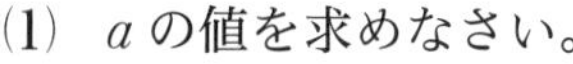

(1) a の値を求めなさい。

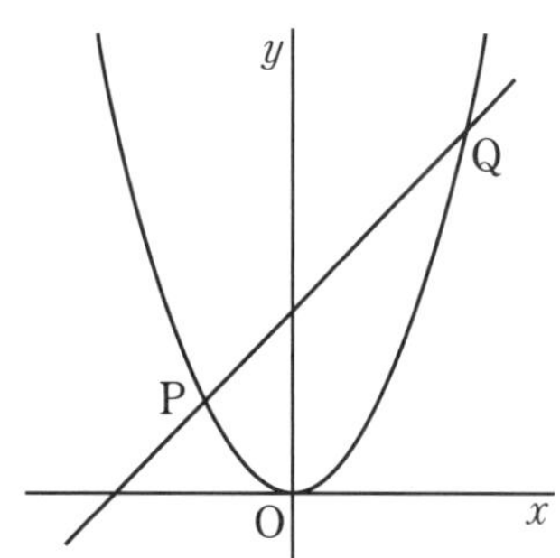

7 点/24点（各8点）

(2) 2 点 P，Q を通る直線の式を求めなさい。

(3) 座標軸(じく)の 1 目もりを 1 cm として，△POQ の面積を求めなさい。

5章　相似

1 右の図の △ABC において，∠ACD＝∠B となるように辺 AB 上に点 D をとり，点 C と点 D を結びます。
次の問いに答えなさい。知

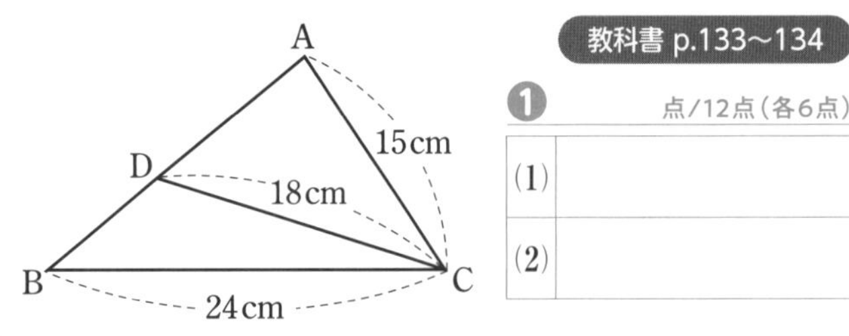

(1)　線分 AD の長さを求めなさい。

(2)　線分 BD の長さを求めなさい。

教科書 p.133〜134

1　点/12点（各6点）

(1)	
(2)	

2 正三角形の形をした紙を，下の図のように，DE を折り目として折り返したところ，頂点 B は辺 AC 上の点 F の位置にきました。次の問いに答えなさい。考

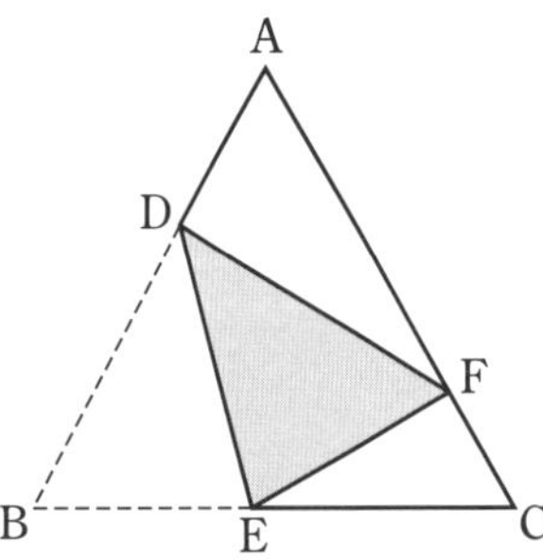

(1)　△ADF∽△CFE であることを証明しなさい。

(2)　CE＝8 cm，EF＝7 cm，FC＝3 cm であるとき，線分 AD の長さを求めなさい。

教科書 p.137〜140

2　点/16点（各8点）

(1)	
(2)	

3 次の図において，DE∥BC のとき，x，y の値（あたい）を求めなさい。知

(1)

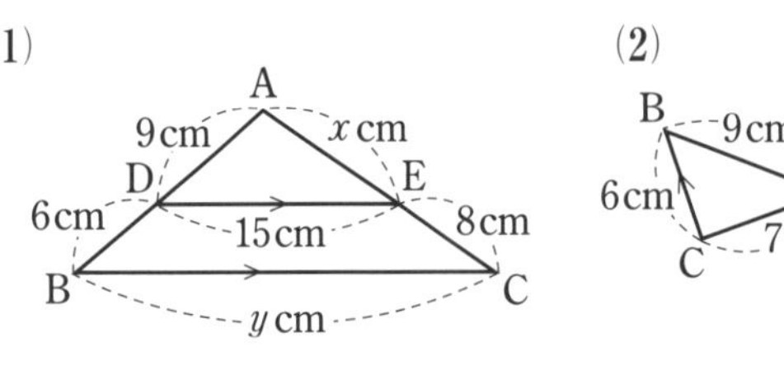

(2)

教科書 p.147〜149

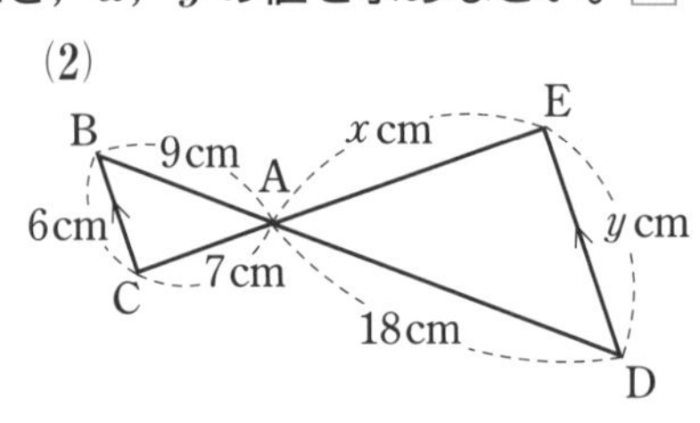

3　点/12点（各3点）

(1)	x の値
	y の値
(2)	x の値
	y の値

成績評価の観点　知…数量や図形などについての知識・技能　考…数学的な思考・判断・表現

4 右の図の△ABCにおいて，DE∥BC，AD：DB＝3：2であるとき，次の面積の比を求めなさい。考

(1) △ADE：台形DBCE

(2) △EDG：△BCG

(3) △ABC：△BCG

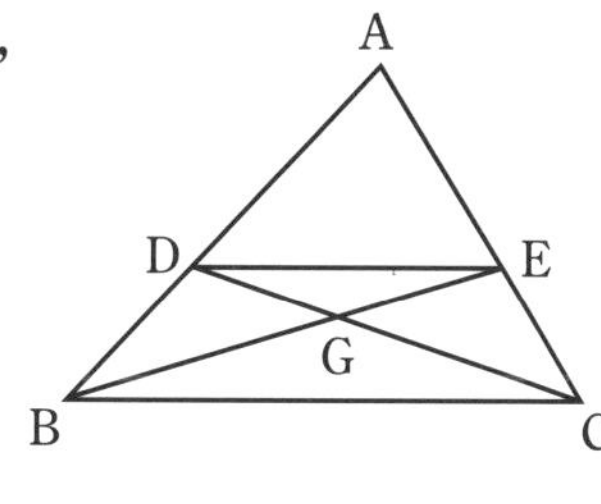

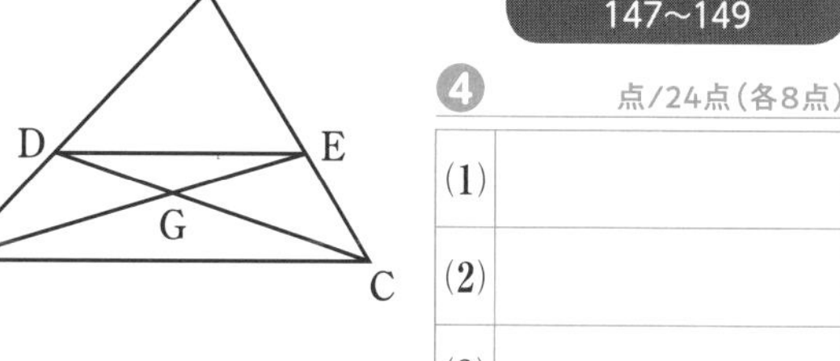

教科書 p.141〜143, 147〜149

4	点/24点（各8点）
(1)	
(2)	
(3)	

5 右の図において，AD＝DE＝EB，BC＝CFです。GF＝12 cmであるとき，線分ECの長さを求めなさい。考

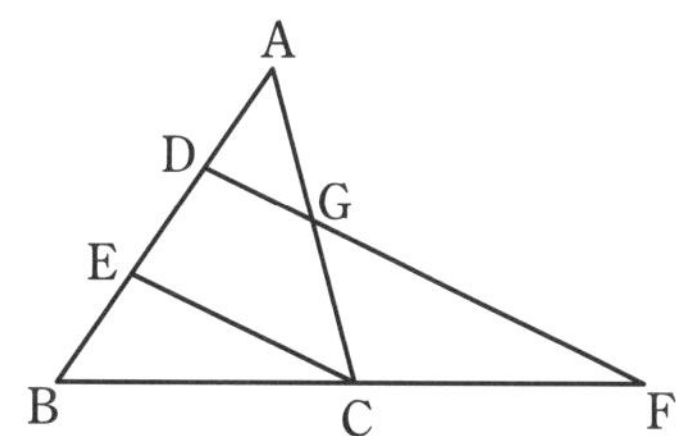

教科書 p.152

5	点/8点

6 次の図において，直線ℓ，m，nが平行であるとき，xの値を求めなさい。知

(1) (2)

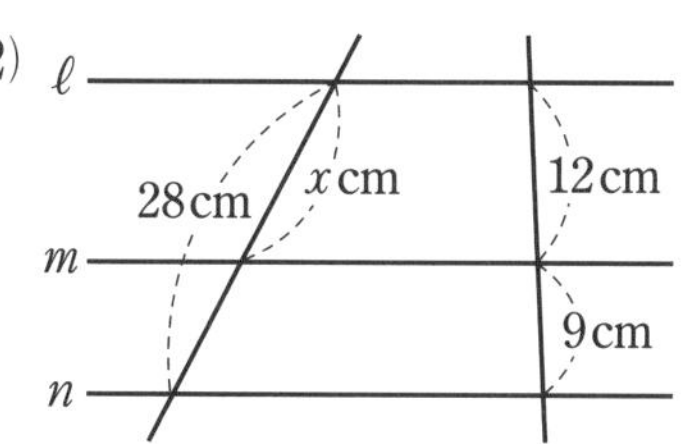

教科書 p.155

6	点/12点（各6点）
(1)	
(2)	

7 右の図の四角錐（しかくすい）OABCDの体積は324 cm³であり，2点P，Qは辺OA上の点で，OP＝PQ＝QAです。点P，Qをそれぞれ通り，底面ABCDに平行な2つの平面で，この四角錐を切り，図のように3つの立体L，M，Nに分けるとき，次の問いに答えなさい。考

(1) 立体Lの体積を求めなさい。

(2) 立体Mの体積を求めなさい。

教科書 p.145,163

7	点/16点（各8点）
(1)	
(2)	

6章　円

時間30分　／100点　合格70点

❶ 次の図において，$\angle x$ の大きさを求めなさい。知

教科書 p.170〜174

(1)

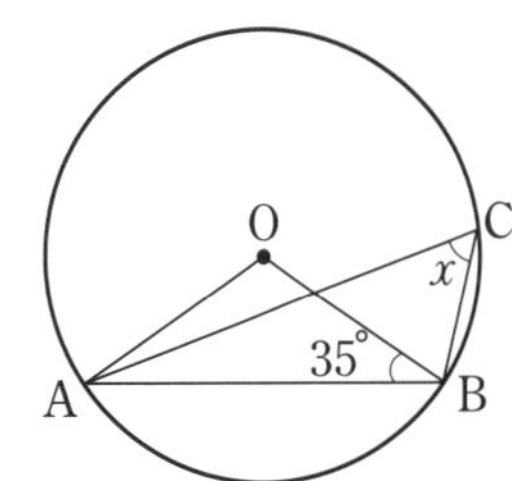

(2)

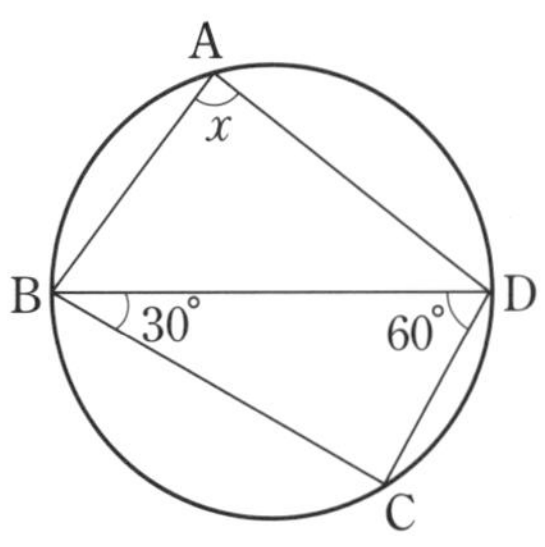

(3) OD∥BC，AC は直径

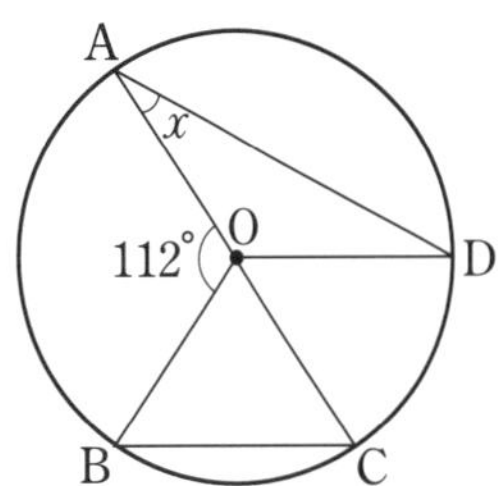

(4)

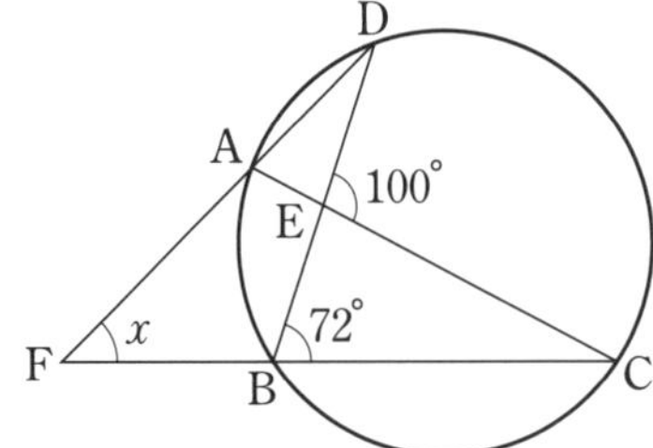

(5)

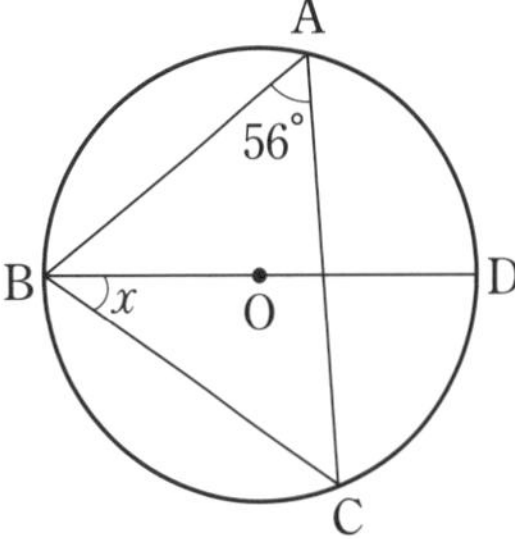

(6)

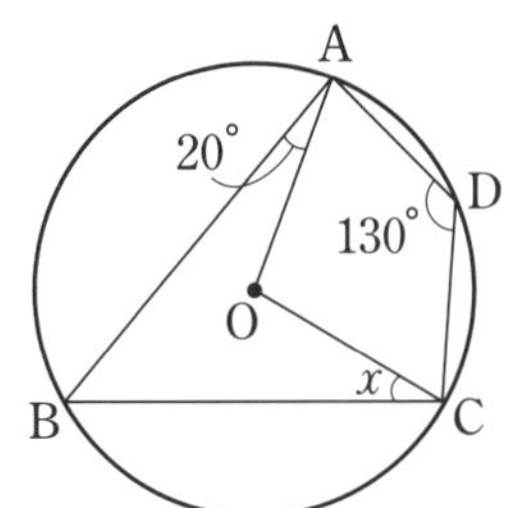

❶	点/36点（各6点）
(1)	
(2)	
(3)	
(4)	
(5)	
(6)	

❷ 右の図のように，円 O の周上に点 A〜E があります。
このとき，次の問いに答えなさい。知

教科書 p.175

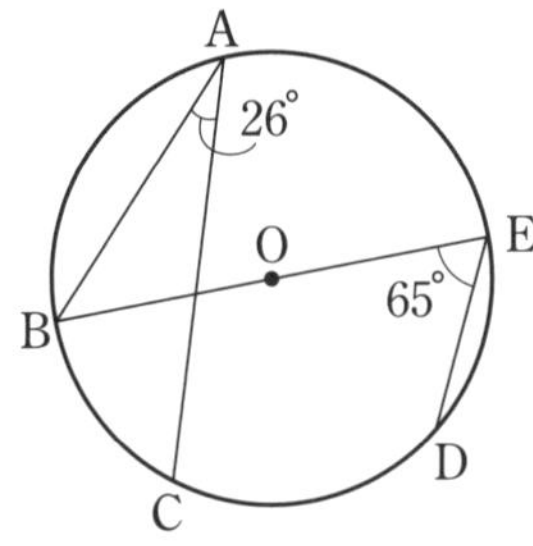

(1) $\overset{\frown}{BC}$ と $\overset{\frown}{CD}$ の長さの比を求めなさい。

(2) $\overset{\frown}{BCD}$ と $\overset{\frown}{DE}$ の長さの比を求めなさい。

(3) $\overset{\frown}{AB}$ と $\overset{\frown}{BC}$ の長さの比が 2：1 であるとき，∠ABE の大きさを求めなさい。

❷	点/24点（各8点）
(1)	
(2)	
(3)	

　成績評価の観点　知…数量や図形などについての知識・技能　考…数学的な思考・判断・表現

3 下の図において，△ABC∽△ADE であり，点 F は辺 BC と DE の交点です。このとき，1 つの円周上にある 4 点の組をすべて答えなさい。考

教科書 p.176〜179

3 点/10点

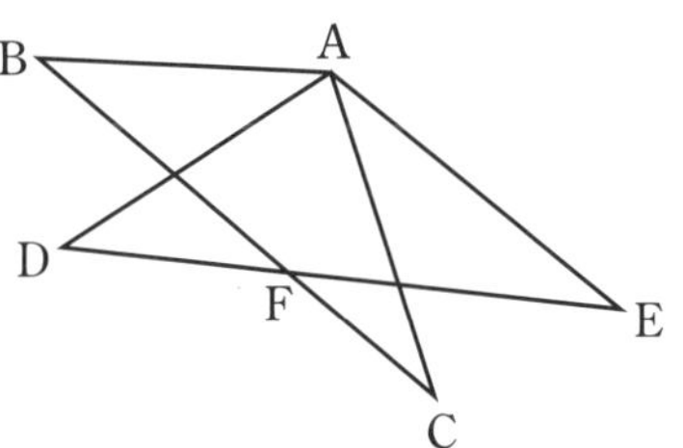

4 右の図において，PA，PB はともに円の接線です。∠ACB＝110° であるとき，∠PAB の大きさを求めなさい。考

教科書 p.180

4 点/10点

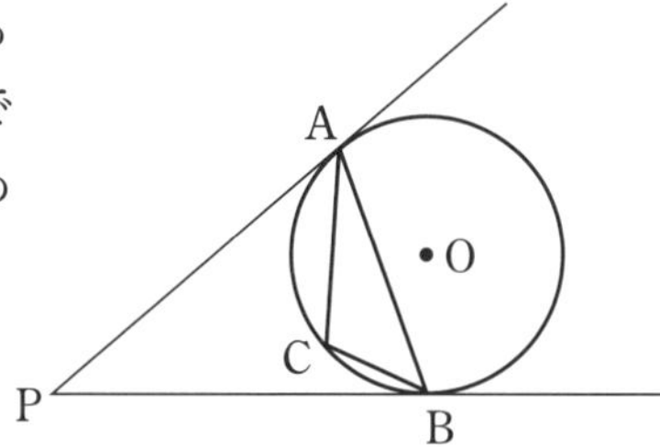

5 下の図のように，円 O の周上に 4 点 A，B，C，D があり，$\overset{\frown}{BC}=\overset{\frown}{CD}$ です。線分 AD の延長と線分 BC の延長の交点を E とするとき，△ABC∽△BED であることを証明しなさい。考

教科書 p.182〜183

5 点/10点

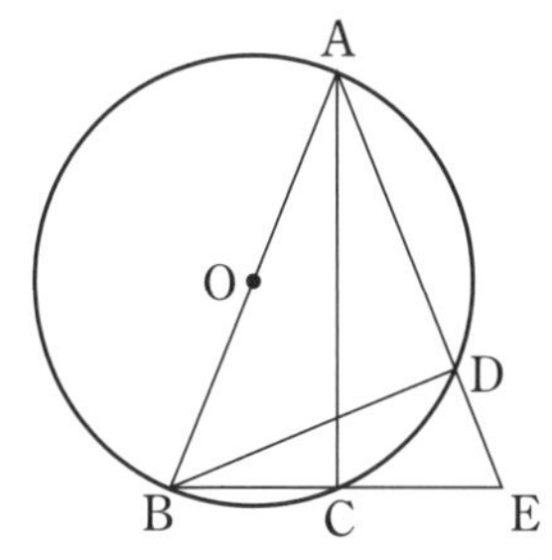

6 下の図のように，2 つの弦（げん）AB，CD を延長した直線が，点 P で交わっています。このとき，弦 CD の長さを求めなさい。考

教科書 p.182〜183

6 点/10点

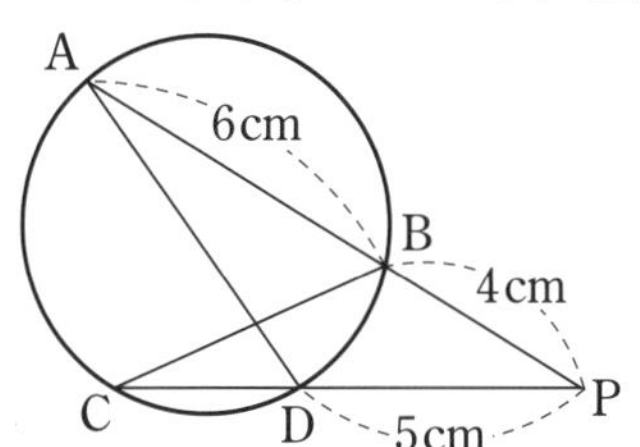

7章　三平方の定理

❶ 次の図において，x の値(あたい)を求めなさい。 知

(1)

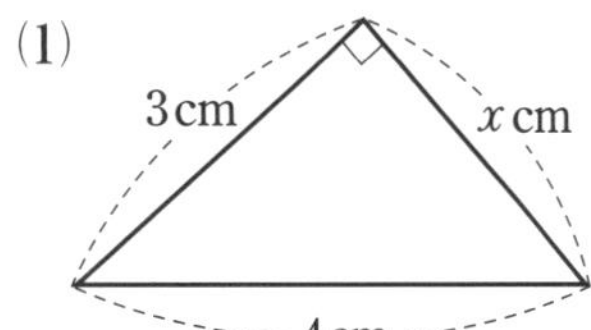

(2)

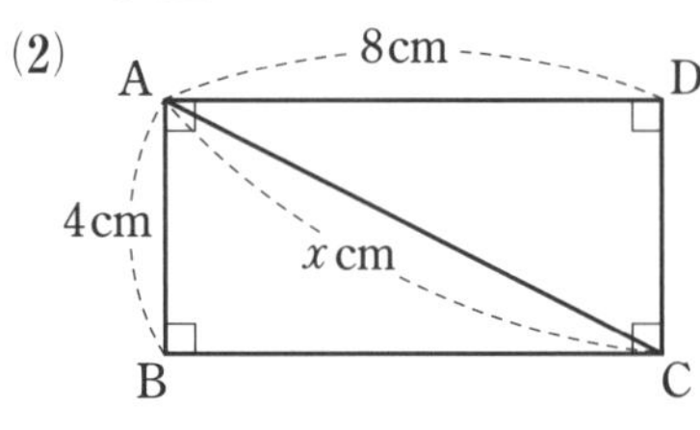

❷ 右の図の四角形 ABCD について，次の問いに答えなさい。 知

(1) 線分 AD の長さを求めなさい。

(2) この四角形の面積を求めなさい。

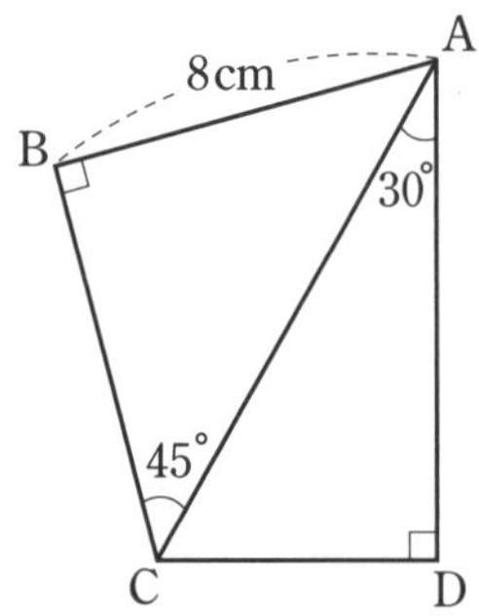

❸ 次の問いに答えなさい。 知

教科書 p.205

(1) 半径 11 cm の円において，中心からの距離(きょり)が $6\sqrt{2}$ cm である弦(げん)の長さを求めなさい。

(2) 点 A から円 O にひいた接線と円 O との接点を B とします。円 O の半径が 5 cm で，OA=7 cm であるとき，線分 AB の長さを求めなさい。

❸ 点/12点(各6点)

(1)	
(2)	

❹ 次の 3 点を頂点とする三角形の面積を求めなさい。 考

O (0，0)　　A (4，2)　　B (−1，7)

教科書 p.206

❹ 点/8点

❺ 右の図において，線分 AH の長さを求めなさい。 考

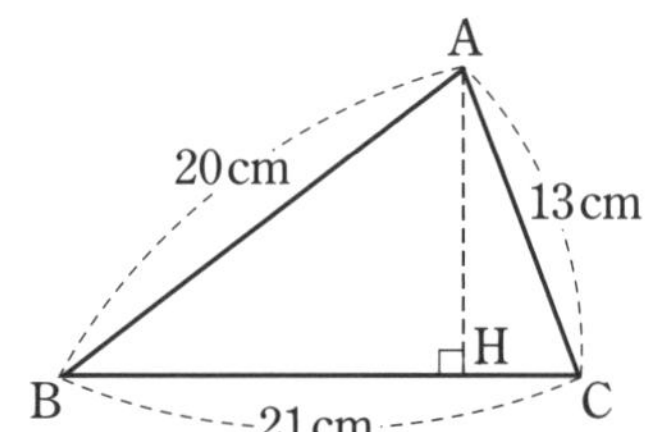

成績評価の観点　知…数量や図形などについての知識・技能　考…数学的な思考・判断・表現

6 右の図のような，AB＝9 cm，BC＝15 cm の長方形 ABCD があります。この長方形を，CE を折り目として折ったところ，頂点 B が辺 AD 上の点 F に重なりました。次の問いに答えなさい。考

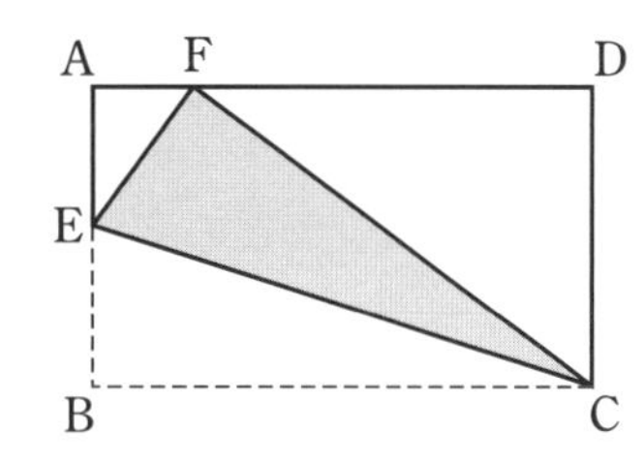

(1) 線分 DF の長さを求めなさい。

(2) 線分 BE の長さを求めなさい。

A F D
E
B C

教科書 p.213

6 点/12点（各6点）

(1)	
(2)	

7 次の問いに答えなさい。知

(1) 縦が 6 cm，横が 8 cm，高さが 5 cm の直方体の対角線の長さを求めなさい。

(2) 対角線の長さが 9 cm である立方体の 1 辺の長さを求めなさい。

教科書 p.207〜208

7 点/12点（各6点）

(1)	
(2)	

8 右の図は円錐（えんすい）の展開図です。これを組み立ててできる円錐について，次の問いに答えなさい。考

(1) 底面の半径を求めなさい。

(2) 体積を求めなさい。

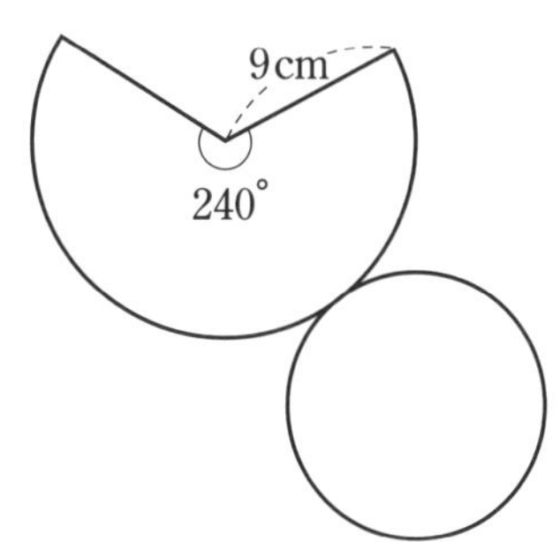

教科書 p.208〜209

9 どの辺も 10 cm である正四角錐 OABCD があります。次の問いに答えなさい。考

(1) この正四角錐の高さを求めなさい。

(2) この正四角錐において，ひもを点 A から点 C まで，辺 OB 上の点で交わるようにかけます。このひもがもっとも短くなるときのひもの長さを求めなさい。

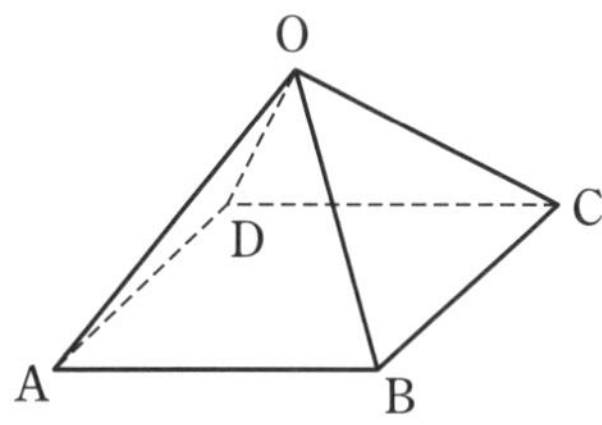

教科書 p.208〜210

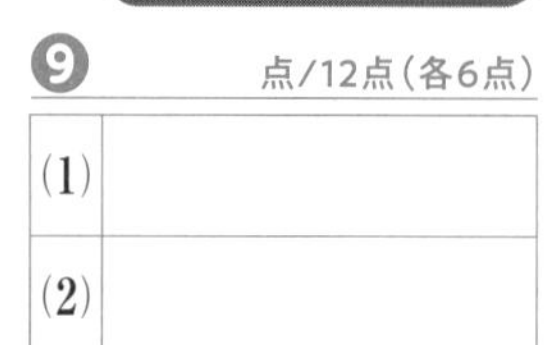

知 /48点	考 /52点

解答▶▶ p.51〜52

8章　標本調査

時間30分　／100点　合格70点

1 次の調査は，全数調査と標本調査のどちらが適当であるか答えなさい。知

教科書 p.218～219

(1) ある工場でつくられる電球の寿命(じゅみょう)の調査

(2) 中学校で行う中間テスト

(3) 国勢(こくせい)調査

(4) 全国の米の収穫(しゅうかく)量調査

1 点/40点（各10点）

(1)	
(2)	
(3)	
(4)	

2 下の表は，A 中学校の生徒 386 人の通学時間の平均値を推定するため，12 人を無作為に抽出(ちゅうしゅつ)し，通学時間を調べたものです。

教科書 p.219～226

11	20	16	21	10	17
14	15	8	16	12	18

（単位は分）

次の問いに答えなさい。知

(1) 母集団は何ですか。

(2) 標本の大きさを答えなさい。

(3) 生徒 386 人の通学時間の平均値は何分と推定できますか。小数第 2 位を四捨五入して答えなさい。

2 点/36点（各12点）

(1)	
(2)	
(3)	

3 ある沼地に生息するアメリカザリガニの数を調査するため，印をつけたアメリカザリガニ 500 ぴきを沼地に放しました。数日後に，300 ぴきのアメリカザリガニを捕獲(ほかく)したところ，印のついたアメリカザリガニが 12 ひきいました。この沼地にもともと生息していたアメリカザリガニの総数を推定しなさい。考

教科書 p.231

3 点/24点

知　/76点　考　/24点

解答▶▶ p.52

教科書ぴったりトレーニング

〈数研出版版・中学数学３年〉

この解答集は取り外してお使いください。

1章　式の計算

p.6〜7　ぴたトレ0

1 (1)$7x+3$　(2)$7x-1$　(3)$x+4$
(4)$3a+4$　(5)$7a-b$　(6)$4x-11y$
(7)$2x-2y$　(8)$-a+5b$

解き方　かっこをはずすとき，かっこの前が−のときは，かっこの中の各項(かくこう)の符号(ふごう)を変えたものの和として表します。

(4)$(2a-4)-(-a-8)$
$=2a-4+a+8=3a+4$

(8)$(7a+2b)-(8a-3b)$
$=7a+2b-8a+3b=-a+5b$

2 (1)たす $6x^2+2x$，ひく $-2x^2-8x$
(2)たす $-2x^2+x$，ひく $-4x^2+15x$

解き方　x^2 と x は同類項でないことに注意しましょう。

(1)$(2x^2-3x)+(4x^2+5x)$
$=2x^2-3x+4x^2+5x$
$=6x^2+2x$
$(2x^2-3x)-(4x^2+5x)$
$=2x^2-3x-4x^2-5x$
$=-2x^2-8x$

(2)$(-3x^2+8x)+(x^2-7x)$
$=-3x^2+8x+x^2-7x$
$=-2x^2+x$
$(-3x^2+8x)-(x^2-7x)$
$=-3x^2+8x-x^2+7x$
$=-4x^2+15x$

3 (1)$10x+15$　(2)$-12x+21$
(3)$-18x-24$　(4)$15x-10$
(5)$10x-18y$　(6)$-4a-32b$
(7)$4x+7y$　(8)$-8x+6y$

解き方　分配法則を使ってかっこをはずします。

(8)$(20x-15y)\times\left(-\frac{2}{5}\right)$
$=20x\times\left(-\frac{2}{5}\right)-15y\times\left(-\frac{2}{5}\right)$
$=4x\times(-2)-3y\times(-2)$
$=-8x+6y$

4 (1)$2x+3$　(2)$-2x+1$　(3)$3x-18$
(4)$30x+25$　(5)$3x+4y$　(6)$-a-3b$
(7)$5x-15y$　(8)$-16x+8y$

解き方　整数でわるときは，$(a+b)\div m=\frac{a}{m}+\frac{b}{m}$ を使ってかっこをはずします。分数でわるときは，わる数の逆数をかけます。

(5)$(15x+20y)\div5=\frac{15x}{5}+\frac{20y}{5}$
$=3x+4y$

(8)$(24x-12y)\div\left(-\frac{3}{2}\right)$
$=(24x-12y)\times\left(-\frac{2}{3}\right)$
$=24x\times\left(-\frac{2}{3}\right)-12y\times\left(-\frac{2}{3}\right)$
$=-16x+8y$

p.8〜9　ぴたトレ1

1 (1)$3xy-2x$　(2)$4a^2-20a$　(3)$-9ac-21bc$
(4)$-4x^2-6xy$　(5)$2xz-4yz+2z$
(6)$-6a^3+9a^2-12a$

解き方　分配法則を利用して，単項式を多項式の各項にかけていきます。単項式の係数が負の数のときは，積の符号に注意しましょう。

(1)$x(3y-2)=x\times3y-x\times2$
$=3xy-2x$

(2)$4a(a-5)=4a\times a-4a\times5$
$=4a^2-20a$

(3)$(-3a-7b)\times3c=(-3a)\times3c-7b\times3c$
$=-9ac-21bc$

(4)$(2x+3y)\times(-2x)=2x\times(-2x)+3y\times(-2x)$
$=-4x^2-6xy$

(5)$(x-2y+1)\times2z=x\times2z-2y\times2z+1\times2z$
$=2xz-4yz+2z$

(6)$(4a^2-6a+8)\times\left(-\frac{3}{2}a\right)$
$=4a^2\times\left(-\frac{3}{2}a\right)-6a\times\left(-\frac{3}{2}a\right)+8\times\left(-\frac{3}{2}a\right)$
$=-6a^3+9a^2-12a$

2 (1)$7x^2+7x$　(2)$-10y^2+36y$

解き方 かっこをはずすときの符号の変化に注意しましょう。同類項はまとめておきます。

(1)$x(x-2)+3x(2x+3)=x^2-2x+6x^2+9x$
$=7x^2+7x$

(2)$2y(y+3)-6y(2y-5)=2y^2+6y-12y^2+30y$
$=-10y^2+36y$

3 (1)$a+c$　(2)$2x-1$　(3)$4-3x$
(4)$-2a+3b$　(5)$75x+100$　(6)$8b+12$

解き方 わる単項式を逆数にして，乗法の形になおして計算します。

(1)$(ab+bc)\div b=(ab+bc)\times\frac{1}{b}$
$=ab\times\frac{1}{b}+bc\times\frac{1}{b}=a+c$

(2)$(6x^2-3x)\div 3x=(6x^2-3x)\times\frac{1}{3x}$
$=6x^2\times\frac{1}{3x}-3x\times\frac{1}{3x}=2x-1$

(3)$(36x-27x^2)\div 9x=(36x-27x^2)\times\frac{1}{9x}$
$=36x\times\frac{1}{9x}-27x^2\times\frac{1}{9x}=4-3x$

(4)$(8a^2b-12ab^2)\div(-4ab)$
$=(8a^2b-12ab^2)\times\left(-\frac{1}{4ab}\right)$
$=8a^2b\times\left(-\frac{1}{4ab}\right)-12ab^2\times\left(-\frac{1}{4ab}\right)$
$=-2a+3b$

(5)$(-15x^2-20x)\div\left(-\frac{x}{5}\right)$
$=(-15x^2-20x)\times\left(-\frac{5}{x}\right)$
$=(-15x^2)\times\left(-\frac{5}{x}\right)-20x\times\left(-\frac{5}{x}\right)=75x+100$

(6)$(6ab+9a)\div\frac{3}{4}a=(6ab+9a)\times\frac{4}{3a}$
$=6ab\times\frac{4}{3a}+9a\times\frac{4}{3a}=8b+12$

p.10～11　ぴたトレ1

1 (1)$x^2+6x-27$　(2)$x^2-2x+\frac{3}{4}$
(3)$a^2+10a+25$　(4)$x^2-12x+36$
(5)x^2-81　(6)$x^2-\frac{1}{9}$

解き方 $(x+a)(x+b)=x^2+(a+b)x+ab$
を利用します。xの係数→和，定数項→積　です。

(1)$(x-3)(x+9)=x^2+(-3+9)x+(-3)\times 9$
$=x^2+6x-27$

(2)$\left(x-\frac{3}{2}\right)\left(x-\frac{1}{2}\right)$
$=x^2+\left(-\frac{3}{2}-\frac{1}{2}\right)x+\left(-\frac{3}{2}\right)\times\left(-\frac{1}{2}\right)$
$=x^2-2x+\frac{3}{4}$

$(x+a)^2=x^2+2ax+a^2$
$(x-a)^2=x^2-2ax+a^2$
を利用します。定数項は必ず正になることに注意しましょう。

(3)$(a+5)^2=a^2+2\times 5\times a+5^2$
$=a^2+10a+25$

(4)$(x-6)^2=x^2+2\times(-6)\times x+(-6)^2$
$=x^2-12x+36$

$(x+a)(x-a)=x^2-a^2$　を利用します。

(5)$(x+9)(x-9)=x^2-9^2$
$=x^2-81$

(6)$\left(x-\frac{1}{3}\right)\left(x+\frac{1}{3}\right)=x^2-\left(\frac{1}{3}\right)^2$
$=x^2-\frac{1}{9}$

2 (1)$16y^2-24y+9$　(2)$4x^2-16y^2$
(3)$25a^2+10a-24$
(4)$x^2-2xy+y^2-2x+2y+1$
(5)$x^2-2xy+y^2+8x-8y+12$
(6)$x^2+4x+4-y^2$

解き方 単項式を1つの文字や数とみて計算します。

(1)$(4y-3)^2=(4y)^2+2\times(-3)\times 4y+(-3)^2$
$=16y^2-24y+9$

(2)$(2x-4y)(2x+4y)=(2x)^2-(4y)^2$
$=4x^2-16y^2$

(3)$(5a-4)(5a+6)$
$=(5a)^2+\{(-4)+6\}\times 5a+(-4)\times 6$
$=25a^2+10a-24$

多項式を1つの文字とみて計算します。

(4)$x-y$をMとおくと
$(x-y-1)^2=(M-1)^2$
$=M^2-2M+1$
$=(x-y)^2-2(x-y)+1$
$=x^2-2xy+y^2-2x+2y+1$

(5)$x-y$をMとおくと
$(x-y+2)(x-y+6)$
$=(M+2)(M+6)$
$=M^2+8M+12$
$=(x-y)^2+8(x-y)+12$
$=x^2-2xy+y^2+8x-8y+12$

(6) $x+2$ を M とおくと

$(x+2+y)(x+2-y)=(M+y)(M-y)$
$=M^2-y^2$
$=(x+2)^2-y^2$
$=x^2+4x+4-y^2$

3 (1) $\boldsymbol{3x^2+3}$ (2) $\boldsymbol{2x^2-10x+33}$

解き方

(1) $(x+1)(x+3)+2x(x-2)$
$=(x^2+4x+3)+(2x^2-4x)$
$=x^2+4x+3+2x^2-4x=3x^2+3$

(2) $(2x-3)^2-2(x-4)(x+3)$
$=(4x^2-12x+9)-2(x^2-x-12)$
$=4x^2-12x+9-2x^2+2x+24$
$=2x^2-10x+33$

p.12～13 ぴたトレ2

1 (1) $\boldsymbol{-a^2+5a}$ (2) $\boldsymbol{2ab-2a-12}$ (3) $\boldsymbol{-5x^2+x}$
(4) $\boldsymbol{6x^2+10x}$ (5) $\boldsymbol{-5a^2+8ab}$ (6) $\boldsymbol{5a-2b-9}$
(7) $\boldsymbol{-2xy-6x^2}$ (8) $\boldsymbol{-14a-2b+6}$

解き方

(1) $a(a+3)-2a(a-1)=a^2+3a-2a^2+2a$
$=-a^2+5a$

(2) $2a(b+2)-6(a+2)=2ab+4a-6a-12$
$=2ab-2a-12$

(3) $x(x+5)-2x(3x+2)=x^2+5x-6x^2-4x$
$=-5x^2+x$

(4) $(9x+15)\times\frac{2}{3}x=9x\times\frac{2}{3}x+15\times\frac{2}{3}x$
$=6x^2+10x$

(5) $(30a-48b)\times\left(-\frac{1}{6}a\right)$
$=30a\times\left(-\frac{1}{6}a\right)-48b\times\left(-\frac{1}{6}a\right)$
$=-5a^2+8ab$

(6) $(25a^2-10ab-45a)\div 5a$
$=(25a^2-10ab-45a)\times\frac{1}{5a}$
$=25a^2\times\frac{1}{5a}-10ab\times\frac{1}{5a}-45a\times\frac{1}{5a}$
$=5a-2b-9$

(7) $(x^2y+3x^3)\div\left(-\frac{x}{2}\right)$
$=(x^2y+3x^3)\times\left(-\frac{2}{x}\right)$
$=x^2y\times\left(-\frac{2}{x}\right)+3x^3\times\left(-\frac{2}{x}\right)$
$=-2xy-6x^2$

(8) $(21a^2b+3ab^2-9ab)\div\left(-\frac{3}{2}ab\right)$
$=(21a^2b+3ab^2-9ab)\times\left(-\frac{2}{3ab}\right)$
$=21a^2b\times\left(-\frac{2}{3ab}\right)+3ab^2\times\left(-\frac{2}{3ab}\right)$
$-9ab\times\left(-\frac{2}{3ab}\right)$
$=-14a-2b+6$

2 (1) $\boldsymbol{10x^2+x-21}$ (2) $\boldsymbol{-2y^2-y+10}$
(3) $\boldsymbol{21a^2-11ab-40b^2}$ (4) $\boldsymbol{6x^2-13xy+6y^2}$
(5) $\boldsymbol{ax+bx-x-ay-by+y}$
(6) $\boldsymbol{x^2-y^2+x+y}$

解き方

(1) $(5x-7)(2x+3)=10x^2+15x-14x-21$
$=10x^2+x-21$

(2) $(-y+2)(2y+5)=-2y^2-5y+4y+10$
$=-2y^2-y+10$

(3) $(3a-5b)(7a+8b)=21a^2+24ab-35ab-40b^2$
$=21a^2-11ab-40b^2$

(4) $(3x-2y)(2x-3y)=6x^2-9xy-4xy+6y^2$
$=6x^2-13xy+6y^2$

(5) $(x-y)(a+b-1)=x(a+b-1)-y(a+b-1)$
$=ax+bx-x-ay-by+y$

(6) $(x-y+1)(x+y)=x(x+y)-y(x+y)+(x+y)$
$=x^2+xy-xy-y^2+x+y$
$=x^2-y^2+x+y$

3 (1) $\boldsymbol{4x^2+4x-3}$ (2) $\boldsymbol{9x^2+24xy+16y^2}$
(3) $\boldsymbol{x^2-\frac{1}{16}}$ (4) $\boldsymbol{x^2-\frac{1}{6}x-\frac{1}{3}}$
(5) $\boldsymbol{25x^2-20xy+4y^2}$ (6) $\boldsymbol{a^2-3ab-40b^2}$
(7) $\boldsymbol{a^2-36b^2}$ (8) $\boldsymbol{x^2-9xy+20y^2}$
(9) $\boldsymbol{\frac{4}{9}a^2-\frac{1}{25}}$ (10) $\boldsymbol{9a^2-5a+\frac{25}{36}}$

解き方

(1) $(2x-1)(2x+3)$
$=(2x)^2+\{(-1)+3\}\times 2x+(-1)\times 3$
$=4x^2+4x-3$

(2) $(3x+4y)^2=(3x)^2+2\times 4y\times 3x+(4y)^2$
$=9x^2+24xy+16y^2$

(3) $\left(x+\frac{1}{4}\right)\left(x-\frac{1}{4}\right)=x^2-\left(\frac{1}{4}\right)^2$
$=x^2-\frac{1}{16}$

(4) $\left(x+\frac{1}{2}\right)\left(x-\frac{2}{3}\right)$
$=x^2+\left\{\frac{1}{2}+\left(-\frac{2}{3}\right)\right\}x+\frac{1}{2}\times\left(-\frac{2}{3}\right)$
$=x^2-\frac{1}{6}x-\frac{1}{3}$

(5) $(5x-2y)^2=(5x)^2-2\times 2y\times 5x+(2y)^2$
$=25x^2-20xy+4y^2$

(6) $(a-8b)(a+5b)$
$=a^2+\{(-8b)+5b\}a+(-8b)\times 5b$
$=a^2-3ab-40b^2$

(7) $(a-6b)(6b+a)=(a-6b)(a+6b)$
$=a^2-(6b)^2=a^2-36b^2$

(8) $(x-5y)(x-4y)$
$=x^2+\{(-5y)+(-4y)\}x+(-5y)\times(-4y)$
$=x^2-9xy+20y^2$

(9) $\left(\frac{2}{3}a+\frac{1}{5}\right)\left(\frac{2}{3}a-\frac{1}{5}\right)=\left(\frac{2}{3}a\right)^2-\left(\frac{1}{5}\right)^2$
$=\frac{4}{9}a^2-\frac{1}{25}$

(10) $\left(3a-\frac{5}{6}\right)^2=(3a)^2-2\times\frac{5}{6}\times 3a+\left(\frac{5}{6}\right)^2$
$=9a^2-5a+\frac{25}{36}$

4 (1) $\boldsymbol{a^2-2ab+b^2+6a-6b+9}$
(2) $\boldsymbol{x^2-y^2+4y-4}$

解き方
(1) $(a-b+3)^2=\{(a-b)+3\}^2$
$=(a-b)^2+2\times 3\times(a-b)+3^2$
$=a^2-2ab+b^2+6a-6b+9$
(2) $(x+y-2)(x-y+2)=\{x+(y-2)\}\{x-(y-2)\}$
$=x^2-(y-2)^2$
$=x^2-(y^2-4y+4)$
$=x^2-y^2+4y-4$

5 (1) $\boldsymbol{2a^2+7}$　(2) $\boldsymbol{-10x-14}$　(3) $\boldsymbol{-4x}$　(4) $\boldsymbol{4x-10}$

解き方
(1) $(a+2)^2+(a-3)(a-1)$
$=(a^2+4a+4)+(a^2-4a+3)=2a^2+7$
(2) $(x-1)^2-(x+3)(x+5)$
$=(x^2-2x+1)-(x^2+8x+15)$
$=x^2-2x+1-x^2-8x-15=-10x-14$
(3) $(x-9)(x+2)-(x+3)(x-6)$
$=(x^2-7x-18)-(x^2-3x-18)$
$=x^2-7x-18-x^2+3x+18=-4x$
(4) $(2x-3)(3+2x)-(2x-1)^2$
$=(2x-3)(2x+3)-(2x-1)^2$
$=(4x^2-9)-(4x^2-4x+1)$
$=4x^2-9-4x^2+4x-1=4x-10$

理解のコツ

・多項式（たこうしき）を単項式でわるときは，単項式を逆数にして乗法になおして計算しよう。
・式の展開では，次のような計算の順序をしっかり理解しておこう。

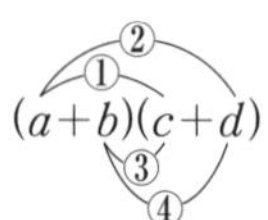

・公式を使う式の展開では，式の形を確認して，どの公式が利用できるかを判断しよう。

p.14～15　ぴたトレ1

1 (1) $\boldsymbol{x(y+z)}$　(2) $\boldsymbol{x(x-5)}$　(3) $\boldsymbol{3x(3m+n)}$
(4) $\boldsymbol{4ab(a-3)}$　(5) $\boldsymbol{xy(x+y-2)}$
(6) $\boldsymbol{abc(a-b+c)}$

解き方
分配法則を使って，共通な因数をすべてかっこの外にくくり出します。
(1) $xy+xz=x\times y+x\times z=x(y+z)$
(2) $x^2-5x=x\times x-x\times 5=x(x-5)$
(3) $9mx+3nx=3x\times 3m+3x\times n$
$=3x(3m+n)$
(4) $4a^2b-12ab=4ab\times a-4ab\times 3$
$=4ab(a-3)$
(5) $x^2y+xy^2-2xy=xy\times x+xy\times y-xy\times 2$
$=xy(x+y-2)$
(6) $a^2bc-ab^2c+abc^2=abc\times a-abc\times b+abc\times c$
$=abc(a-b+c)$

2 (1) $\boldsymbol{(x+1)(x+4)}$　(2) $\boldsymbol{(x-3)(x-4)}$
(3) $\boldsymbol{(x-5)(x+7)}$　(4) $\boldsymbol{(a+4)^2}$
(5) $\boldsymbol{(x-7)^2}$　(6) $\boldsymbol{(x+9)(x-9)}$
(7) $\boldsymbol{(3+a)(3-a)}$　(8) $\boldsymbol{\left(x+\frac{1}{6}\right)\left(x-\frac{1}{6}\right)}$

解き方
$x^2+(a+b)x+ab=(x+a)(x+b)$
を利用します。特に，$ab<0$ のとき，2数の符号（ふごう）に注意しましょう。
(1) $x^2+5x+4=x^2+(1+4)x+1\times 4$
$=(x+1)(x+4)$
(2) $x^2-7x+12=x^2+\{(-3)+(-4)\}x+(-3)\times(-4)$
$=(x-3)(x-4)$
(3) $x^2+2x-35=x^2+\{(-5)+7\}x+(-5)\times 7$
$=(x-5)(x+7)$
$x^2+2ax+a^2=(x+a)^2$
$x^2-2ax+a^2=(x-a)^2$　を利用します。
(4) $a^2+8a+16=a^2+2\times 4\times a+4^2=(a+4)^2$
(5) $x^2-14x+49=x^2-2\times 7\times x+7^2$
$=(x-7)^2$

$x^2-a^2=(x+a)(x-a)$ を利用します。
(6)$x^2-81=x^2-9^2=(x+9)(x-9)$
(7)$9-a^2=3^2-a^2=(3+a)(3-a)$
(8)$x^2-\frac{1}{36}=x^2-\left(\frac{1}{6}\right)^2=\left(x+\frac{1}{6}\right)\left(x-\frac{1}{6}\right)$

p.16~17 ぴたトレ 1

1 (1)$2(x+3)(x+5)$ (2)$x(y+3)(y-3)$
(3)$3b(a-4)^2$ (4)$2x(y+5)(y-9)$

解き方
まず，共通な因数を残らずくくり出します。
(1)$2x^2+16x+30=2(x^2+8x+15)$
$=2(x+3)(x+5)$
(2)$xy^2-9x=x(y^2-9)$
$=x(y+3)(y-3)$
(3)$3a^2b-24ab+48b=3b(a^2-8a+16)$
$=3b(a-4)^2$
(4)$2xy^2-8xy-90x=2x(y^2-4y-45)$
$=2x(y+5)(y-9)$

2 (1)$(3x-1)^2$ (2)$(2a+3)^2$ (3)$(5a-2)^2$
(4)$(x+4y)^2$ (5)$(3x+5y)^2$ (6)$(2m-7n)^2$
(7)$(5x+y)(5x-y)$ (8)$(4a+7b)(4a-7b)$

解き方
単項式を1つの文字とみて公式を利用します。
(1)$9x^2-6x+1=(3x)^2-2\times1\times3x+1^2$
$=(3x-1)^2$
(2)$4a^2+12a+9=(2a)^2+2\times3\times2a+3^2$
$=(2a+3)^2$
(3)$25a^2-20a+4=(5a)^2-2\times2\times5a+2^2$
$=(5a-2)^2$
(4)$x^2+8xy+16y^2=x^2+2\times4y\times x+(4y)^2$
$=(x+4y)^2$
(5)$9x^2+30xy+25y^2=(3x)^2+2\times5y\times3x+(5y)^2$
$=(3x+5y)^2$
(6)$4m^2-28mn+49n^2=(2m)^2-2\times7n\times2m+(7n)^2$
$=(2m-7n)^2$
(7)$25x^2-y^2=(5x)^2-y^2=(5x+y)(5x-y)$
(8)$16a^2-49b^2=(4a)^2-(7b)^2$
$=(4a+7b)(4a-7b)$

3 (1)$(x-y)(x-y-3)$ (2)$(a+b+2)(a+b+3)$
(3)$(2x+y+4)(2x+y-4)$ (4)$(x-3y-6)^2$

解き方
多項式を1つの文字とみて公式を利用します。
(1)$x-y$ を M とおくと
$(x-y)^2-3(x-y)=M^2-3M$
$=M(M-3)=(x-y)(x-y-3)$
(2)$a+b$ を M とおくと
$(a+b)^2+5(a+b)+6=M^2+5M+6$
$=(M+2)(M+3)=(a+b+2)(a+b+3)$
(3)$2x+y$ を M とおくと
$(2x+y)^2-16=M^2-4^2$
$=(M+4)(M-4)=(2x+y+4)(2x+y-4)$
(4)$x-3y$ を M とおくと
$(x-3y)^2-12(x-3y)+36=M^2-12M+36$
$=(M-6)^2=(x-3y-6)^2$

p.18~19 ぴたトレ 1

1 (1)①2491 ②4400 ③9801 (2) 2

解き方
(1)①$53\times47=(50+3)(50-3)$
$=50^2-3^2=2500-9=2491$
②$72^2-28^2=(72+28)(72-28)$
$=100\times44=4400$
③$99^2=(100-1)^2$
$=100^2-2\times1\times100+1^2$
$=10000-200+1=9801$
(2)$x^2+y^2-(x+y)^2=x^2+y^2-(x^2+2xy+y^2)$
$=x^2+y^2-x^2-2xy-y^2=-2xy$
$=-2\times(-3)\times\frac{1}{3}=2$

2 (1)連続する2つの偶数は，整数 n を使って，
$2n$，$2n+2$ と表される。
このとき，
$(2n+2)^2-(2n)^2=4n^2+8n+4-4n^2$
$=8n+4=4(2n+1)$
$2n+1$ は整数であるから，$4(2n+1)$ は4の倍数である。よって，計算した結果は，4の倍数になる。
(2)連続する2つの整数は，整数 n を使って，
n，$n+1$ と表される。
このとき，
$(n+1)^2+n^2-1=n^2+2n+1+n^2-1$
$=2n^2+2n$
$=2n(n+1)$
$n(n+1)$ は2つの数の積であるから，$2n(n+1)$ は2つの数の積の2倍である。よって，計算した結果は，2つの数の積の2倍になる。

解き方
(1)n を整数とすると，2の倍数は $2n$，3の倍数は $3n$，4の倍数は $4n$，……と表されます。
a の倍数であることを示すには，$a\times$(整数)の形の式を導きましょう。

3 道の面積は，1 辺が p m の正方形の面積から，1 辺が $(p-a)$ m の正方形の面積をひいたものである。

よって　$S=p^2-(p-a)^2=p^2-(p^2-2ap+a^2)$
$=2ap-a^2$　……①

$\ell=2\times\left(p-\dfrac{a}{2}\right)=2p-a$

よって　$a\ell=a(2p-a)=2ap-a^2$　……②

①，②から　$S=a\ell$

p.20~21　ぴたトレ 2

1 (1)$m(a+b)$　(2)$4a(a-2)$
(3)$3x(a+b-2c)$　(4)$xy(x-2y+3)$

解き方
共通な因数はすべてくくり出します。
(1)$ma+mb=m\times a+m\times b=m(a+b)$
(2)$4a^2-8a=4a\times a-4a\times 2=4a(a-2)$
(3)$3ax+3bx-6cx=3x\times a+3x\times b-3x\times 2c$
$=3x(a+b-2c)$
(4)$x^2y-2xy^2+3xy=xy\times x-xy\times 2y+xy\times 3$
$=xy(x-2y+3)$

2 (1)$(x+2)(x+5)$　(2)$(y-3)(y+7)$
(3)$(x+4)(x-5)$　(4)$(x-4)(x+10)$
(5)$(a-1)(a+3)$　(6)$(x-2)(x-8)$
(7)$(y-4)^2$　(8)$(a+8)^2$　(9)$(m+6)^2$
(10)$\left(x-\dfrac{1}{2}\right)^2$　(11)$(5+x)(5-x)$
(12)$\left(x+\dfrac{1}{4}\right)\left(x-\dfrac{1}{4}\right)$

解き方
(1)$x^2+7x+10=x^2+(2+5)x+2\times 5$
$=(x+2)(x+5)$
(2)$y^2+4y-21=y^2+\{(-3)+7\}y+(-3)\times 7$
$=(y-3)(y+7)$
(3)$x^2-x-20=x^2+\{4+(-5)\}x+4\times(-5)$
$=(x+4)(x-5)$
(4)$x^2+6x-40=x^2+\{(-4)+10\}x+(-4)\times 10$
$=(x-4)(x+10)$
(5)$a^2+2a-3=a^2+\{(-1)+3\}a+(-1)\times 3$
$=(a-1)(a+3)$
(6)$x^2-10x+16$
$=x^2+\{(-2)+(-8)\}x+(-2)\times(-8)$
$=(x-2)(x-8)$
(7)$y^2-8y+16=y^2-2\times 4\times y+4^2=(y-4)^2$
(8)$a^2+16a+64=a^2+2\times 8\times a+8^2=(a+8)^2$
(9)$m^2+12m+36=m^2+2\times 6\times m+6^2=(m+6)^2$
(10)$x^2-x+\dfrac{1}{4}=x^2-2\times\dfrac{1}{2}\times x+\left(\dfrac{1}{2}\right)^2$
$=\left(x-\dfrac{1}{2}\right)^2$
(11)$25-x^2=5^2-x^2=(5+x)(5-x)$
(12)$x^2-\dfrac{1}{16}=x^2-\left(\dfrac{1}{4}\right)^2=\left(x+\dfrac{1}{4}\right)\left(x-\dfrac{1}{4}\right)$

3 (1)$(4x+3)^2$　(2)$(7a+11b)(7a-11b)$
(3)$(x+2y)(x+4y)$　(4)$3(x+y)(x-2y)$
(5)$2x(a-3)^2$　(6)$(x-y+7)(x-y-8)$

解き方
(2)~(4)のように，文字が 2 つになっても因数分解の基本は同じです。
(1)$16x^2+24x+9=(4x)^2+2\times 3\times 4x+3^2$
$=(4x+3)^2$
(2)$49a^2-121b^2=(7a)^2-(11b)^2$
$=(7a+11b)(7a-11b)$
(3)$x^2+6xy+8y^2=x^2+(2y+4y)x+2y\times 4y$
$=(x+2y)(x+4y)$
(4)$3x^2-3xy-6y^2=3(x^2-xy-2y^2)$
$=3(x+y)(x-2y)$
(5)$2a^2x-12ax+18x=2x(a^2-6a+9)$
$=2x(a-3)^2$
(6)$x-y$ を M とおくと
$(x-y)^2-(x-y)-56=M^2-M-56$
$=(M+7)(M-8)=(x-y+7)(x-y-8)$

4 (1)連続する 2 つの偶数は，整数 n を使って，$2n$，$2n+2$ と表される。このとき，これらの積に 1 を加えたものは
$2n(2n+2)+1=4n^2+4n+1=(2n+1)^2$
$2n+1$ は 2 つの偶数の間の奇数であるから，連続する 2 つの偶数の積に 1 を加えると，2 つの偶数の間にある奇数の 2 乗になる。
(2)連続する 2 つの整数は，整数 n を使って，n，$n+1$ と表される。
このとき，$n^2+(n+1)^2=n^2+n^2+2n+1$
$=2n^2+2n+1$
$=2(n^2+n)+1$
$2(n^2+n)$ は偶数であるから，$2(n^2+n)+1$ は奇数である。
よって，計算した結果は奇数になる。

解き方
連続する整数　n，$n+1$，$n+2$，……
連続する偶数(ぐうすう)　$2n$，$2n+2$，$2n+4$，……
連続する奇数(きすう)　$2n-1$，$2n+1$，$2n+3$，……

5 道の面積は，半径が $(r+h)$ m の半円の面積から，半径が r m の半円の面積をひいたものである。

よって　$S=\frac{1}{2}\{\pi(r+h)^2-\pi r^2\}$

$=\frac{1}{2}\{\pi(r^2+2rh+h^2)-\pi r^2\}$

$=\pi rh+\frac{1}{2}\pi h^2$　……①

道の中央を通る半円の半径は $\left(r+\frac{1}{2}h\right)$ m であるから　$\ell=\frac{1}{2}\times2\pi\left(r+\frac{1}{2}h\right)=\pi r+\frac{1}{2}\pi h$

よって　$h\ell=h\left(\pi r+\frac{1}{2}\pi h\right)$

$=\pi rh+\frac{1}{2}\pi h^2$　……②

①，②から　$S=h\ell$

理解のコツ

・因数分解の基本は公式の利用とくくり出しだよ。公式が適用できない形のときは，まず共通因数がないかどうか調べてみよう。
・因数分解した結果を展開しなおして，もとの式にもどるか検算する習慣をつけておこう。
・計算のくふう，式の値(あたい)，証明のいずれの問題でも式の変形がポイントになるよ。展開や因数分解を有効に利用しよう。
・数の平方に関する問題では $(\ \ )^2$ の形をつくることが必要だよ。そのために素因数分解は正確に行うようにしよう。

p.22～23　ぴたトレ3

1 (1)$10a^2-2ab-8ac$　(2)$-4x^2+8xy$
(3)$-7a-8b$　(4)$-32x+24y$

解き方
(1)$2a(5a-b-4c)$
$=2a\times5a+2a\times(-b)+2a\times(-4c)$
$=10a^2-2ab-8ac$

(2)$(6x-12y)\times\left(-\frac{2}{3}x\right)$
$=6x\times\left(-\frac{2}{3}x\right)-12y\times\left(-\frac{2}{3}x\right)$
$=-4x^2+8xy$

(3)$(28a^2+32ab)\div(-4a)$
$=(28a^2+32ab)\times\left(-\frac{1}{4a}\right)$
$=28a^2\times\left(-\frac{1}{4a}\right)+32ab\times\left(-\frac{1}{4a}\right)=-7a-8b$

(4)$(24x^2y-18xy^2)\div\left(-\frac{3}{4}xy\right)$
$=(24x^2y-18xy^2)\times\left(-\frac{4}{3xy}\right)$
$=24x^2y\times\left(-\frac{4}{3xy}\right)-18xy^2\times\left(-\frac{4}{3xy}\right)$
$=-32x+24y$

2 (1)$6x^2-11x-10$　(2)$a^2+5a-24$
(3)$49x^2-9$　(4)$25a^2+20ab+4b^2$
(5)$x^2-4xy+4y^2+2x-4y-3$
(6)$a^2-b^2+10b-25$

解き方
(1)$(3x+2)(2x-5)=6x^2-15x+4x-10$
$=6x^2-11x-10$
(2)$(a+8)(a-3)=a^2+\{8+(-3)\}a+8\times(-3)$
$=a^2+5a-24$
(3)$(7x+3)(7x-3)=(7x)^2-3^2=49x^2-9$
(4)$(5a+2b)^2=(5a)^2+2\times2b\times5a+(2b)^2$
$=25a^2+20ab+4b^2$
(5)$x-2y$ を M とおくと
$(x-2y-1)(x-2y+3)=(M-1)(M+3)$
$=M^2+2M-3$
$=(x-2y)^2+2(x-2y)-3$
$=x^2-4xy+4y^2+2x-4y-3$
(6)$b-5$ を M とおくと
$(a+b-5)(a-b+5)$
$=\{a+(b-5)\}\{a-(b-5)\}=(a+M)(a-M)$
$=a^2-M^2=a^2-(b-5)^2$
$=a^2-b^2+10b-25$

3 (1)10　(2)$5a^2-4ab$

解き方
展開の公式を利用して展開してから，同類項(どうるいこう)をまとめて整理します。
(1)$(x+7)(x-2)-(x-3)(x+8)$
$=x^2+5x-14-(x^2+5x-24)$
$=x^2+5x-14-x^2-5x+24=10$
(2)$(a-2b)^2+4(a-b)(a+b)$
$=a^2-4ab+4b^2+4(a^2-b^2)$
$=a^2-4ab+4b^2+4a^2-4b^2$
$=5a^2-4ab$

4 (1)$5a(3a-5b+4)$　(2)$(x-8)^2$
(3)$(3a+2b)(3a-2b)$　(4)$(x+6)(x-7)$
(5)$(x-2y)(x+9y)$　(6)$(4a-3)^2$

解き方
(1)$15a^2-25ab+20a=5a\times3a-5a\times5b+5a\times4$
$=5a(3a-5b+4)$
(2)$x^2-16x+64=x^2-2\times8\times x+8^2=(x-8)^2$

(3) $9a^2-4b^2=(3a)^2-(2b)^2=(3a+2b)(3a-2b)$

(4) $x^2-x-42=x^2+\{6+(-7)\}x+6\times(-7)$
$=(x+6)(x-7)$

(5) $x^2+7xy-18y^2$
$=x^2+\{(-2y)+9y\}x+(-2y)\times 9y$
$=(x-2y)(x+9y)$

(6) $16a^2-24a+9=(4a)^2-2\times3\times4a+3^2$
$=(4a-3)^2$

5 (1) $3a(x+3)^2$　(2) $(x-2)(x+3)$
(3) $(x+1)(y+2)$　(4) $(x+4)(x-6)$

解き方

(1) $3ax^2+18ax+27a=3a(x^2+6x+9)$
$=3a(x+3)^2$

(2) $x+2$ を M とおくと
$(x+2)^2-3(x+2)-4=M^2-3M-4$
$=(M+1)(M-4)=(x+2+1)(x+2-4)$
$=(x+3)(x-2)$

(3) $xy+2x+y+2=x(y+2)+(y+2)$
$=(x+1)(y+2)$

(4) $(x+6)(x-5)-3(x-2)$
$=x^2+x-30-3x+6=x^2-2x-24$
$=(x+4)(x-6)$

6 800

解き方

$201\times201-199\times199$
$=(200+1)^2-(200-1)^2$
$=\{(200+1)+(200-1)\}\{(200+1)-(200-1)\}$
$=400\times2=800$

7 連続する3つの整数は，整数 n を使って，
$n-1$，n，$n+1$ と表される。
このとき，
$(n+1)^2-(n-1)^2=(n^2+2n+1)-(n^2-2n+1)$
$=n^2+2n+1-n^2+2n-1$
$=4n$
n は中央の数であるから，計算した結果は中央の数の4倍になる。

8 $5\pi(a-5)\ \text{cm}^2$

解き方

円Xの半径は $\dfrac{a}{2}$ cm，円Yの半径は
$(10-a)\div2=5-\dfrac{a}{2}$(cm)
求める面積は
$\pi\times\left(\dfrac{a}{2}\right)^2-\pi\times\left(5-\dfrac{a}{2}\right)^2=\pi\left\{\left(\dfrac{a}{2}\right)^2-\left(5-\dfrac{a}{2}\right)^2\right\}$
$=\pi\left\{\dfrac{a}{2}+\left(5-\dfrac{a}{2}\right)\right\}\left\{\dfrac{a}{2}-\left(5-\dfrac{a}{2}\right)\right\}$
$=5\pi(a-5)(\text{cm}^2)$

2章　平方根

p.25　ぴたトレ0

1 (1) 4　(2) 25　(3) 16　(4) 100　(5) 0.01
(6) 1.69　(7) $\dfrac{4}{9}$　(8) $\dfrac{9}{16}$

解き方

$(-a)^2$ と $-a^2$ はちがうので，注意しましょう。
$(-a)^2=(-a)\times(-a)=a^2$
$-a^2=-(a\times a)=-a^2$
(4) $(-10)^2=(-10)\times(-10)=100$
(5) $0.1^2=0.1\times0.1=0.01$
(8) $\left(-\dfrac{3}{4}\right)^2=\left(-\dfrac{3}{4}\right)\times\left(-\dfrac{3}{4}\right)=\dfrac{9}{16}$

2 (1) 0.4　(2) 0.75　(3) 0.625　(4) 0.15
(5) 3.2　(6) 0.24

解き方

分数を小数で表すには，分子を分母でわった式
$\dfrac{b}{a}=b\div a$ を使います。
(3) $\dfrac{5}{8}=5\div8=0.625$
(6) $\dfrac{6}{25}=6\div25=0.24$

p.26～27　ぴたトレ1

1 (1) ±6　(2) ±1　(3) $\pm\dfrac{1}{3}$　(4) ±0.5

解き方

正の数の平方根は，正と負の2つあることに注意しましょう。0の平方根は0の1つだけ，負の数の平方根はありません。

2 (1) $\pm\sqrt{6}$　(2) $\pm\sqrt{19}$　(3) $\pm\sqrt{\dfrac{1}{3}}$　(4) $\pm\sqrt{0.6}$

解き方

平方根が整数で表せないときは，$\sqrt{\ }$ に入れて表します。

3 (1) 15　(2) 64　(3) -5　(4) -7

解き方

$(\sqrt{a})^2=a$，$(-\sqrt{a})^2=a$
2乗した数は必ず0以上の数になることに注意しましょう。

4 (1) 7　(2) -2　(3) $-\dfrac{3}{8}$　(4) 0.3
(5) 4　(6) -3

解き方

根号の中がどんな数の2乗になっているかを考えます。
(1) $\sqrt{49}=\sqrt{7^2}=7$

(2)$-\sqrt{4}=-\sqrt{2^2}=-2$

(3)$-\sqrt{\frac{9}{64}}=-\sqrt{\frac{3^2}{8^2}}=-\sqrt{\left(\frac{3}{8}\right)^2}=-\frac{3}{8}$

(4)$\sqrt{0.09}=\sqrt{0.3^2}=0.3$

(5)$\sqrt{(-4)^2}=\sqrt{16}=\sqrt{4^2}=4$

$\sqrt{(-4)^2}=-4$ ではないことに注意しましょう。$\sqrt{\quad}$ をはずした数が負の数になることはありません。

(6)$-\sqrt{3^2}=-3$

p.28〜29 ぴたトレ1

1 (1)$\sqrt{5}<\sqrt{6}$　(2)$-\sqrt{43}<-\sqrt{41}$

(3)$12<\sqrt{145}$　(4)$-5<-\sqrt{23}$　(5)$\sqrt{3}<3$

(6)$0.4<\sqrt{0.4}$

解き方

(1)$5<6$　よって　$\sqrt{5}<\sqrt{6}$

(2)$43>41$　よって　$\sqrt{43}>\sqrt{41}$

負の数の性質から　$-\sqrt{43}<-\sqrt{41}$

(3)$12^2=144$，$(\sqrt{145})^2=145$

$144<145$　よって　$12<\sqrt{145}$

(4)$5^2=25$，$(\sqrt{23})^2=23$

$25>23$　よって　$5>\sqrt{23}$

負の数の性質から　$-5<-\sqrt{23}$

(5)$(\sqrt{3})^2=3$，$3^2=9$

$3<9$　よって　$\sqrt{3}<3$

(6)$0.4^2=0.16$，$(\sqrt{0.4})^2=0.4$

$0.16<0.4$　よって　$0.4<\sqrt{0.4}$

2 有理数…0.01，$\sqrt{49}$，$-\sqrt{\frac{25}{36}}$，$\frac{3}{8}$

無理数…$-\sqrt{2}$，π

解き方

$0.01=\frac{1}{100}$　　$\sqrt{49}=7=\frac{7}{1}$

$-\sqrt{\frac{25}{36}}=-\frac{5}{6}$

いずれも分数の形に表せるから，有理数です。

3 (1)④　(2)②　(3)①　(4)③

解き方

①には分数，②には0と負の整数があてはまります。

(3)$0.7=\frac{7}{10}$ だから，有理数です。

(4)$\sqrt{36}=6$ だから，自然数です。

p.30〜31 ぴたトレ2

1 (1)○　(2)$\sqrt{16}=4$ である。

(3)$\sqrt{(-6)^2}=6$ である。

(4)$(-\sqrt{15})^2=15$ である。

解き方

(2)$\sqrt{16}$ は，16の平方根のうち正の方を表しています。$\sqrt{16}=\sqrt{4^2}=4$

(3)$\sqrt{(-6)^2}=\sqrt{36}=\sqrt{6^2}=6$

(4)0でない数を2乗すると，必ず正の数になります。

2 (1)±8　(2)$\pm\sqrt{15}$　(3)$\pm\frac{5}{9}$　(4)$\pm\frac{11}{4}$

(5)$\pm\sqrt{0.7}$　(6)±1.5

解き方

(1)$8^2=64$　$(-8)^2=64$

よって，64の平方根は　±8

(2)根号を使って $\pm\sqrt{15}$ と表します。

(3)$\left(\frac{5}{9}\right)^2=\frac{25}{81}$　$\left(-\frac{5}{9}\right)^2=\frac{25}{81}$

よって，$\frac{25}{81}$ の平方根は　$\pm\frac{5}{9}$

(4)$\left(\frac{11}{4}\right)^2=\frac{121}{16}$　$\left(-\frac{11}{4}\right)^2=\frac{121}{16}$

よって，$\frac{121}{16}$ の平方根は　$\pm\frac{11}{4}$

(5)根号を使って $\pm\sqrt{0.7}$ と表します。

(6)$1.5^2=2.25$　$(-1.5)^2=2.25$

よって，2.25の平方根は　±1.5

3 (1)7　(2)-12　(3)1.1　(4)$\frac{1}{8}$　(5)11　(6)18

解き方

(1)$\sqrt{49}=\sqrt{7^2}=7$

(2)$-\sqrt{144}=-\sqrt{12^2}=-12$

(3)$\sqrt{1.21}=\sqrt{1.1^2}=1.1$

(4)$\sqrt{\frac{1}{64}}=\sqrt{\left(\frac{1}{8}\right)^2}=\frac{1}{8}$

(5)$\sqrt{11}$ は11の正の平方根だから

$(\sqrt{11})^2=11$

(6)$-\sqrt{18}$ は18の負の平方根だから

$(-\sqrt{18})^2=18$

4 (1)$\sqrt{29}>\sqrt{18}$　(2)$2>\sqrt{3}$

(3)$-3<-\sqrt{8}$　(4)$-0.6>-\sqrt{0.6}$

解き方

(1)$29>18$　よって　$\sqrt{29}>\sqrt{18}$

(2)$2^2=4$，$(\sqrt{3})^2=3$

$4>3$　よって　$2>\sqrt{3}$

(3)$3^2=9$，$(\sqrt{8})^2=8$

$9>8$　よって　$3>\sqrt{8}$

負の数の性質から　$-3<-\sqrt{8}$

(4)$0.6^2=0.36$，$(\sqrt{0.6})^2=0.6$

$0.36<0.6$　よって　$0.6<\sqrt{0.6}$

負の数の性質から　$-0.6>-\sqrt{0.6}$

5 (1)5，6，7　(2)$\sqrt{10}$，$\sqrt{11}$，$\sqrt{15}$，$\sqrt{19}$，$\sqrt{23}$
(3)$x=5$，6，7，8

解き方
(1)求める整数を n とすると
$(\sqrt{20})^2<n^2<(\sqrt{50})^2$　よって　$20<n^2<50$
これを満たす n の値(あたい)は　$n=5$，6，7
(2)求める数の根号の中の整数を x とすると
$3<\sqrt{x}<5$
これらの数を根号をつけて表すと
$\sqrt{9}<\sqrt{x}<\sqrt{25}$　よって　$9<x<25$
これにあてはまる x の値は
$x=10$，11，15，19，23
(3)$\sqrt{2.2^2}<\sqrt{x}<\sqrt{2.9^2}$
よって　$4.84<x<8.41$
x は整数だから　$x=5$，6，7，8

6 (1)有理数…-0.003，$-\dfrac{7}{11}$，$\sqrt{225}$
無理数…$\sqrt{12}$，π
(2)$-\dfrac{7}{11}$

解き方
(1)$\sqrt{225}=\sqrt{15^2}=15$
(2)$-\dfrac{7}{11}=-0.636363\cdots\cdots$
π はどこまでも続く循環(じゅんかん)しない無限小数です。

7 (1)$\dfrac{5}{9}$　(2)$\dfrac{7}{33}$　(3)$\dfrac{61}{111}$

解き方
(1)$x=0.\dot{5}$ とおくと　　$x=0.555\cdots$　①
両辺を 10 倍すると　　$10x=5.555\cdots$　②
②−①から　$9x=5$　　$x=\dfrac{5}{9}$
(2)$x=0.\dot{2}\dot{1}$ とおくと　　$x=0.212121\cdots$　①
両辺を 100 倍すると　　$100x=21.212121\cdots$　②
②−①から　$99x=21$　　$x=\dfrac{21}{99}=\dfrac{7}{33}$
(3)$x=0.\dot{5}4\dot{9}$ とおくと　　$x=0.549\cdots$　①
両辺を 1000 倍すると　　$1000x=549.549\cdots$　②
②−①から　$999x=549$　　$x=\dfrac{549}{999}=\dfrac{61}{111}$

理解のコツ
・$\sqrt{\ }$ のついた数は負の数にならない。たとえば，$\sqrt{2^2}$，$\sqrt{(-3)^2}$ はいずれも正の数だよ。
・根号をふくむ数とふくまない数の大小を比べるときは，それぞれの数を 2 乗して比べよう。

p.32〜33　ぴたトレ 1

1 (1)$\sqrt{35}$　(2)4　(3)$\sqrt{3}$　(4)3

解き方
(1)$\sqrt{7}\times\sqrt{5}=\sqrt{7\times5}=\sqrt{35}$
(2)$\sqrt{2}\times\sqrt{8}=\sqrt{16}=4$
(3)$\dfrac{\sqrt{24}}{\sqrt{8}}=\sqrt{\dfrac{24}{8}}=\sqrt{3}$
(4)$\sqrt{27}\div\sqrt{3}=\dfrac{\sqrt{27}}{\sqrt{3}}=\sqrt{\dfrac{27}{3}}=\sqrt{9}=3$

2 (1)$\sqrt{54}$　(2)$\sqrt{\dfrac{3}{4}}$

解き方
(1)$3\sqrt{6}=\sqrt{3^2}\times\sqrt{6}=\sqrt{3^2\times6}=\sqrt{54}$
(2)$\dfrac{\sqrt{3}}{2}=\dfrac{\sqrt{3}}{\sqrt{2^2}}=\sqrt{\dfrac{3}{2^2}}=\sqrt{\dfrac{3}{4}}$

3 (1)$2\sqrt{7}$　(2)$3\sqrt{5}$

解き方
素因数分解を利用して，$○^2$ の形を見つけます。
(1)$\sqrt{28}=\sqrt{2^2\times7}=\sqrt{2^2}\times\sqrt{7}=2\sqrt{7}$
(2)$\sqrt{45}=\sqrt{3^2\times5}=\sqrt{3^2}\times\sqrt{5}=3\sqrt{5}$

4 (1)$\dfrac{\sqrt{5}}{3}$　(2)$\dfrac{\sqrt{6}}{10}$

解き方
素因数分解を利用して，$○^2$ の形を見つけます。
(1)$\sqrt{\dfrac{5}{9}}=\sqrt{\dfrac{5}{3^2}}=\dfrac{\sqrt{5}}{\sqrt{3^2}}=\dfrac{\sqrt{5}}{3}$
(2)$\sqrt{0.06}=\sqrt{\dfrac{6}{100}}=\sqrt{\dfrac{6}{10^2}}=\dfrac{\sqrt{6}}{\sqrt{10^2}}=\dfrac{\sqrt{6}}{10}$

5 (1)$6\sqrt{10}$　(2)$12\sqrt{3}$　(3)$18\sqrt{3}$　(4)$30\sqrt{6}$

解き方
(1)$\sqrt{12}\times\sqrt{30}=\sqrt{12\times30}$
$=\sqrt{2^2\times3\times2\times3\times5}=\sqrt{6^2\times2\times5}$
$=6\times\sqrt{2\times5}=6\sqrt{10}$
(2)$\sqrt{8}\times\sqrt{54}=\sqrt{8\times54}=\sqrt{2^3\times2\times3^3}$
$=\sqrt{2^4\times3^2\times3}=\sqrt{4^2\times3^2\times3}$
$=\sqrt{12^2\times3}=12\sqrt{3}$
(3)$\sqrt{18}\times3\sqrt{6}=3\times\sqrt{18}\times\sqrt{6}=3\sqrt{2\times3^2\times2\times3}$
$=3\sqrt{6^2\times3}=3\times6\sqrt{3}=18\sqrt{3}$
(4)$3\sqrt{15}\times2\sqrt{10}=3\times2\times\sqrt{15\times10}$
$=6\sqrt{3\times5\times2\times5}=6\sqrt{5^2\times2\times3}$
$=6\times5\times\sqrt{2\times3}=30\sqrt{6}$

p.34〜35　ぴたトレ 1

1 (1)$\dfrac{\sqrt{10}}{5}$　(2)$2\sqrt{6}$

解き方
分母と分子に同じ数をかけて，分母に根号をふくまない形に変えます。
(1)$\dfrac{\sqrt{2}}{\sqrt{5}}=\dfrac{\sqrt{2}\times\sqrt{5}}{\sqrt{5}\times\sqrt{5}}=\dfrac{\sqrt{10}}{5}$
(2)$\dfrac{12}{\sqrt{6}}=\dfrac{12\times\sqrt{6}}{\sqrt{6}\times\sqrt{6}}=\dfrac{12\sqrt{6}}{6}=2\sqrt{6}$

2 (1)$\dfrac{\sqrt{30}}{3}$　(2)$\dfrac{\sqrt{6}}{2}$

解き方

計算した結果の分母に根号をふくむときは，必ず分母を有理化しておきましょう。

(1)$\sqrt{10}\div\sqrt{3}=\dfrac{\sqrt{10}}{\sqrt{3}}=\dfrac{\sqrt{10}\times\sqrt{3}}{\sqrt{3}\times\sqrt{3}}=\dfrac{\sqrt{30}}{3}$

(2)$\sqrt{15}\div\sqrt{10}=\dfrac{\sqrt{15}}{\sqrt{10}}=\sqrt{\dfrac{15}{10}}=\sqrt{\dfrac{3}{2}}=\dfrac{\sqrt{3}}{\sqrt{2}}$

$=\dfrac{\sqrt{3}\times\sqrt{2}}{\sqrt{2}\times\sqrt{2}}=\dfrac{\sqrt{6}}{2}$

3 (1)$8\sqrt{7}$　(2)$-2\sqrt{2}$　(3)$2\sqrt{5}-2\sqrt{3}$

(4)$-3\sqrt{3}-\sqrt{2}$

解き方

(1)$3\sqrt{7}+5\sqrt{7}=(3+5)\sqrt{7}=8\sqrt{7}$

(2)$8\sqrt{2}-10\sqrt{2}=(8-10)\sqrt{2}=-2\sqrt{2}$

(3)$6\sqrt{5}-2\sqrt{3}-4\sqrt{5}$

$=6\sqrt{5}-4\sqrt{5}-2\sqrt{3}$

$=(6-4)\sqrt{5}-2\sqrt{3}$

$=2\sqrt{5}-2\sqrt{3}$

(4)$2\sqrt{3}-4\sqrt{2}+3\sqrt{2}-5\sqrt{3}$

$=2\sqrt{3}-5\sqrt{3}-4\sqrt{2}+3\sqrt{2}$

$=(2-5)\sqrt{3}+(-4+3)\sqrt{2}$

$=-3\sqrt{3}-\sqrt{2}$

4 (1)$5\sqrt{2}$　(2)$\sqrt{5}$　(3)$2\sqrt{3}$　(4)$\sqrt{5}-\sqrt{3}$

解き方

根号の中をできるだけ小さい自然数になおしてから計算します。

(1)$\sqrt{8}+\sqrt{18}=2\sqrt{2}+3\sqrt{2}=5\sqrt{2}$

(2)$\sqrt{125}-\sqrt{80}=5\sqrt{5}-4\sqrt{5}=\sqrt{5}$

(3)$\sqrt{27}+\sqrt{48}-\sqrt{75}=3\sqrt{3}+4\sqrt{3}-5\sqrt{3}$

$=2\sqrt{3}$

(4)$\sqrt{80}-\sqrt{12}-\sqrt{45}+\sqrt{3}$

$=4\sqrt{5}-2\sqrt{3}-3\sqrt{5}+\sqrt{3}$

$=\sqrt{5}-\sqrt{3}$

5 (1)0　(2)$\dfrac{2\sqrt{6}}{3}$

解き方

(1)$\sqrt{28}-\dfrac{14}{\sqrt{7}}=2\sqrt{7}-\dfrac{14\sqrt{7}}{7}$

$=2\sqrt{7}-2\sqrt{7}=0$

(2)$\dfrac{\sqrt{6}}{3}+\sqrt{\dfrac{2}{3}}=\dfrac{\sqrt{6}}{3}+\dfrac{\sqrt{2}}{\sqrt{3}}=\dfrac{\sqrt{6}}{3}+\dfrac{\sqrt{6}}{3}$

$=\dfrac{2\sqrt{6}}{3}$

p.36～37　ぴたトレ1

1 (1)$2\sqrt{3}-\sqrt{6}$　(2)$18\sqrt{3}-12$

(3)$\sqrt{5}+3$　(4)$\sqrt{6}+\sqrt{2}-3\sqrt{3}-3$

(5)$6-3\sqrt{6}+2\sqrt{3}-3\sqrt{2}$　(6)$-\sqrt{3}$

解き方

(1)$\sqrt{2}(\sqrt{6}-\sqrt{3})=\sqrt{12}-\sqrt{6}=2\sqrt{3}-\sqrt{6}$

(2)$3\sqrt{2}(3\sqrt{6}-\sqrt{8})$

$=3\sqrt{2}(3\sqrt{6}-2\sqrt{2})$

$=3\times3\times\sqrt{2\times(2\times3)}-3\times2\times\sqrt{2\times2}$

$=9\times2\sqrt{3}-6\times2=18\sqrt{3}-12$

(3)$\dfrac{1}{\sqrt{3}}(\sqrt{15}+\sqrt{27})=\dfrac{\sqrt{15}}{\sqrt{3}}+\dfrac{\sqrt{27}}{\sqrt{3}}$

$=\sqrt{5}+\sqrt{9}=\sqrt{5}+3$

(4)$(\sqrt{2}-3)(\sqrt{3}+1)$

$=\sqrt{2}\times\sqrt{3}+\sqrt{2}\times1-3\times\sqrt{3}-3\times1$

$=\sqrt{6}+\sqrt{2}-3\sqrt{3}-3$

(5)$(\sqrt{6}+\sqrt{2})(\sqrt{6}-3)$

$=\sqrt{6}\times\sqrt{6}-\sqrt{6}\times3+\sqrt{2}\times\sqrt{6}-\sqrt{2}\times3$

$=6-3\sqrt{6}+2\sqrt{3}-3\sqrt{2}$

(6)$(\sqrt{2}-\sqrt{3})(3+\sqrt{6})$

$=\sqrt{2}\times3+\sqrt{2}\times\sqrt{6}-\sqrt{3}\times3-\sqrt{3}\times\sqrt{6}$

$=3\sqrt{2}+2\sqrt{3}-3\sqrt{3}-3\sqrt{2}=-\sqrt{3}$

2 (1)$-5-2\sqrt{3}$　(2)$17+5\sqrt{15}$　(3)$11-6\sqrt{2}$

(4)$10+2\sqrt{21}$　(5)-10　(6)-6

解き方

(1)$(\sqrt{3}+2)(\sqrt{3}-4)$

$=(\sqrt{3})^2+(2-4)\times\sqrt{3}+2\times(-4)$

$=3-2\sqrt{3}-8=-5-2\sqrt{3}$

(2)$(\sqrt{5}+\sqrt{3})(\sqrt{5}+4\sqrt{3})$

$=(\sqrt{5})^2+(\sqrt{3}+4\sqrt{3})\times\sqrt{5}+\sqrt{3}\times4\sqrt{3}$

$=5+5\sqrt{15}+12=17+5\sqrt{15}$

(3)$(\sqrt{2}-3)^2=(\sqrt{2})^2-2\times3\times\sqrt{2}+3^2$

$=2-6\sqrt{2}+9=11-6\sqrt{2}$

(4)$(\sqrt{7}+\sqrt{3})^2=(\sqrt{7})^2+2\times\sqrt{3}\times\sqrt{7}+(\sqrt{3})^2$

$=7+2\sqrt{21}+3=10+2\sqrt{21}$

(5)$(\sqrt{6}+4)(\sqrt{6}-4)=(\sqrt{6})^2-4^2$

$=6-16=-10$

(6)$(3\sqrt{2}-2\sqrt{6})(3\sqrt{2}+2\sqrt{6})$

$=(3\sqrt{2})^2-(2\sqrt{6})^2=18-24=-6$

3 (1)2　(2)$4\sqrt{35}$　(3)$14+2\sqrt{35}$

解き方

(1)$xy=(\sqrt{7}+\sqrt{5})(\sqrt{7}-\sqrt{5})$

$=(\sqrt{7})^2-(\sqrt{5})^2=7-5=2$

(2)$x^2-y^2=(x+y)(x-y)$

$=\{(\sqrt{7}+\sqrt{5})+(\sqrt{7}-\sqrt{5})\}$

$\times\{(\sqrt{7}+\sqrt{5})-(\sqrt{7}-\sqrt{5})\}$

$=2\sqrt{7}\times2\sqrt{5}=4\sqrt{35}$

(別解) $x^2=(\sqrt{7}+\sqrt{5})^2$

$=(\sqrt{7})^2+2\times\sqrt{5}\times\sqrt{7}+(\sqrt{5})^2$

$=7+2\sqrt{35}+5=12+2\sqrt{35}$

$y^2=(\sqrt{7}-\sqrt{5})^2$

$=(\sqrt{7})^2-2\times\sqrt{5}\times\sqrt{7}+(\sqrt{5})^2$

$=7-2\sqrt{35}+5=12-2\sqrt{35}$

$x^2-y^2=(12+2\sqrt{35})-(12-2\sqrt{35})=4\sqrt{35}$

(3)$x^2+xy=x(x+y)$

$=(\sqrt{7}+\sqrt{5})\{(\sqrt{7}+\sqrt{5})+(\sqrt{7}-\sqrt{5})\}$

$=(\sqrt{7}+\sqrt{5})\times2\sqrt{7}$

$=14+2\sqrt{35}$

(別解) $x^2=(\sqrt{7}+\sqrt{5})^2$

$=(\sqrt{7})^2+2\times\sqrt{5}\times\sqrt{7}+(\sqrt{5})^2$

$=7+2\sqrt{35}+5=12+2\sqrt{35}$

$xy=(\sqrt{7}+\sqrt{5})(\sqrt{7}-\sqrt{5})$

$=(\sqrt{7})^2-(\sqrt{5})^2$

$=7-5=2$

$x^2+xy=12+2\sqrt{35}+2=14+2\sqrt{35}$

p.38〜39 ぴたトレ 1

1 **(1)24.49　(2)77.46　(3)0.2449　(4)0.7746**

解き方

(1)$\sqrt{600}=10\sqrt{6}=10\times2.449=24.49$

(2)$\sqrt{6000}=10\sqrt{60}=10\times7.746=77.46$

(3)$\sqrt{0.06}=\sqrt{\dfrac{6}{100}}=\dfrac{\sqrt{6}}{10}=\dfrac{2.449}{10}=0.2449$

(4)$\sqrt{0.6}=\sqrt{\dfrac{60}{100}}=\dfrac{\sqrt{60}}{10}=\dfrac{7.746}{10}=0.7746$

2 **(1)5.292　(2)1.414**

解き方

(1)$\sqrt{28}=2\sqrt{7}=2\times2.646=5.292$

(2)$\dfrac{2}{\sqrt{2}}=\dfrac{2\times\sqrt{2}}{\sqrt{2}\times\sqrt{2}}=\dfrac{2\sqrt{2}}{2}=\sqrt{2}=1.414$

3 **(1)$2.5\leqq a<3.5$　(2)1，3，0**

解き方

(1)小数第1位を四捨五入したとき3になる数は2.5以上3.5未満なので，aの値(あたい)の範囲(はんい)は

$2.5\leqq a<3.5$

(2)130 gの1 gの位まで量った場合なので，有効数字は　1，3，0

4 **2.31×10^3 m**

解き方

2310の3けたまでの有効数字は　2，3，1　です。整数部分が1けたの数と10の累乗(るいじょう)との積の形で表すと　2.31×10^3

p.40〜41 ぴたトレ 2

1 (1)$\sqrt{12}$　(2)$\sqrt{63}$　(3)$\sqrt{3}$

解き方

(1)$2\sqrt{3}=\sqrt{2^2\times3}=\sqrt{12}$

(2)$3\sqrt{7}=\sqrt{3^2\times7}=\sqrt{63}$

(3)$\dfrac{\sqrt{12}}{2}=\sqrt{\dfrac{12}{2^2}}=\sqrt{\dfrac{12}{4}}=\sqrt{3}$

2 (1)$4\sqrt{3}$　(2)$7\sqrt{3}$　(3)$6\sqrt{7}$

解き方

(1)$\sqrt{48}=\sqrt{2\times2\times2\times2\times3}$

$=\sqrt{4^2\times3}=4\sqrt{3}$

(2)$\sqrt{147}=\sqrt{7\times7\times3}=\sqrt{7^2\times3}=7\sqrt{3}$

(3)$\sqrt{252}=\sqrt{2\times2\times3\times3\times7}$

$=\sqrt{6^2\times7}=6\sqrt{7}$

3 (1)$\dfrac{\sqrt{14}}{7}$　(2)$\dfrac{\sqrt{2}}{2}$　(3)$\dfrac{\sqrt{5}}{2}$

解き方

(1)$\dfrac{\sqrt{2}}{\sqrt{7}}=\dfrac{\sqrt{2}\times\sqrt{7}}{\sqrt{7}\times\sqrt{7}}=\dfrac{\sqrt{14}}{7}$

(2)$\dfrac{\sqrt{6}}{\sqrt{12}}=\dfrac{1}{\sqrt{2}}=\dfrac{1\times\sqrt{2}}{\sqrt{2}\times\sqrt{2}}=\dfrac{\sqrt{2}}{2}$

(3)$\dfrac{5}{\sqrt{20}}=\dfrac{5}{2\sqrt{5}}=\dfrac{5\times\sqrt{5}}{2\sqrt{5}\times\sqrt{5}}$

$=\dfrac{5\sqrt{5}}{10}=\dfrac{\sqrt{5}}{2}$

4 (1)$3\sqrt{2}$　(2)$4\sqrt{6}$　(3)$30\sqrt{2}$

(4)$48\sqrt{2}$　(5)$\sqrt{3}$　(6)$\dfrac{\sqrt{10}}{2}$

解き方

(1)$\sqrt{3}\times\sqrt{6}=\sqrt{3\times(2\times3)}=3\sqrt{2}$

(2)$\sqrt{8}\times\sqrt{12}=2\sqrt{2}\times2\sqrt{3}=4\sqrt{6}$

(3)$\sqrt{45}\times\sqrt{40}=3\sqrt{5}\times2\sqrt{10}$

$=3\times2\times\sqrt{5\times(2\times5)}$

$=6\times5\sqrt{2}=30\sqrt{2}$

(4)$4\sqrt{6}\times2\sqrt{12}=4\sqrt{6}\times2\times2\sqrt{3}$

$=4\times2\times2\times\sqrt{(2\times3)\times3}$

$=16\times3\sqrt{2}=48\sqrt{2}$

(5)$3\sqrt{2}\div\sqrt{6}=\dfrac{3\sqrt{2}}{\sqrt{6}}=\dfrac{3}{\sqrt{3}}=\dfrac{3\times\sqrt{3}}{\sqrt{3}\times\sqrt{3}}$

$=\dfrac{3\sqrt{3}}{3}=\sqrt{3}$

(6)$\sqrt{20}\div\sqrt{8}=\dfrac{\sqrt{20}}{\sqrt{8}}=\dfrac{\sqrt{5}}{\sqrt{2}}$

$=\dfrac{\sqrt{5}\times\sqrt{2}}{\sqrt{2}\times\sqrt{2}}=\dfrac{\sqrt{10}}{2}$

5 (1)$7\sqrt{2}$　(2)$-\sqrt{3}$　(3)$4\sqrt{5}-2\sqrt{2}$　(4)$\sqrt{6}$

(5)$\sqrt{2}$　(6)$\dfrac{2\sqrt{3}}{3}$

解き方

(1)$\sqrt{50}+\sqrt{8}=5\sqrt{2}+2\sqrt{2}$

$=7\sqrt{2}$

(2)$2\sqrt{12}-\sqrt{75}=2\times2\sqrt{3}-5\sqrt{3}$

$=4\sqrt{3}-5\sqrt{3}=-\sqrt{3}$

(3)$7\sqrt{5}-\sqrt{8}-\sqrt{45}=7\sqrt{5}-2\sqrt{2}-3\sqrt{5}$
$=4\sqrt{5}-2\sqrt{2}$
(4)$2\sqrt{6}+\sqrt{54}-\sqrt{96}=2\sqrt{6}+3\sqrt{6}-4\sqrt{6}$
$=\sqrt{6}$
(5)$\sqrt{50}-\dfrac{8}{\sqrt{2}}=5\sqrt{2}-\dfrac{8\sqrt{2}}{2}$
$=5\sqrt{2}-4\sqrt{2}=\sqrt{2}$
(6)$\dfrac{\sqrt{3}}{3}+\dfrac{1}{\sqrt{3}}=\dfrac{\sqrt{3}}{3}+\dfrac{\sqrt{3}}{3}=\dfrac{2\sqrt{3}}{3}$

6 (1)$4+\sqrt{6}$　(2)$10\sqrt{2}+20$　(3)$2-\sqrt{5}$
(4)$-8-5\sqrt{2}$　(5)$-14-\sqrt{6}$　(6)$-81-4\sqrt{21}$
(7)$68+16\sqrt{15}$　(8)45

解き方
(1)$\sqrt{2}(2\sqrt{2}+\sqrt{3})$
$=2\times(\sqrt{2})^2+\sqrt{2\times3}$
$=4+\sqrt{6}$
(2)$2\sqrt{5}(\sqrt{10}+2\sqrt{5})$
$=2\times\sqrt{5\times(2\times5)}+(2\sqrt{5})^2$
$=2\times5\sqrt{2}+20$
$=10\sqrt{2}+20$
(3)$\dfrac{1}{\sqrt{6}}(\sqrt{24}-\sqrt{30})=\dfrac{\sqrt{24}}{\sqrt{6}}-\dfrac{\sqrt{30}}{\sqrt{6}}$
$=\sqrt{4}-\sqrt{5}$
$=2-\sqrt{5}$
(4)$(\sqrt{8}+3)(\sqrt{2}-4)$
$=(2\sqrt{2}+3)(\sqrt{2}-4)$
$=2\sqrt{2}\times\sqrt{2}-2\sqrt{2}\times4+3\times\sqrt{2}-3\times4$
$=4-8\sqrt{2}+3\sqrt{2}-12$
$=-8-5\sqrt{2}$
(5)$(\sqrt{6}-5)(\sqrt{6}+4)$
$=(\sqrt{6})^2+(-5+4)\times\sqrt{6}-5\times4$
$=6-\sqrt{6}-20$
$=-14-\sqrt{6}$
(6)$(\sqrt{3}+2\sqrt{7})(\sqrt{3}-6\sqrt{7})$
$=(\sqrt{3})^2+(2\sqrt{7}-6\sqrt{7})\times\sqrt{3}$
$+2\sqrt{7}\times(-6\sqrt{7})$
$=3+(-4\sqrt{7})\times\sqrt{3}-84$
$=-81-4\sqrt{21}$
(7)$(4\sqrt{3}+2\sqrt{5})^2$
$=(4\sqrt{3})^2+2\times2\sqrt{5}\times4\sqrt{3}+(2\sqrt{5})^2$
$=48+16\sqrt{15}+20$
$=68+16\sqrt{15}$
(8)$(6\sqrt{2}+3\sqrt{3})(6\sqrt{2}-3\sqrt{3})$
$=(6\sqrt{2})^2-(3\sqrt{3})^2=72-27=45$

7 (1)$6\sqrt{3}+5\sqrt{5}$　(2) 7　(3)34　(4)$8\sqrt{15}$

解き方
(1)$4x-y=4(2\sqrt{3}+\sqrt{5})-(2\sqrt{3}-\sqrt{5})$
$=8\sqrt{3}+4\sqrt{5}-2\sqrt{3}+\sqrt{5}$
$=6\sqrt{3}+5\sqrt{5}$
(2)$xy=(2\sqrt{3}+\sqrt{5})(2\sqrt{3}-\sqrt{5})$
$=(2\sqrt{3})^2-(\sqrt{5})^2=12-5=7$
(3)$x^2=(2\sqrt{3}+\sqrt{5})^2$
$=(2\sqrt{3})^2+2\times\sqrt{5}\times2\sqrt{3}+(\sqrt{5})^2$
$=12+4\sqrt{15}+5=17+4\sqrt{15}$
$y^2=(2\sqrt{3}-\sqrt{5})^2$
$=(2\sqrt{3})^2-2\times\sqrt{5}\times2\sqrt{3}+(\sqrt{5})^2$
$=12-4\sqrt{15}+5=17-4\sqrt{15}$
$x^2+y^2=(17+4\sqrt{15})+(17-4\sqrt{15})=34$
(別解) $x^2+y^2=(x^2+2xy+y^2)-2xy$
$=(x+y)^2-2xy$
と変形すると，$x+y=4\sqrt{3}$，$xy=7$ より
$x^2+y^2=(4\sqrt{3})^2-2\times7=34$
(4)$x^2-y^2=(17+4\sqrt{15})-(17-4\sqrt{15})=8\sqrt{15}$
(別解) $x^2-y^2=(x+y)(x-y)$
$=\{(2\sqrt{3}+\sqrt{5})+(2\sqrt{3}-\sqrt{5})\}$
$\times\{(2\sqrt{3}+\sqrt{5})-(2\sqrt{3}-\sqrt{5})\}$
$=4\sqrt{3}\times2\sqrt{5}=8\sqrt{15}$

8 (1)17.32　(2)0.01732　(3)0.866

解き方
(1)$\sqrt{300}=\sqrt{10^2\times3}=10\sqrt{3}$
$=10\times1.732=17.32$
(2)$\sqrt{0.0003}=\sqrt{\dfrac{3}{10000}}=\sqrt{\dfrac{3}{100^2}}=\dfrac{\sqrt{3}}{100}$
$=1.732\div100=0.01732$
(3)$\sqrt{0.75}=\sqrt{\dfrac{3}{4}}=\dfrac{\sqrt{3}}{2}$
$=1.732\div2=0.866$

9 (1)5.83×10^4　(2)7.6×10^5

解き方
(1)$58300=5.83\times10^4$
(2)$760000=7.6\times10^5$

理解のコツ

・$\sqrt{a^2b}=a\sqrt{b}$ の変形と分母の有理化は非常に重要だよ。平方根の乗除の計算では，最後の段階で，どちらかの変形をしなければならない場合があるので注意しておこう。

p.42～43　ぴたトレ3

1 (1)$\pm\sqrt{3}$　(2)±0.7　(3)$\pm\dfrac{11}{13}$

解き方
(1)根号を使って，$\pm\sqrt{3}$ と表します。
(2)$0.7^2=0.49$　$(-0.7)^2=0.49$
0.49 の平方根は　±0.7
(3)$\left(\dfrac{11}{13}\right)^2=\dfrac{121}{169}$　$\left(-\dfrac{11}{13}\right)^2=\dfrac{121}{169}$
$\dfrac{121}{169}$ の平方根は　$\pm\dfrac{11}{13}$

❷ (1)$-8>-\sqrt{70}$ (2)$\frac{5}{9}<\sqrt{\frac{5}{9}}<\frac{5}{\sqrt{9}}$

解き方

(1)$8=\sqrt{64}$

$64<70$ から $8<\sqrt{70}$

よって $-8>-\sqrt{70}$

(2)$\frac{5}{9}=\sqrt{\frac{25}{81}}$ $\frac{5}{\sqrt{9}}=\sqrt{\frac{25}{9}}$

$\frac{25}{81}<\frac{5}{9}<\frac{25}{9}$ から $\frac{5}{9}<\sqrt{\frac{5}{9}}<\frac{5}{\sqrt{9}}$

❸ (1)$-2\sqrt{2}$ (2)$5\sqrt{7}$ (3)$2\sqrt{7}$ (4)$\sqrt{3}$

(5)$20+4\sqrt{7}$ (6) 6 (7)$11+4\sqrt{5}$

解き方

(1)$\sqrt{12}\times\sqrt{2}\div(-\sqrt{3})$

$=-\frac{\sqrt{12}\times\sqrt{2}}{\sqrt{3}}$

$=-\sqrt{4}\times\sqrt{2}=-2\sqrt{2}$

(2)$\sqrt{50}\div\sqrt{8}\times\sqrt{28}=5\sqrt{2}\div2\sqrt{2}\times2\sqrt{7}$

$=\frac{5\sqrt{2}\times2\sqrt{7}}{2\sqrt{2}}=5\sqrt{7}$

(3)$\frac{21}{\sqrt{7}}-\frac{\sqrt{28}}{2}=\frac{21\sqrt{7}}{7}-\frac{2\sqrt{7}}{2}$

$=3\sqrt{7}-\sqrt{7}=2\sqrt{7}$

(4)$\sqrt{27}-\sqrt{6}\times\sqrt{2}=3\sqrt{3}-\sqrt{(2\times3)\times2}$

$=3\sqrt{3}-2\sqrt{3}=\sqrt{3}$

(5)$(2\sqrt{7}+4)(2\sqrt{7}-2)$

$=(2\sqrt{7})^2+(4-2)\times2\sqrt{7}+4\times(-2)$

$=28+4\sqrt{7}-8=20+4\sqrt{7}$

(6)$\sqrt{20}+(\sqrt{5}-1)^2$

$=2\sqrt{5}+(\sqrt{5})^2-2\times1\times\sqrt{5}+1^2$

$=2\sqrt{5}+5-2\sqrt{5}+1=6$

(7)$(2+\sqrt{5})^2-(\sqrt{3}-\sqrt{5})(\sqrt{3}+\sqrt{5})$

$=2^2+2\times\sqrt{5}\times2+(\sqrt{5})^2-\{(\sqrt{3})^2-(\sqrt{5})^2\}$

$=4+4\sqrt{5}+5-(3-5)$

$=9+4\sqrt{5}+2=11+4\sqrt{5}$

❹ (1)$3+5\sqrt{3}$ (2)12

解き方

(1)$x^2+x-6=(x+3)(x-2)$

$=(\sqrt{3}+2+3)(\sqrt{3}+2-2)$

$=(\sqrt{3}+5)\times\sqrt{3}=3+5\sqrt{3}$

(2)$x^2+2xy+y^2=(x+y)^2$

$=\{(\sqrt{3}+2)+(\sqrt{3}-2)\}^2$

$=(2\sqrt{3})^2=12$

❺ (1)8.66 (2)0.536

解き方

(1)$\sqrt{75}=5\sqrt{3}=5\times1.732=8.66$

(2)$(\sqrt{3}-1)^2=(\sqrt{3})^2-2\times1\times\sqrt{3}+1^2$

$=3-2\sqrt{3}+1=4-2\sqrt{3}$

$=4-2\times1.732=0.536$

❻ (1)10 個 (2)$n=5$ (3)14

解き方

(1)5 と 6 を根号の中に入れると

$\sqrt{25}<\sqrt{x}<\sqrt{36}$

$25<x<36$ だから

$x=26, 27, 28, 29, 30, 31, 32, 33, 34, 35$

(2)45 を素因数分解すると $45=5\times3^2$

$n=5$ のとき

$\sqrt{45n}=\sqrt{5\times3^2\times5}=\sqrt{5^2\times3^2}$

$=5\times3=15$

求める最小の自然数 n は 5

(3)$14^2=196$, $15^2=225$ だから

$14<\sqrt{200}<15$

よって，$\sqrt{200}$ の整数部分は 14

❼ (1)1.496×10^8 km

(2)10 m の位まで

誤差の絶対値…50 m 以下

解き方

(1)有効数字は上から 4 けたで

1, 4, 9, 6 です。

(2)$1.45\times10^4=1.45\times10000=14500$(m)

5 までが有効数字だから，10 m の位で四捨五入した値(あたい)であるとわかります。

よって，その範囲(はんい)は 14450 m 以上 14550 m 未満となるから，誤差の絶対値は

$14500-14450=50$(m)

❽ (1)$\sqrt{10}$ cm (2)$(16+4\sqrt{15})$ cm^2

解き方

(1)10 の正の平方根にあたるから

$\sqrt{10}$ cm

(2)正方形 CEFG の 1 辺は，6 の正の平方根にあたるから $\sqrt{6}$ cm

正方形 AHFI の 1 辺は $(\sqrt{10}+\sqrt{6})$ cm と表されるから，その面積は

$(\sqrt{10}+\sqrt{6})^2$

$=(\sqrt{10})^2+2\times\sqrt{6}\times\sqrt{10}+(\sqrt{6})^2$

$=10+2\sqrt{60}+6=16+4\sqrt{15}$ (cm^2)

3章　2次方程式

p.45　ぴたトレ0

1 ㋑と㋒

解き方
x に 2 を代入して，左辺＝右辺となるものを見つけます。
㋐左辺＝2−7＝−5
右辺＝5
なので，2 は解ではない。
㋑左辺＝3×2−1＝5
右辺＝5
なので，2 は解である。
㋒左辺＝2＋1＝3
右辺＝2×2−1＝3
なので，2 は解である。
㋓左辺＝4×2−5＝3
右辺＝−1−2＝−3
なので，2 は解ではない。

2 (1)$x(x-3)$　(2)$x(2x+5)$
(3)$(x+4)(x-4)$　(4)$(2x+3)(2x-3)$
(5)$(x+3)^2$　(6)$(x-4)^2$　(7)$(3x+5)^2$
(8)$(x+3)(x+4)$　(9)$(x-3)(x-9)$
(10)$(x+4)(x-6)$

解き方
(4)$4x^2-9=(2x)^2-3^2$
$=(2x+3)(2x-3)$
(7)$9x^2+30x+25$
$=(3x)^2+2\times5\times3x+5^2$
$=(3x+5)^2$
(10)積が −24 になる 2 数の組から，和が −2 になるものを選びます。

積が −24	和が −2
1 と −24	
−1 と 24	
2 と −12	
−2 と 12	
3 と −8	
−3 と 8	
4 と −6	○
−4 と 6	

上の表から，2 数は 4 と −6 です。
したがって，
$x^2-2x-24=(x+4)(x-6)$

p.46〜47　ぴたトレ1

1 (1) 0，1　(2)−2，1　(3) 1，2　(4)−2，2

解き方
左辺の値を 0 にするものが解です。

(1)

x	−2	−1	0	1	2
x^2-x	6	2	0	0	2

(2)

x	−2	−1	0	1	2
x^2+x-2	0	−2	−2	0	4

(3)

x	−2	−1	0	1	2
x^2-3x+2	12	6	2	0	0

(4)

x	−2	−1	0	1	2
x^2-4	0	−3	−4	−3	0

2 (1)$x=2$，-5　(2)$x=3$，5　(3)$x=-7$，8
(4)$x=\pm5$　(5)$x=5$，6　(6)$x=-3$，-4
(7)$x=0$，-3　(8)$x=0$，7　(9)$x=-6$
(10)$x=4$

解き方
(1)$x^2+3x-10=0$　$(x-2)(x+5)=0$
よって　$x=2$，-5
(2)$x^2-8x+15=0$　$(x-3)(x-5)=0$
よって　$x=3$，5
(3)$x^2-x-56=0$　$(x+7)(x-8)=0$
よって　$x=-7$，8
(4)$x^2-25=0$　$(x+5)(x-5)=0$
よって　$x=\pm5$
(5)$x^2+30=11x$
$x^2-11x+30=0$　$(x-5)(x-6)=0$
よって　$x=5$，6
(6)$x^2=-7x-12$
$x^2+7x+12=0$　$(x+3)(x+4)=0$
よって　$x=-3$，-4
(7)$3x^2+9x=0$
両辺を 3 でわると　$x^2+3x=0$　$x(x+3)=0$
よって　$x=0$，-3
(8)$4x^2=28x$　$x^2=7x$
$x^2-7x=0$　$x(x-7)=0$
よって　$x=0$，7
(9)$x^2+12x+36=0$　$(x+6)^2=0$
よって　$x=-6$
(10)$x^2-8x+16=0$　$(x-4)^2=0$
よって　$x=4$

p.48〜49　ぴたトレ1

1 (1)$x=\pm\sqrt{5}$　(2)$x=\pm\dfrac{7}{4}$
(3)$x=-5\pm\sqrt{2}$　(4)$x=21$，-3
(5)$x=-4\pm\sqrt{7}$　(6)$x=\dfrac{-3\pm\sqrt{21}}{2}$

解き方
(1)$4x^2-20=0$　両辺を 4 でわって移項（いこう）すると
$x^2=5$　よって　$x=\pm\sqrt{5}$

(2) $16x^2-49=0$　$16x^2=49$

$x^2=\frac{49}{16}$　よって　$x=\pm\frac{7}{4}$

(3) $(x+5)^2=2$　$x+5=\pm\sqrt{2}$

よって　$x=-5\pm\sqrt{2}$

(4) $(x-9)^2=144$　$x-9=\pm12$　$x=9\pm12$

$x=9+12$ から　$x=21$

$x=9-12$ から　$x=-3$

(5) $x^2+8x+9=0$　$x^2+8x=-9$

両辺に $\left(\frac{8}{2}\right)^2=16$ を加えると

$x^2+8x+16=-9+16$　$(x+4)^2=7$

$x+4=\pm\sqrt{7}$　よって　$x=-4\pm\sqrt{7}$

(6) $x^2+3x-3=0$　$x^2+3x=3$

両辺に $\left(\frac{3}{2}\right)^2=\frac{9}{4}$ を加えると

$x^2+3x+\frac{9}{4}=3+\frac{9}{4}$　$\left(x+\frac{3}{2}\right)^2=\frac{21}{4}$

$x+\frac{3}{2}=\pm\frac{\sqrt{21}}{2}$　よって　$x=\frac{-3\pm\sqrt{21}}{2}$

2 (1) $x=\frac{-1\pm\sqrt{37}}{2}$　(2) $x=\frac{5\pm\sqrt{13}}{6}$

(3) $x=-2\pm\sqrt{6}$　(4) $x=\frac{2\pm\sqrt{7}}{3}$

(5) $x=\frac{5}{2}$，-3　(6) $x=\frac{1}{2}$，$-\frac{5}{2}$

解き方

解の公式を使って解くとき，x の係数が偶数(ぐうすう)なら最後に必ず約分できます。

(1) $x=\frac{-1\pm\sqrt{1^2-4\times1\times(-9)}}{2\times1}=\frac{-1\pm\sqrt{37}}{2}$

(2) $x=\frac{-(-5)\pm\sqrt{(-5)^2-4\times3\times1}}{2\times3}=\frac{5\pm\sqrt{13}}{6}$

(3) $x=\frac{-4\pm\sqrt{4^2-4\times1\times(-2)}}{2\times1}$

$=\frac{-4\pm\sqrt{24}}{2}=\frac{-4\pm2\sqrt{6}}{2}=-2\pm\sqrt{6}$

(4) $x=\frac{-(-4)\pm\sqrt{(-4)^2-4\times3\times(-1)}}{2\times3}$

$=\frac{4\pm\sqrt{28}}{6}=\frac{4\pm2\sqrt{7}}{6}=\frac{2\pm\sqrt{7}}{3}$

(5) $x=\frac{-1\pm\sqrt{1^2-4\times2\times(-15)}}{2\times2}=\frac{-1\pm\sqrt{121}}{4}$

$=\frac{-1\pm11}{4}$　よって　$x=\frac{5}{2}$，-3

(6) $x=\frac{-8\pm\sqrt{8^2-4\times4\times(-5)}}{2\times4}=\frac{-8\pm\sqrt{144}}{8}$

$=\frac{-8\pm12}{8}$　よって　$x=\frac{1}{2}$，$-\frac{5}{2}$

p.50~51　ぴたトレ1

1 (1) $x=-4$，-5　(2) $x=4$，-5　(3) $x=2$，-7

(4) $x=4$　(5) $x=\pm2$　(6) $x=\frac{5\pm\sqrt{37}}{2}$

解き方

(1) $(x+3)(x+6)=-2$　$x^2+9x+18=-2$

$x^2+9x+20=0$　$(x+4)(x+5)=0$

よって　$x=-4$，-5

(2) $(x-2)(x+4)=x+12$　$x^2+2x-8=x+12$

$x^2+x-20=0$　$(x-4)(x+5)=0$

よって　$x=4$，-5

(3) $x(x+5)=14$　$x^2+5x=14$

$x^2+5x-14=0$　$(x-2)(x+7)=0$

よって　$x=2$，-7

(4) $(x+1)^2=5(2x-3)$　$x^2+2x+1=10x-15$

$x^2-8x+16=0$　$(x-4)^2=0$

よって　$x=4$

(5) $(x+1)^2+(x+2)^2=(x+3)^2$

$x^2+2x+1+x^2+4x+4=x^2+6x+9$

$x^2-4=0$　$(x+2)(x-2)=0$

よって　$x=\pm2$

(6) $(x+5)(x-3)=7x-12$

$x^2+2x-15=7x-12$　$x^2-5x-3=0$

$x=\frac{5\pm\sqrt{25+12}}{2}=\frac{5\pm\sqrt{37}}{2}$

2 (1) $a=3$，　もう1つの解…-6

(2) $a=7$，　もう1つの解…1

(3) $a=5$，　もう1つの解…8

(4) $a=28$，もう1つの解…7

解き方

まず，方程式に与えられた解を代入して，a についての方程式を解いて a の値(あたい)を求めます。

(1) $x^2+ax-18=0$ に $x=3$ を代入すると

$3^2+3a-18=0$　よって　$a=3$

もとの式は　$x^2+3x-18=0$

$(x-3)(x+6)=0$　よって　$x=3$，-6

(2) $x^2-ax+6=0$ に $x=6$ を代入すると

$6^2-6a+6=0$　よって　$a=7$

もとの式は　$x^2-7x+6=0$

$(x-1)(x-6)=0$　よって　$x=1$，6

(3) $x^2-ax-24=0$ に $x=-3$ を代入すると

$(-3)^2-(-3)a-24=0$　よって　$a=5$

もとの式は　$x^2-5x-24=0$

$(x+3)(x-8)=0$　よって　$x=-3$，8

(4) $x^2-11x+a=0$ に $x=4$ を代入すると

$4^2-44+a=0$　よって　$a=28$

もとの式は　$x^2-11x+28=0$

$(x-4)(x-7)=0$　よって　$x=4$，7

p.52~53 ぴたトレ2

1 (1)解である　(2)解である　(3)解でない
(4)解である

解き方
(1)$(-2)^2+(-2)-2=4-2-2=0$
(左辺)=(右辺)だから，解です。
(2)$7^2-8\times7+7=49-56+7=0$
(左辺)=(右辺)だから，解です。
(3)$2\times(2-4)=2\times(-2)=-4$
(左辺)≠(右辺)だから，解ではありません。
(4)$2\times\left(\frac{1}{2}\right)^2+3\times\frac{1}{2}-2=\frac{1}{2}+\frac{3}{2}-2=0$
(左辺)=(右辺)だから，解です。

2 (1)$x=-4,\ -6$　(2)$x=\pm\sqrt{2}$　(3)$x=15$
(4)$x=1\pm\sqrt{7}$　(5)$x=-5,\ 6$　(6)$x=\pm\frac{7}{8}$
(7)$x=-6,\ 17$　(8)$x=3$　(9)$x=\pm5\sqrt{2}$
(10)$x=-2,\ -4$　(11)$x=2\pm\sqrt{3}$
(12)$x=\frac{1}{3},\ -2$

解き方
(1)$(x+4)(x+6)=0$　よって　$x=-4,\ -6$
(2)両辺を4でわると　$x^2-2=0$
$x^2=2$　よって　$x=\pm\sqrt{2}$
(3)$(x-15)^2=0$　よって　$x=15$
(4)$x-1$をMとおくと　$M^2=7$　$M=\pm\sqrt{7}$
$x-1=\pm\sqrt{7}$　$x=1\pm\sqrt{7}$
(5)両辺を3でわると　$x^2-x-30=0$
$(x+5)(x-6)=0$　よって　$x=-5,\ 6$
(6)$x^2=\frac{49}{64}$　よって　$x=\pm\frac{7}{8}$
(7)$(x+6)(x-17)=0$　よって　$x=-6,\ 17$
(8)両辺を6でわると　$x^2-6x+9=0$
$(x-3)^2=0$　よって　$x=3$
(9)両辺に5をかけると　$x^2-50=0$
$x^2=50$　よって　$x=\pm5\sqrt{2}$
(10)両辺を2でわると　$x^2+6x+8=0$
$(x+2)(x+4)=0$　よって　$x=-2,\ -4$
(11)$x=\frac{-(-4)\pm\sqrt{(-4)^2-4\times1\times1}}{2\times1}$
$=\frac{4\pm\sqrt{12}}{2}=\frac{4\pm2\sqrt{3}}{2}=2\pm\sqrt{3}$
(12)$x=\frac{-5\pm\sqrt{5^2-4\times3\times(-2)}}{2\times3}$
$=\frac{-5\pm\sqrt{49}}{6}=\frac{-5\pm7}{6}$
よって　$x=\frac{1}{3},\ -2$

3 (1)$x=-1,\ 4$　(2)$x=\pm1$
(3)$x=0,\ -2$　(4)$x=\frac{-7\pm\sqrt{21}}{2}$

解き方
(1)$2x^2+2x-4=x^2+5x$
$x^2-3x-4=0$　$(x+1)(x-4)=0$
よって　$x=-1,\ 4$
(2)$2x^2+x-2x-1=x^2-x$
$x^2-1=0$　$x^2=1$
よって　$x=\pm1$
(3)$x^2+6x+9-4x-12+3=0$
$x^2+2x=0$　$x(x+2)=0$
よって　$x=0,\ -2$
(4)$x^2+10x+25=3x+18$
$x^2+7x+7=0$
$x=\frac{-7\pm\sqrt{7^2-4\times1\times7}}{2\times1}$
$=\frac{-7\pm\sqrt{21}}{2}$　よって　$x=\frac{-7\pm\sqrt{21}}{2}$

 (1)$a=-1$　(2)$x=4$

解き方
(1)$x^2+ax-12=0$に$x=-3$を代入すると
$(-3)^2+a\times(-3)-12=0$
$9-3a-12=0$　よって　$a=-1$
(2)もとの式は　$x^2-x-12=0$
$(x+3)(x-4)=0$　よって　$x=-3,\ 4$

5 (1)$a=13$　(2)$-4-\sqrt{3}$

解き方
(1)$x^2+8x+a=0$に$x=-4+\sqrt{3}$を代入すると
$(-4+\sqrt{3})^2+8\times(-4+\sqrt{3})+a=0$
$(19-8\sqrt{3})+(-32+8\sqrt{3})+a=0$
よって　$a=13$
(2)$x^2+8x+a=0$に$a=13$を代入すると
$x^2+8x+13=0$　これを解くと
$x=\frac{-8\pm\sqrt{8^2-4\times1\times13}}{2\times1}$
$=\frac{-8\pm2\sqrt{3}}{2}=-4\pm\sqrt{3}$
したがって，もう1つの解は　$-4-\sqrt{3}$

理解のコツ
・$ax^2-b=0$のように，xの項(こう)がない2次方程式は$x^2=k$の形にして，平方根の考え方で解が求められるよ。
・一般の2次方程式は，移項して，(左辺)=0の形にしてから，因数分解または解の公式を使って解こう。また，係数はできるだけ簡単になるようにしておこう。
・2次方程式$ax^2+bx+c=0(a\neq0)$は，解の公式
$x=\frac{-b\pm\sqrt{b^2-4ac}}{2a}$を覚えておけば，どんな場合でも解けるよ。

p.54〜55 ぴたトレ1

1 **8と9，−9と−8**

解き方
小さい方の整数をxとおくと，大きい方の整数は$x+1$と表されるから

$x^2+(x+1)^2=145$　　$2x^2+2x-144=0$

$x^2+x-72=0$　　$(x-8)(x+9)=0$　　$x=8,\ -9$

$x=8$　のとき，大きい方の整数は9

$x=-9$のとき，大きい方の整数は-8

これらは，ともに問題に適しています。

2 **4，5，6**

解き方
中央の自然数をxとおくと，小さい方の自然数は$x-1$，大きい方の自然数は$x+1$と表されるから

$(x-1)^2+x^2+(x+1)^2=77$　　$3x^2=75$

$x^2=25$　　よって　$x=\pm5$

$x=5$のとき，小さい方の自然数は4，大きい方の自然数は6

$x=-5$は問題に適しません。

3 **$(4+\sqrt{2})$ cmと$(4-\sqrt{2})$ cm**

解き方
線分APの長さをx cmとすると

線分PBの長さは　$(8-x)$ cm

線分BQの長さは　x cm

となります。

よって　$\frac{1}{2}\times x\times(8-x)=7$

$x^2-8x+14=0$

これを解くと　$x=4\pm\sqrt{2}$

$0\leqq x\leqq8$だから，これらは，ともに問題に適しています。

4 **1 m**

解き方
道幅（みちはば）をx mとすると

$(15-x)(16-x)=210$　　$x^2-31x+30=0$

$(x-1)(x-30)=0$

$x=1,\ 30$

$0<x<15$だから，$x=1$は問題に適しますが，$x=30$は問題に適しません。

p.56〜57 ぴたトレ2

❶ **(1)8，9，10　(2)6と7　(3)7　(4)13，15，17**

解き方
(1)中央の自然数をxとおくと，小さい方の自然数は$x-1$，大きい方の自然数は$x+1$と表されるから

$(x-1)^2+x^2+(x+1)^2=245$　　$3x^2=243$

$x^2=81$　　よって　$x=\pm9$

$x=9$のとき，小さい方の自然数は8，大きい方の自然数は10

$x=-9$は問題に適しません。

(2)小さい方の自然数をxとおくと，大きい方の自然数は$x+1$と表されるから

$x^2+(x+1)^2=x(x+1)+43$

$x^2+x-42=0$　　$(x-6)(x+7)=0$　　$x=6,\ -7$

$x=6$のとき，大きい方の自然数は7

$x=-7$は問題に適しません。

(3)ある正の数をxとおくと

$x^2-5=(2x-5)+35$

これを整理すると　$x^2-2x-35=0$

$(x+5)(x-7)=0$　　よって　$x=-5,\ 7$

$x=-5$は問題に適しません。

(4)連続する3つの奇数（きすう）を$x-2$，x，$x+2$とおくと　$(x-2)^2+x^2+(x+2)^2=683$

$3x^2-675=0$　　$x^2=225$　　$x=\pm15$

$x=15$のとき，小さい方の奇数は13，中央の奇数は15，大きい方の奇数は17

$x=-15$は問題に適しません。

❷ **(1)A…$6n-4$，B…$6n-2$**

(2)A…26，B…28

解き方
(1)n段目の最後の数を$6n$とすると，

左から2番目の数であるAは　$6n-4$

左から4番目の数であるBは　$6n-2$と表される。

(2)AとBの積が728だから

$(6n-4)(6n-2)=728$　　$36n^2-36n-720=0$

$n^2-n-20=0$

$(n+4)(n-5)=0$　　よって　$n=-4,\ 5$

nは自然数だから，$n=5$は問題に適しますが，$n=-4$は問題に適しません。

$n=5$のとき，Aは　$6\times5-4=26$

Bは　$6\times5-2=28$

❸ **2秒後と3秒後**

解き方
点Pが点Aを出発してからx秒後における線分APの長さは$(2x)$ cm，線分AQの長さは$(20-4x)$ cm　　よって　$\frac{1}{2}\times2x\times(20-4x)=24$

$4x^2-20x+24=0$　　$x^2-5x+6=0$

$(x-2)(x-3)=0$　　よって　$x=2,\ 3$

辺ACの長さが20 cmであることにより$0\leqq x\leqq5$だから，これらは，ともに問題に適しています。

4 2 cm，6 cm

解き方
x cm 動いたときとすると
$x^2+(8-x)^2=40$　　$2x^2-16x+24=0$
$x^2-8x+12=0$　　$(x-2)(x-6)=0$
$x=2,\ 6$　　$0\leqq x\leqq 8$ だから，これらは，ともに問題に適しています。

5 2 m

解き方
道幅を x m とすると
$(16-2x)(20-x)=216$　　$2x^2-56x+104=0$
$x^2-28x+52=0$　　$(x-2)(x-26)=0$
$x=2,\ 26$　　$0\leqq x\leqq 8$ だから，$x=2$ は問題に適しますが，$x=26$ は問題に適しません。

6 12 cm

解き方
もとの長方形の縦の長さを x cm とすると，底面の長方形の縦の長さは
$x-2\times2=x-4$(cm)
横の長さは　$(x+6)-2\times2=x+2$(cm)
よって　$(x-4)(x+2)\times2=224$
$(x-4)(x+2)=112$　　$x^2-2x-120=0$
$(x+10)(x-12)=0$　　$x=-10,\ 12$
$x>4$ だから，$x=12$ は問題に適しますが，$x=-10$ は問題に適しません。

理解のコツ

・方程式の立式の手順(方程式をつくる手順)は次のようになるよ。
①ある数量を x とおき，他のいくつかの数量を x の式で表す。
②いくつかの数量のうち，どれとどれの和，差，積などがどれと等しくなるかなど，「=」で結べる関係を見つけ出す。

・方程式を解いたあとは，次のような点に注意しよう。
①たとえば，問題で要求されているものが「正の数」や「長さ」である場合，負の数の解は意味のない値(あたい)であり，除外しなければならない。
②たとえば，「長方形の四すみから1辺3 cmの正方形を切り取る」というような場合，もとの長方形の辺は $2\times3=6$(cm)より長くなければならない。単純に「x は正であるから」では済まない場合もある。

p.58〜59　ぴたトレ3

1 (1)$x=10,\ 4$　(2)$x=1,\ 10$
(3)$x=-4,\ 5$　(4)$x=0,\ 8$
(5)$x=\dfrac{-5\pm\sqrt{37}}{2}$　(6)$x=2\pm2\sqrt{3}$

解き方
(1)$(x-7)^2=9$　　$x-7=\pm3$
$x=7\pm3$　　$x=10,\ 4$
(2)$x^2-11x+10=0$　　$(x-1)(x-10)=0$
$x=1,\ 10$
(3)$x^2-x-20=0$　　$(x+4)(x-5)=0$
$x=-4,\ 5$
(4)$x^2-8x=0$　　$x(x-8)=0$　　$x=0,\ 8$
(5)$x=\dfrac{-5\pm\sqrt{5^2-4\times1\times(-3)}}{2\times1}=\dfrac{-5\pm\sqrt{37}}{2}$
(6)$x=\dfrac{-(-4)\pm\sqrt{(-4)^2-4\times1\times(-8)}}{2\times1}$
$=\dfrac{4\pm\sqrt{48}}{2}=\dfrac{4\pm4\sqrt{3}}{2}=2\pm2\sqrt{3}$

2 (1)$x=4$　(2)$x=2,\ -6$
(3)$x=-4\pm\sqrt{29}$　(4)$x=2,\ -4$

解き方
(1)$2x^2-16x+32=0$　　$x^2-8x+16=0$
$(x-4)^2=0$　　$x=4$
(2)$2(x^2+2x-15)=x^2-18$　　$x^2+4x-12=0$
$(x-2)(x+6)=0$　　$x=2,\ -6$
(3)$x^2-6x+9=2(x^2+x-2)$
$x^2+8x-13=0$
$x=\dfrac{-8\pm\sqrt{8^2-4\times1\times(-13)}}{2\times1}$
$=\dfrac{-8\pm\sqrt{116}}{2}=\dfrac{-8\pm2\sqrt{29}}{2}=-4\pm\sqrt{29}$
(4)両辺に4をかけると　$x^2+2x-8=0$
$(x-2)(x+4)=0$　　$x=2,\ -4$

3 (1)$a=-3$　(2)$x=-1,\ -2$

解き方
(1)方程式①を方程式②に代入すると
$(a+2)^2-a(a+2)+a+5=0$　　$3a+9=0$
よって　$a=-3$
(2)方程式②は　$x^2+3x+2=0$
$(x+1)(x+2)=0$　　$x=-1,\ -2$

4 (1)$x=2$　(2)7

解き方
(1)$(x+4)(x-1)=6$　　$x^2+3x-10=0$
$(x-2)(x+5)=0$　　$x=2,\ -5$
x は自然数だから　$x=2$
(2)ある自然数を x とおくと
$x^2+3=2x-3+41$　　$x^2-2x-35=0$
$(x+5)(x-7)=0$　　$x=-5,\ 7$
x は自然数だから　$x=7$

5 縦…$(9-\sqrt{21})$ m　横…$(9+\sqrt{21})$ m

解き方

縦と横の長さの和は　$36\div 2=18$(m)
だから，縦の長さを x m とすると，横の長さは $(18-x)$ m となります。

$x(18-x)=60$　　$x^2-18x+60=0$

これを解くと　$x=9\pm\sqrt{21}$

縦は横より短いから，$18\div 2=9$(m) より短いことになります。

$0<x<9$ だから　$x=9-\sqrt{21}$

横の長さは　$18-(9-\sqrt{21})=9+\sqrt{21}$ (m)

6 $\left(2,\ \dfrac{3}{2}\right)$

解き方

点 P の x 座標を a とします。

直線 ℓ の式は $y=-\dfrac{3}{4}x+3$ だから

PQ $=-\dfrac{3}{4}a+3$ と表されます。

$\dfrac{1}{2}\left\{\left(-\dfrac{3}{4}a+3\right)+3\right\}\times a=\dfrac{9}{2}$　　$a^2-8a+12=0$

$(a-2)(a-6)=0$　　$a=2,\ 6$

$0\leqq a\leqq 4$ だから　$a=2$

y 座標は　$-\dfrac{3}{4}\times 2+3=\dfrac{3}{2}$

7 2 cm

解き方

余白の幅(はば)を x cm とすると

$12\times 20=(12+2x)(20+2x)\times\dfrac{5}{8}$

$x^2+16x-36=0$

$(x-2)(x+18)=0$　　よって　$x=2,\ -18$

$x>0$ だから，$x=2$

4章　関数 $y=ax^2$

p.61　ぴたトレ 0

1 (1)$y=\dfrac{100}{x}$　(2)$y=80-x$　(3)$y=80x$

比例するもの…(3)

反比例するもの…(1)

1次関数であるもの…(2)，(3)

解き方

比例の関係は $y=ax$ の形，反比例の関係は $y=\dfrac{a}{x}$ の形，1次関数は $y=ax+b$ の形で表されます。比例は1次関数の特別な場合です。

上の答えの表し方以外でも，意味があっていれば正解です。

2 (1)-9　(2)-3　(3)-12

解き方

1次関数 $y=ax+b$ では，$\dfrac{y\text{の増加量}}{x\text{の増加量}}=a$ なので，

(y の増加量)=(x の増加量)×a という関係が成り立ちます。

(1)x の増加量は，$4-1=3$ だから，
　y の増加量$=3\times(-3)=-9$

(2)x の増加量が1のときの y の増加量は a に等しくなります。

p.62〜63　ぴたトレ 1

1 (1)$y=4x$　(2)$y=\dfrac{25}{x}$

(3)$y=8x^2$　(4)$y=\dfrac{1}{2}\pi x^2$

y が x の2乗に比例するもの…(3)，(4)

解き方

(1)(正方形の周の長さ)=(1辺)×4

(2)(時間)=(道のり)÷(速さ)

(3)(角柱の体積)=(底面積)×(高さ)

(4)(半円の面積)$=\dfrac{1}{2}\times\pi\times$(半径)^2

2 (1)$y=6\pi x^2$　(2)36倍　(3)96π cm^3

解き方

(1)$y=\pi\times x^2\times 6=6\pi x^2$

(2)関数 $y=ax^2$ では，x^2 の値(あたい)が n 倍になると，
　y の値も n 倍になります。よって　$6^2=36$(倍)

(3)$6\pi\times 4^2=96\pi$(cm^3)

3 (1)①$y=4x^2$　②$y=64$

(2)①$y=-2x^2$　②$y=-8$

解き方

$y=ax^2$ と表して，x，y の値を代入します。

(1)①$y=ax^2$ に $x=2$，$y=16$ を代入すると
　　$16=a\times 2^2$　　$a=4$

②$y=4x^2$ に $x=-4$ を代入すると
　　$y=4\times(-4)^2=64$

(2)①$y=ax^2$ に $x=3$，$y=-18$ を代入すると
$-18=a\times3^2$　　$a=-2$
②$y=-2x^2$ に $x=2$ を代入すると
$y=-2\times2^2=-8$

p.64～65　ぴたトレ1

1 (1)

x	…	-4	-3	-2	-1	0
y	…	8	$\frac{9}{2}$	2	$\frac{1}{2}$	0

x	1	2	3	4	…
y	$\frac{1}{2}$	2	$\frac{9}{2}$	8	…

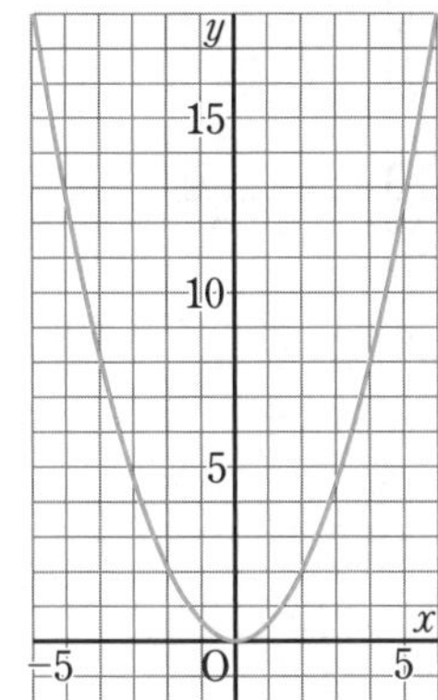

(2)

x	…	-4	-3	-2	-1	0
y	…	-32	-18	-8	-2	0

x	1	2	3	4	…
y	-2	-8	-18	-32	…

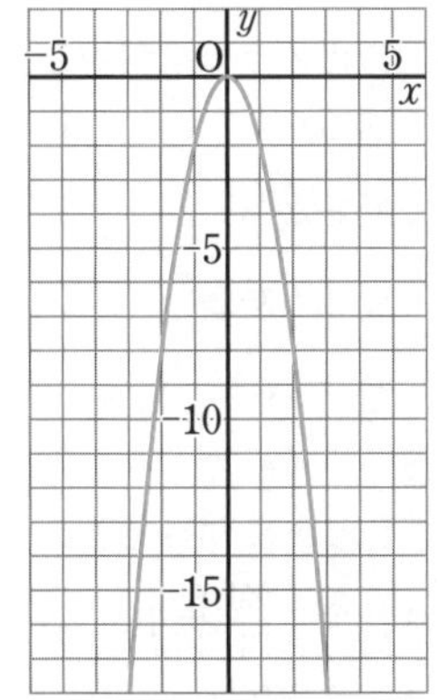

解き方　x，y の対応表の値の組を座標とする点をとり，それらをなめらかな曲線で結びます。
$y=ax^2$ のグラフは，$a>0$ のとき上に開いた形に，$a<0$ のとき下に開いた形になります。

2 (1)㋐，㋑，㋒，㋓
(2)㋑，㋓　(3)㋒　(4)㋐と㋓

解き方　(1)$y=ax^2$ のグラフは，原点を通り，y 軸に対称な曲線になります。
(2)比例定数が正の数であるものを選びます。
(3)比例定数の絶対値がもっとも大きいものを選びます。
(4)比例定数の絶対値が等しく，符号(ふごう)が反対のものどうしを選びます。

p.66～67　ぴたトレ1

1 (1)

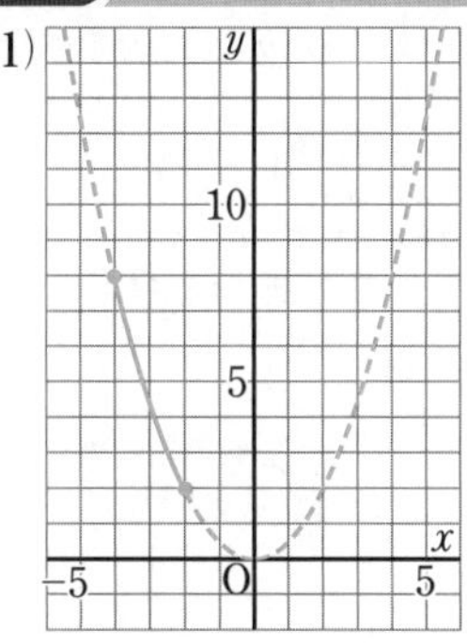

$2\leqq y\leqq8$

(2)

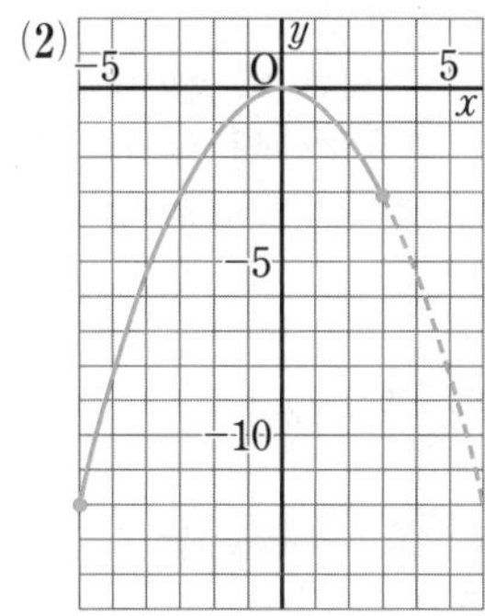

$-12\leqq y\leqq0$

解き方　(1)$x=-4$ のとき　$y=\frac{1}{2}\times(-4)^2=8$
$x=-2$ のとき　$y=\frac{1}{2}\times(-2)^2=2$
x の変域に 0 をふくまないから　$2\leqq y\leqq8$
(2)$x=-6$ のとき　$y=-\frac{1}{3}\times(-6)^2=-12$
$x=3$ のとき　$y=-\frac{1}{3}\times3^2=-3$
x の変域に 0 をふくむから　$-12\leqq y\leqq0$

2 (1)**y の変域…$0\leqq y\leqq48$**
最大値…48，最小値…0
(2)**y の変域…$-18\leqq y\leqq-2$**
最大値…-2，最小値…-18

解き方　(1)$3\times(-4)^2=48$　　$3\times2^2=12$
x の変域に 0 をふくむから　$0\leqq y\leqq48$
(2)$-2\times1^2=-2$　　$-2\times3^2=-18$
x の変域に 0 をふくまないから　$-18\leqq y\leqq-2$

3 (1)① 8　② −12　(2)① −4　② 2

解き方

$(\text{変化の割合})=\dfrac{(y\text{の増加量})}{(x\text{の増加量})}$

(1)① $x=1$ のとき　$y=2\times1^2=2$

$x=3$ のとき　$y=2\times3^2=18$

$\dfrac{18-2}{3-1}=\dfrac{16}{2}=8$

② $x=-4$ のとき　$y=2\times(-4)^2=32$

$x=-2$ のとき　$y=2\times(-2)^2=8$

$\dfrac{8-32}{-2-(-4)}=\dfrac{-24}{2}=-12$

(2)① $x=3$ のとき　$y=-\dfrac{1}{3}\times3^2=-3$

$x=9$ のとき　$y=-\dfrac{1}{3}\times9^2=-27$

$\dfrac{-27-(-3)}{9-3}=\dfrac{-24}{6}=-4$

② $x=-6$ のとき　$y=-\dfrac{1}{3}\times(-6)^2=-12$

$\dfrac{0-(-12)}{0-(-6)}=\dfrac{12}{6}=2$

4 (1)秒速 6 m　(2)秒速 12 m

解き方

p 秒後から q 秒後の平均の速さは，x の値(あたい)が p から q まで増加するときの変化の割合に等しくなります。

(1) $\dfrac{2\times2^2-2\times1^2}{2-1}=\dfrac{8-2}{1}=6$

(2) $\dfrac{2\times4^2-2\times2^2}{4-2}=\dfrac{32-8}{2}=12$

p.68〜69　ぴたトレ 2

1 (1) $y=6x^2$　(2)いえる

解き方

立方体は合同な 6 つの正方形に囲まれた立体で，1 つの面の面積は x^2 cm²

2 (1) $y=3x^2$　(2) $y=-2x^2$　(3) $y=2$　(4) $y=-64$

解き方

(1) $y=ax^2$ に $x=3$，$y=27$ を代入すると

$27=a\times3^2$　　$a=3$

(2) $y=ax^2$ に $x=2$，$y=-8$ を代入すると

$-8=a\times2^2$　　$a=-2$

(3) $y=ax^2$ に $x=4$，$y=8$ を代入すると

$8=a\times4^2$　　$a=\dfrac{1}{2}$

$y=\dfrac{1}{2}x^2$ に $x=-2$ を代入すると

$y=\dfrac{1}{2}\times(-2)^2=2$

(4) $y=ax^2$ に $x=-3$，$y=-36$ を代入すると

$-36=a\times(-3)^2$　　$a=-4$

$y=-4x^2$ に $x=4$ を代入すると

$y=-4\times4^2=-64$

3 (1) $y=\dfrac{2}{3}x^2$　(2) $y=24$

(3)

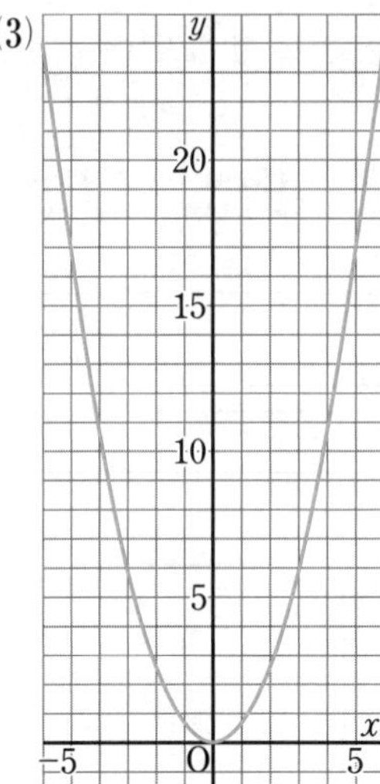

解き方

(1) $y=ax^2$ に $x=3$，$y=6$ を代入すると

$6=a\times3^2$　　$a=\dfrac{2}{3}$

(2) $y=\dfrac{2}{3}x^2$ に $x=6$ を代入すると

$y=\dfrac{2}{3}\times6^2=24$

(3) x 座標，y 座標がともに整数である $(-6,\ 24)$，$(-3,\ 6)$，$(0,\ 0)$，$(3,\ 6)$，$(6,\ 24)$ をとり，これらを通るようになめらかな曲線をかきます。

4 (1)① $y=2x^2$　② $y=\dfrac{1}{2}x^2$　③ $y=-\dfrac{1}{4}x^2$

(2)① 16　② 4　③ −2

解き方

(1)グラフが通る点の座標を利用します。

① $(1,\ 2)$ を通るから　$2=a\times1^2$　　$a=2$

② $(2,\ 2)$ を通るから　$2=a\times2^2$　　$a=\dfrac{1}{2}$

③ $(4,\ -4)$ を通るから

$-4=a\times4^2$　　$a=-\dfrac{1}{4}$

(2) x の増加量は　　$6-2=4$

① y の増加量は　$2\times6^2-2\times2^2=64$

変化の割合は　$\dfrac{64}{4}=16$

② y の増加量は　$\dfrac{1}{2}\times6^2-\dfrac{1}{2}\times2^2=16$

変化の割合は　$\dfrac{16}{4}=4$

③ y の増加量は

$-\dfrac{1}{4}\times6^2-\left(-\dfrac{1}{4}\times2^2\right)=-8$

変化の割合は　$\dfrac{-8}{4}=-2$

5 (1)最大値… 2, 最小値… 0

(2)最大値… $\frac{4}{3}$, 最小値… 0

(3)最大値… 0, 最小値… −4

解き方
(1)最大値　$x=-2$ のときの y の値。
最小値　$x=0$　のときの y の値。
(2)最大値　$x=-2$ のときの y の値。
最小値　$x=0$　のときの y の値。
(3)最大値　$x=0$　のときの y の値。
最小値　$x=-2$ のときの y の値。

6 (1)$a=2$　(2)$a=\frac{1}{2}$

解き方
(1)変化の割合は
$\frac{a\times(-2)^2-a\times(-5)^2}{-2-(-5)}=\frac{-21a}{3}=-7a$
これが −14 だから　$-7a=-14$
よって　$a=2$
(2)変化の割合は $\frac{a\times8^2-a\times6^2}{8-6}=\frac{28a}{2}=14a$
これが 7 だから　$14a=7$
よって　$a=\frac{1}{2}$

7 (1)$y=\frac{1}{2}x^2$　(2)秒速 3 m

解き方
(1)グラフは (2, 2) を通るから
$y=ax^2$ に $x=2$, $y=2$ を代入すると
$2=a\times2^2$　　$a=\frac{1}{2}$
(2)x の増加量は　$4-2=2$
y の増加量は　$\frac{1}{2}\times4^2-\frac{1}{2}\times2^2=6$
よって, $\frac{6}{2}=3$ から　秒速 3 m

理解のコツ

・まず, 2 乗に比例する関数の式は $y=ax^2$ で表されることをおさえておこう。また, 比例や 1 次関数とちがい, 変化のしかたが一定でないこと, すなわち, 変化の割合が一定でないことも理解しておこう。

・関数 $y=ax^2$ のグラフは, $a>0$ のとき上に開き, $a<0$ のとき下に開くよ。式を見て形をイメージできるようになろう。また, a の絶対値が大きいほど開きぐあいは小さく, a の絶対値が小さいほど開きぐあいは大きいことも理解しておこう。

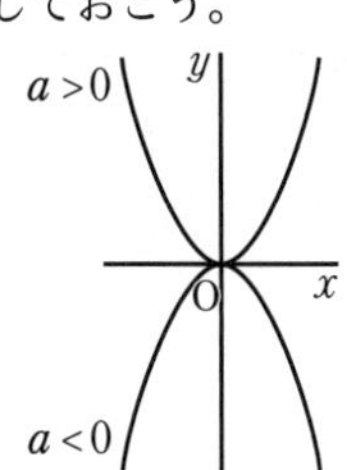

p.70~71　ぴたトレ 1

1 (1)$y=\frac{1}{2}x^2$

(2)

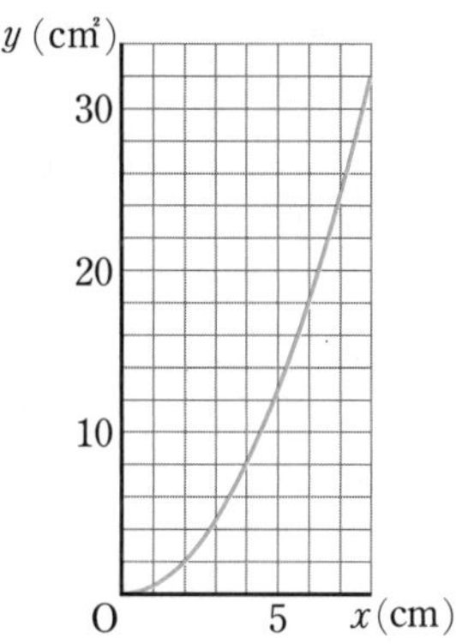

(3)$x=3\sqrt{2}$

解き方
(1)$0\leqq x\leqq6$ のとき, 重なった部分は直角をはさむ 2 辺が x cm の直角二等辺三角形になります。
(3)$\frac{1}{2}\times\left(\frac{1}{2}\times6\times6\right)=9$
$\frac{1}{2}x^2=9$ を解くと　　$x=\pm3\sqrt{2}$
$0\leqq x\leqq6$ だから　$x=3\sqrt{2}$

2 (1)

y (円)
1000
800
600
400
200
O　1　2　3　4　5　x (kg)

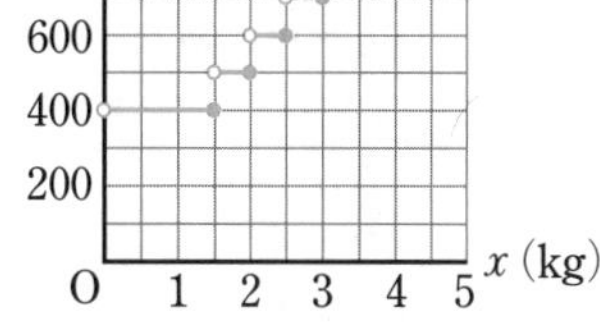

(2)$y=900$　(3)$4<x\leqq4.5$

解き方
(1)○ はグラフの線が端(はし)をふくまないことを表し, ● はグラフの線が端をふくむことを表します。
(2)グラフから, $x=4$ のとき $y=900$ です。
$y=1000$ ではないので注意しましょう。
(3)グラフから読みとります。

p.72~73　ぴたトレ 2

1 (1)$y=5x^2$　(2)320 m　(3)720 m　(4)10 秒後

解き方
(1)$y=ax^2$ に $x=5$, $y=125$ を代入すると
$125=a\times5^2$　　$a=5$
(2)$y=5\times8^2=320$
(3)$y=5\times12^2=720$
(4)$500=5x^2$　　$x^2=100$　　$x=\pm10$
$x>0$ だから　$x=10$

❷ (1)$y=\frac{3}{500}x^2$ (2)$\frac{48}{5}$(9.6) m (3)時速 100 km

解き方
(1)$y=ax^2$ に $x=50$, $y=15$ を代入すると

$15=a\times50^2$ $a=\frac{3}{500}$

(2)$y=\frac{3}{500}\times40^2=\frac{3}{500}\times1600=\frac{48}{5}(9.6)$

(3)$60=\frac{3}{500}x^2$ $x^2=10000$ $x=\pm100$

$x>0$ だから $x=100$

❸ (1)$y=\frac{1}{4}x^2$

(2)
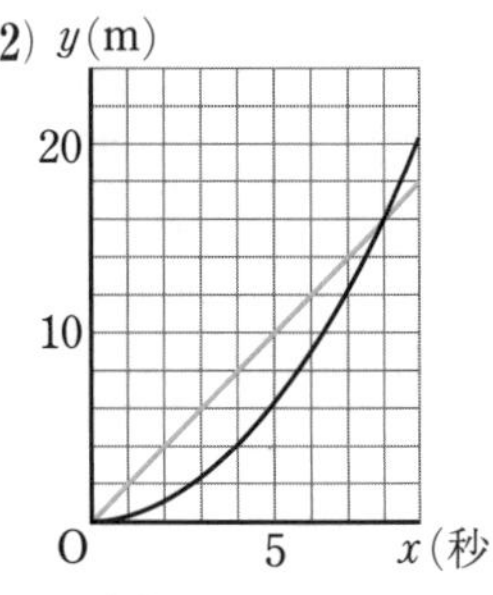

(3) 8 秒後

解き方
(1)(4, 4) を通るから

$4=a\times4^2$ $a=\frac{1}{4}$

(2)$y=2x$ のグラフをかきます。

(3) 2 つのグラフが交わった点を読みとります。

(8, 16) で交わっています。

❹ (1)$y=\frac{1}{6}x^2$, $0\leqq x\leqq10$

(2)$y=\frac{5}{3}x$, $10\leqq x\leqq15$

解き方
(1)点 P が辺 BC 上にあるとき $0\leqq x\leqq10$

BP$=x$ cm, BQ $=\frac{1}{3}x$ cm と表されます。

$y=\frac{1}{2}\times x\times\frac{1}{3}x=\frac{1}{6}x^2$

(2)点 P が辺 CD 上にあるとき $10\leqq x\leqq15$

△BPQ は下の図のような三角形になります。

$y=\frac{1}{2}\times\frac{1}{3}x\times10=\frac{5}{3}x$

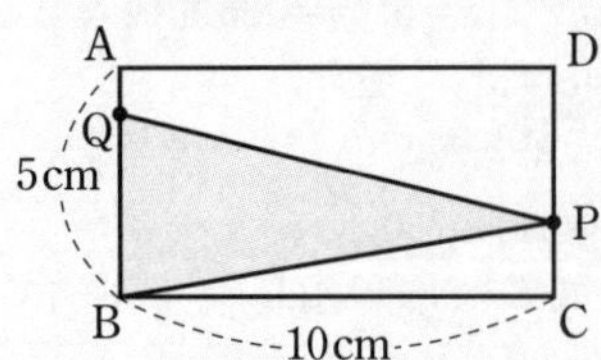

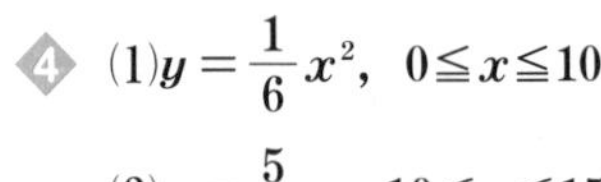

理解のコツ

・具体的な現象に関する問題では，問題文に示されている変数 x, y の間に $y=ax^2$ の関係があることに着目しよう。

・図形の移動に関する問題では，2 つの図形が重なった状態の図を自分でかいてみよう。

・2 つのグラフの交点の x 座標と y 座標の値(あたい)の組は，2 つのグラフの式をともに成り立たせることを理解しておこう。

・y の値がとびとびであっても，x の値と対応する y の値がただ 1 つに決まれば，y は x の関数だよ。

p.74～75 ぴたトレ 3

❶ (1)㋐, ㋒, ㋔, ㋕ (2)㋐, ㋑, ㋔ (3)㋒, ㋕

解き方
(1)$y=ax^2$ の形のもの。

(2)まず，$y=ax^2$ で，$a>0$ のものがあてはまります。

㋑の $y=\frac{1}{2}x+1$ はつねに増加するのであてはまりますが，㋓の $y=\frac{2}{x}$ は $x>0$ のとき減少するのであてはまりません。

(3)$y=ax^2$ で，$a<0$ のものがあてはまります。

❷ (1)$y=-5x^2$ (2)$y=-45$

解き方
(1)$y=ax^2$ に $x=-2$, $y=-20$ を代入すると

$-20=a\times(-2)^2$ $a=-5$

(2)$y=-5\times3^2=-45$

❸ (1)$-8\leqq y\leqq0$ (2)① -2 ② 4

解き方
(1)x の変域に 0 をふくむから，y の最大値は 0

y の最小値は $x=-4$ のときで

$y=-\frac{1}{2}\times(-4)^2=-8$

(2)①x の増加量は $3-1=2$

y の増加量は $-\frac{1}{2}\times3^2-\left(-\frac{1}{2}\times1^2\right)=-4$

変化の割合は $\frac{-4}{2}=-2$

②x の増加量は $-2-(-6)=4$

y の増加量は

$-\frac{1}{2}\times(-2)^2-\left\{-\frac{1}{2}\times(-6)^2\right\}=16$

変化の割合は $\frac{16}{4}=4$

❹ (1)$a=\frac{3}{2}$, $b=0$ (2)$a=-1$

解き方

(1) x の変域に 0 をふくむから，y の最小値か最大値のどちらかは 0 です。

ここで，$b \leqq y \leqq 6$ から　$b=0$

また，$x=-2$ のとき $y=6$ とわかります。

$6=a\times(-2)^2$ から　$a=\frac{3}{2}$

(2) $\frac{a\times3^2-a\times(-1)^2}{3-(-1)}=-2$

$2a=-2$　　$a=-1$

5 **(1)A の y 座標… 1，B の y 座標… 4**

(2)$y=\frac{1}{2}x+2$

解き方

(1)点 A の y 座標は

$y=\frac{1}{4}\times(-2)^2=1$

点 B の y 座標は　$y=\frac{1}{4}\times4^2=4$

(2) 2 点 A $(-2,\ 1)$，B $(4,\ 4)$ を通る直線の式を求めます。

6 **(1)$a=\frac{1}{3}$　(2)81**

解き方

(1) $y=ax^2$ に $x=-3$，$y=3$ を代入すると，

$3=a\times(-3)^2$ から　$a=\frac{1}{3}$

(2) $12\div2=6$ から，C の x 座標は 6

y 座標は　$y=\frac{1}{3}\times6^2=12$

よって，台形 ABCD の面積は

$\frac{1}{2}\times(6+12)\times(12-3)=81$

7 **(1)$y=\frac{1}{2}x^2$　(2)$y=9x-\frac{81}{2}$　(3)$x=4$**

解き方

(1)重なった部分は直角をはさむ 2 辺が x cm の直角二等辺三角形になります。

(2)重なった部分は台形になります。

$y=\frac{1}{2}\times(x-9+x)\times9=9x-\frac{81}{2}$

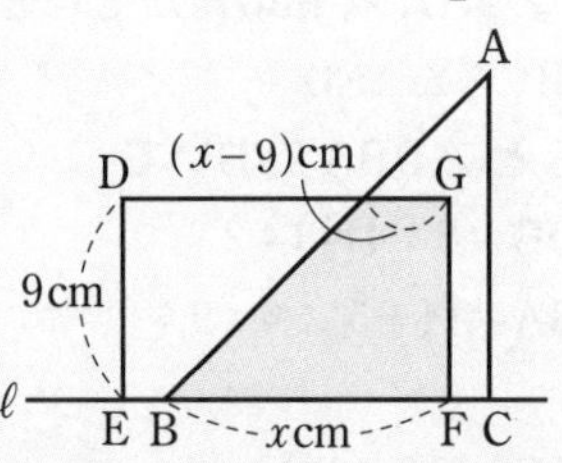

(3) $x=9$ のとき，$y=\frac{81}{2}$ で，$\frac{81}{2}>8$ だから

$y=8$ となるのは，$0\leqq x\leqq9$ のときです。

$\frac{1}{2}x^2=8$ から　$x=\pm4$

$0\leqq x\leqq9$ だから　$x=4$

5章　相似

p.77　ぴたトレ 0

1 **(1)$x=2$　(2)$x=32$　(3)$x=10$　(4)$x=4$**

解き方

$a:b=c:d$ ならば $ad=bc$

(4) $x:(x+3)=4:7$

$7x=4(x+3)$

$7x=4x+12$

$3x=12$

$x=4$

2 **㋐と㋕**

2 組の辺とその間の角が，それぞれ等しい。

㋑と㋓

1 組の辺とその両端の角が，それぞれ等しい。

㋒と㋔

3 組の辺が，それぞれ等しい。

解き方

㋑は，残りの角の大きさを求めると，㋓と合同であるとわかります。

p.78〜79　ぴたトレ 1

1 **(1)△ABC∽△DEF**

(2)四角形 ABCD∽四角形 HGFE

解き方

∽を使って多角形の相似を表すとき，対応する頂点は同じ順に書きます。特に，(2)では裏返しになっているから注意しましょう。

2 **(1)AB：PQ＝5：10＝1：2**

BC：QR＝3：6＝1：2

CA：RP＝4：8＝1：2

よって　AB：PQ＝BC：QR＝CA：RP

(2)1：2

解き方

(2)対応する線分の長さの比が相似比です。

AB：PQ＝5：10＝1：2

3 **(1)12 cm　(2)25 cm　(3)55°**

解き方

(1)AB：EF＝AD：EH だから

15：EF＝10：8　　10EF＝15×8

EF＝12(cm)

(2)BC：FG＝AD：EH だから

BC：20＝10：8　　8BC＝20×10

BC＝25(cm)

(3)相似な図形では，対応する角の大きさはそれぞれ等しいという性質があります。

∠G に対応する角は ∠C だから，∠G も 55°です。

p.80~81 ぴたトレ 1

1

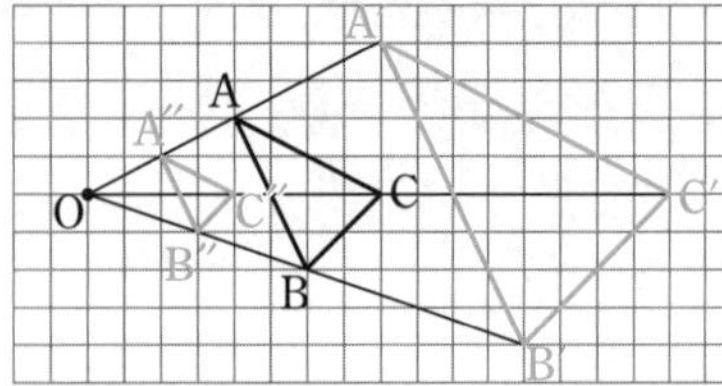

解き方 拡大図…線分 OA，OB，OC の延長上にそれぞれ OA′=2OA，OB′=2OB，OC′=2OC となるような点 A′，B′，C′ をとります。
縮図…線分 OA，OB，OC 上にそれぞれ $OA''=\frac{1}{2}OA$，$OB''=\frac{1}{2}OB$，$OC''=\frac{1}{2}OC$ となるような点 A″，B″，C″ をとります。

2

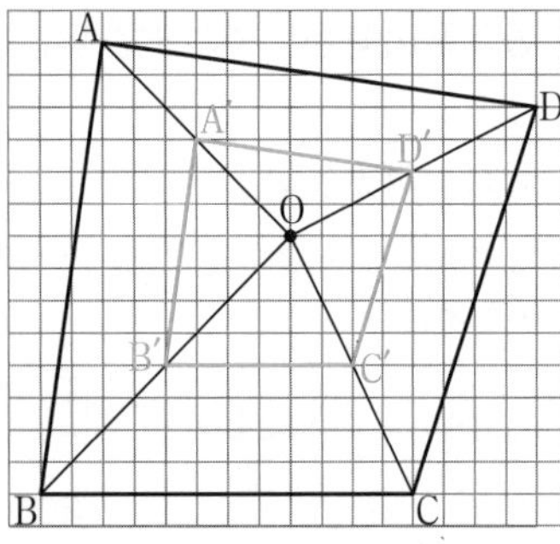

解き方 線分 OA，OB，OC，OD 上にそれぞれ
$OA'=\frac{1}{2}OA$，$OB'=\frac{1}{2}OB$，$OC'=\frac{1}{2}OC$，
$OD'=\frac{1}{2}OD$ となるような点 A′，B′，C′，D′ をとります。
(別解)線分 AO，BO，CO，DO の延長上にそれぞれ $OA'=\frac{1}{2}AO$，$OB'=\frac{1}{2}BO$，$OC'=\frac{1}{2}CO$，
$OD'=\frac{1}{2}DO$ となるような点 A′，B′，C′，D′ をとります。

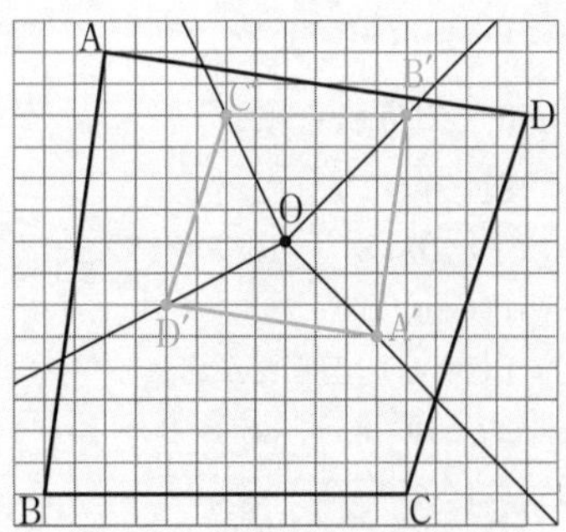

3 △ABC∽△NOM
2 組の角がそれぞれ等しい。
△DEF∽△PRQ
2 組の辺の比とその間の角がそれぞれ等しい。
△GHI∽△JLK
3 組の辺の比がすべて等しい。

解き方 対応する頂点は同じ順に書きます。
△ABC∽△NOM
∠NOM=180°−45°−75°=60°
△DEF∽△PRQ
∠E=∠R
DE：PR=6：8=3：4
EF：RQ=9：12=3：4
△GHI∽△JLK
GH：JL=10：5=2：1
HI：LK=16：8=2：1
IG：KJ=14：7=2：1

p.82~83 ぴたトレ 1

1 (1)△AEC と △BED において
対頂角は等しいから
∠AEC=∠BED ……①
AE：BE=4：6=2：3
EC：ED=2：3
よって
AE：BE=EC：ED ……②
①，②より，2 組の辺の比とその間の角がそれぞれ等しいから △AEC∽△BED
(2)△ABC と △AED において
共通な角であるから
∠BAC=∠EAD ……①
∠ABC と ∠AED はともに 40° であるから
∠ABC=∠AED ……②
①，②より，2 組の角がそれぞれ等しいから
△ABC∽△AED

2 △ABC と △DBA において
AB：DB=6：4=3：2
BC：BA=(4+5)：6=9：6=3：2
よって
AB：DB=BC：BA ……①
共通な角であるから
∠ABC=∠DBA ……②
①，②より，2 組の辺の比とその間の角がそれぞれ等しいから △ABC∽△DBA

3 △CDF と △AEF において

仮定から　∠CDF＝∠AEF　……①

対頂角は等しいから

∠CFD＝∠AFE　……②

①，②より，2 組の角がそれぞれ等しいから

△CDF∽△AEF

p.84~85　ぴたトレ 1

1 (1)14 cm^2　(2) 6 cm^2

解き方

(1)△ABC：△ADC＝BC：DC より

35：△ADC＝(3＋2)：2

△ADC＝14(cm^2)

(2)△ADC：△AEC＝AD：AE より

14：△AEC＝(3＋4)：3

△AEC＝6(cm^2)

2 (1)1：9　(2)16：25　(3)49：9

解き方

(1)$1^2：3^2$＝1：9

(2)相似比は　12：15＝4：5

面積の比は　$4^2：5^2$＝16：25

(3)相似比は　21：9＝7：3

面積の比は　$7^2：3^2$＝49：9

3 25：4

解き方

∠ACB と ∠MCN は共通の角だから

∠ACB＝∠MCN　……①

∠ABC と ∠MNC はともに直角だから

∠ABC＝∠MNC　……②

①，②より，2 組の角がそれぞれ等しいから

△ABC∽△MNC

点 M は辺 BC の中点だから，MC は 2 cm

AC：MC＝5：2 だから

△ABC と △MNC の相似比は　5：2

面積の比は　$5^2：2^2$＝25：4

p.86~87　ぴたトレ 1

1 (1)表面積の比…9：25　体積の比…27：125

(2)200π cm^2　(3)216π cm^3

解き方

(1)A と B の相似比は　6：10＝3：5

表面積の比は　$3^2：5^2$＝9：25

体積の比は　$3^3：5^3$＝27：125

(2)$72\pi\times\frac{25}{9}=200\pi(cm^2)$

(3)$1000\pi\times\frac{27}{125}=216\pi(cm^3)$

2 (1)1：2　(2)144π cm^2　(3)36π cm^3

解き方

(1)相似な立体の対応する線分の長さの比は等しく，その比が相似比だから　$r：2r$＝1：2

(2)O と O′ の表面積の比は　$1^2：2^2$＝1：4

$36\pi\times\frac{4}{1}=144\pi(cm^2)$

(3)O と O′ の体積の比は　$1^3：2^3$＝1：8

$288\pi\times\frac{1}{8}=36\pi(cm^3)$

p.88~89　ぴたトレ 2

◆1 (1)∠E　(2)2：3

(3)辺 DE… 6 cm　辺 DF… 9 cm

解き方

(2)BC：EF＝8：12 だから，相似比は 8：12＝2：3

(3)AB：DE＝2：3 だから

4：DE＝2：3

DE＝6(cm)

AC：DF＝2：3 だから

6：DF＝2：3

DF＝9(cm)

◆2 (1)

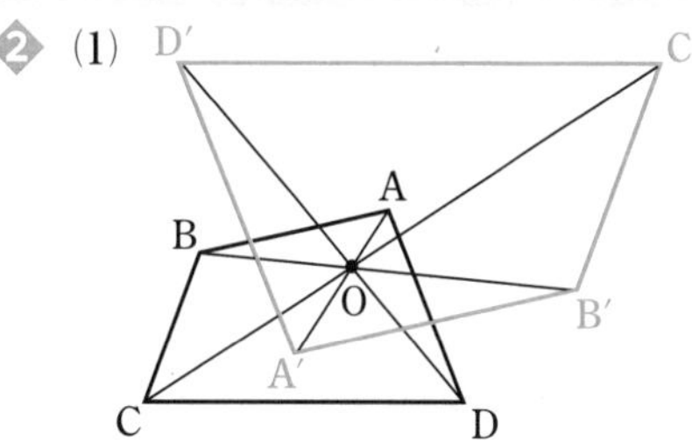

(2)3：2　(3) 9 cm

解き方

(1)BO，CO，DO をそれぞれ O の方向に延長し，$OB'=\frac{3}{2}BO$，$OC'=\frac{3}{2}CO$，$OD'=\frac{3}{2}DO$ となる点 B′，C′，D′ をとります。

(2)OA′：OA に等しいです。

(3)A′B′：AB＝3：2 だから

A′B′：6＝3：2

2A′B′＝6×3

A′B′＝9(cm)

◆3 (1)△ABC∽△AED

2 組の角がそれぞれ等しい。

(2)△ABC∽△ADB

2 組の辺の比とその間の角がそれぞれ等しい。

解き方

(1)△ABC と △AED において

∠ACB＝∠ADE

∠A は共通な角だから

∠BAC＝∠EAD

(2)△ABC と △ADB において

∠A は共通な角だから

∠BAC＝∠DAB

AB：AD＝8：4＝2：1

AC：AB＝(4＋12)：8＝16：8＝2：1

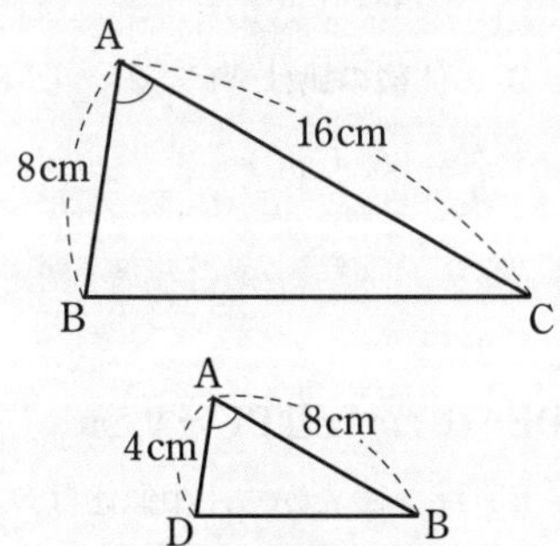

4 **(1)△AED と △EPC において**

四角形 ABCD は長方形であるから

∠ADE＝∠ECP＝90°　……①

仮定より　∠ABP＝∠AEP＝90°

∠EAD＝180°－(90°＋∠AED)

＝90°－∠AED　……②

∠PEC＝180°－(∠AEP＋∠AED)

＝180°－(90°＋∠AED)

＝90°－∠AED　……③

②，③より　∠EAD＝∠PEC　……④

①，④より，2 組の角がそれぞれ等しいから

△AED∽△EPC

(2) 6 cm

解き方

(2)AD：EC＝AE：EP だから

8：EC＝10：5　　10EC＝8×5

EC＝4(cm)　　DE＝10－4＝6(cm)

5 **(1)3：5　(2)25：16**

解き方

(1)△ABE と △ACE は高さが等しいので，面積の比は底辺の長さの比と等しくなります。

(2)△ABE：△CBD において，∠B は共通の角だから　∠ABE＝∠CBD　……①

∠AEB と ∠CDB はともに直角だから

∠AEB＝∠CDB　……②

①，②より，2 組の角がそれぞれ等しいから

△ABE∽△CBD

相似比は　AB：CB＝10：(3+5)＝5：4

よって，△ABE と △CBD の面積の比は

$5^2：4^2$＝25：16

6 **(1)350 cm^2　(2)192 cm^3**

解き方

(1)P と Q の相似比は 4：5 だから，

表面積の比は　$4^2：5^2$＝16：25

Q の表面積は　$224\times\frac{25}{16}=350(cm^2)$

(2)P と Q の体積の比は　$4^3：5^3$＝64：125

P の体積は　$375\times\frac{64}{125}=192(cm^3)$

理解のコツ

・相似な図形とは，もとの図形を拡大または縮小した図形のことだよ。あたりまえのことのようだけれど，これをしっかり理解しておく必要があるよ。

・相似比を用いて辺の長さを求めたりするときは，1 年で学習した比例式の性質を利用するから，しっかり確認しておこう。

比例式の性質　$a：b=c：d$ のとき　$ad=bc$

・三角形の相似条件は正確に覚えておくこと。特に，「2 組の辺の比とその間の角がそれぞれ等しい」では，「間の角」でなければならないことに気をつけよう。

p.90～91　ぴたトレ 1

1 **(1)$x=9$　(2)$x=\frac{60}{7}$**

(3)$x=9.5$，$y=20$　(4)$x=2.5$，$y=9.6$

解き方

(1)AD：AB＝AE：AC だから

$x：15=6：10$　　$10x=90$　　$x=9$

(2)AD：AB＝DE：BC だから

$6：14=x：20$　　$14x=120$　　$x=\frac{60}{7}$

(3)AD：AB＝DE：BC だから

$9：(9+18)=x：28.5$

$27x=256.5$　　$x=9.5$

AD：DB＝AE：EC だから

$9：18=10：y$　　$9y=180$　　$y=20$

(4)AD：DB＝AE：EC だから

$5：x=6：(9-6)$　　$6x=15$　　$x=2.5$

AE：AC＝DE：BC だから

$6：9=6.4：y$　　$6y=57.6$　　$y=9.6$

2 **EG…$\frac{9}{5}$(1.8) cm　GF…$\frac{16}{5}$(3.2) cm**

解き方

△BDA において

EG：AD＝BE：BA だから

EG：3＝3：5　　EG＝$\frac{9}{5}$(1.8)

また　BG：GD＝BE：EA＝3：2

△DBC において

GF：BC＝DG：DB だから

GF：8＝2：5　　GF＝$\frac{16}{5}$(3.2)

3 DE

解き方
AF：FB＝4.8：5.2＝12：13
BD：DC＝5：6　AE：EC＝4：4.8＝5：6
よって，BD：DC＝AE：EC だから
DE∥BA

p.92～93 ぴたトレ 1

1 (1) 5 cm　(2) 8 cm

解き方
(1)△ABC において，中点連結定理により
$EG=\frac{1}{2}BC=\frac{1}{2}\times 10=5$(cm)
(2)(1)より，EG∥BC だから
AD∥BC より　GF∥AD
よって　GF：AD＝CG：CA
GF：6＝1：2　GF×2＝6×1
GF＝3(cm)
EF＝EG＋GF＝5＋3＝8(cm)

2 **対角線 BD をひく。**
△ABD において，点 P，S はそれぞれ辺 AB，AD の中点であるから，中点連結定理により
PS∥BD，$PS=\frac{1}{2}BD$
△CDB において，点 Q，R はそれぞれ辺 CB，CD の中点であるから，中点連結定理により
QR∥BD，$QR=\frac{1}{2}BD$
よって　PS∥QR，PS＝QR
したがって，1 組の対辺が平行でその長さが等しいから，四角形 PQRS は平行四辺形である。

3 $x=\frac{27}{2}$(13.5)

解き方
x：18＝12：16　16x＝216　$x=\frac{27}{2}$(13.5)

4 (1)x＝8　(2)$x=\frac{27}{7}$

解き方
(1)15：10＝12：x　15x＝120　x＝8
(2)6：8＝x：(9－x)　14x＝54　$x=\frac{27}{7}$

p.94～95 ぴたトレ 2

1 (1) 3 cm　(2) 5 cm

解き方
(1)AD∥BE から，三角形と線分の比の定理により
DP：BP＝AD：EB＝3：1
よって　$BP=\frac{1}{1+3}BD=\frac{1}{4}\times 12=3$(cm)

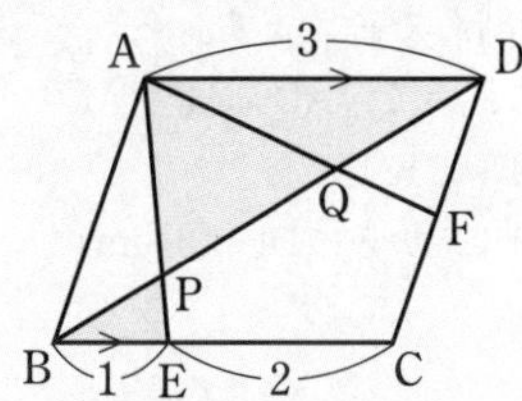

(2)AB∥DF から，三角形と線分の比の定理により
DQ：BQ＝DF：BA＝1：2
よって　$BQ=\frac{2}{1+2}BD=\frac{2}{3}\times 12=8$(cm)
PQ＝BQ－BP＝8－3＝5(cm)

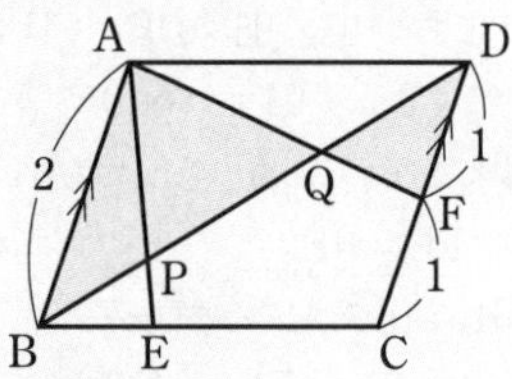

2 (1)3：4　(2)$\frac{36}{7}$ cm

解き方
(1)CA∥DB だから
三角形と線分の比の定理により
AP：DP＝AC：DB＝9：12＝3：4
△ABD において，PQ∥DB だから
三角形と線分の比の定理により
AQ：QB＝AP：PD＝3：4

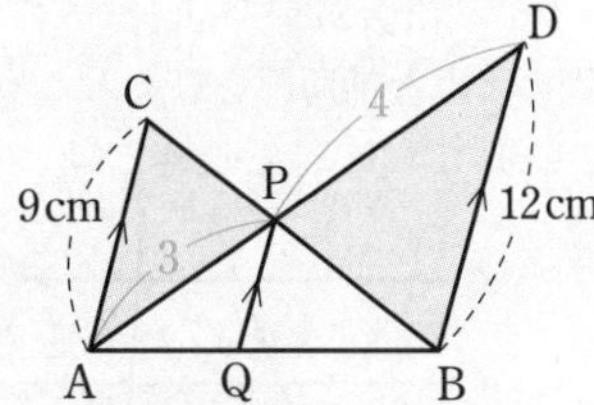

(2)PQ：DB＝AP：AD
PQ：12＝3：(3＋4)
PQ×7＝12×3　$PQ=\frac{36}{7}$(cm)

3 (1) 8 cm　(2) 2 cm

解き方
(1)△ABC において，中点連結定理により
$EG=\frac{1}{2}BC=\frac{1}{2}\times 10=5$(cm)
△CAD において，中点連結定理により
$GH=\frac{1}{2}AD=\frac{1}{2}\times 6=3$(cm)
EH＝EG＋GH＝5＋3＝8(cm)

(2)EG∥BC より，

EF∥AD だから　EF：AD＝BE：BA

EF：6＝1：2　　EF＝3(cm)

したがって　FG＝EG−EF＝5−3＝2(cm)

❹ (1)1 cm　(2)4 cm

解き方

D と F を結んで考えます。

△ABH において，AD：AB＝AF：AH＝1：3

よって　DF∥BH

DF：9＝1：3 から　DF＝3(cm)

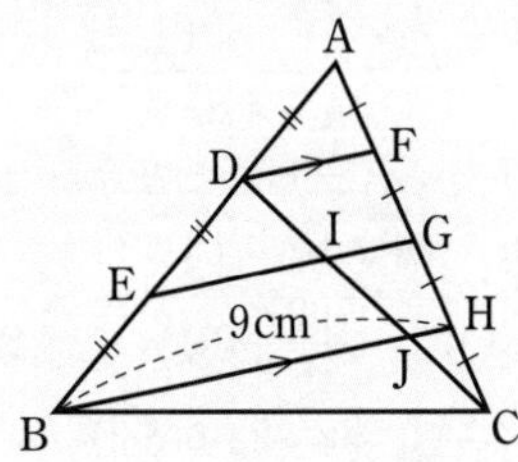

(1)△CDF において，JH：DF＝CH：CF から

JH：3＝1：3　　JH＝1(cm)

(2)△ABH において，AE：EB＝AG：GH＝2：1

よって　EG∥BH

EG：BH＝AE：AB だから

EG：9＝2：3　　EG＝6(cm)

また，△CDF において，IG：DF＝CG：CF

よって　IG：3＝2：3

IG＝2(cm)

EI＝EG−IG

　＝6−2＝4(cm)

❺ (1)x＝21　(2)x＝4

解き方

(1)x：14＝24：16 から

16x＝336　　x＝21

(2)下の図のような補助線をひくと

2：(2＋x)＝1：3　　2＋x＝2×3　　x＝4

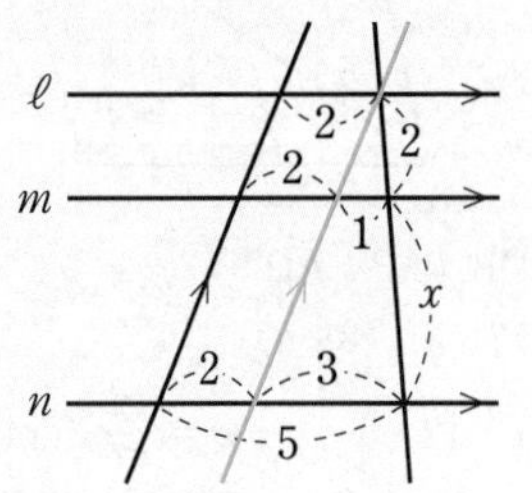

❻ (1)15 cm　(2)2：1

解き方

(1)BE は ∠CBA の二等分線です。

△BCA において

BC：BA＝CE：EA　　BC：12＝10：8

8BC＝12×10　　BC＝15(cm)

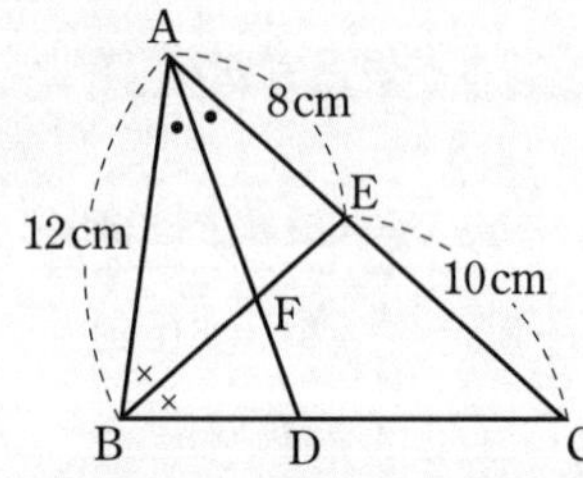

(2)AD は ∠BAC の二等分線です。

△ABC において

BD：DC＝AB：AC＝12：(8＋10)＝2：3

よって　BD＝$\frac{2}{2+3}$BC＝$\frac{2}{5}$×15＝6(cm)

△BDA において

AF：FD＝BA：BD＝12：6＝2：1

理解のコツ

・相似に関する問題は，基本的な知識だけでも解けるけれど，三角形と線分の比，平行線と線分の比の定理などを使うと，解くスピードがちがってくるよ。自在に使いこなせるようにしておこう。

・中点連結定理は，証明問題などで使われる場合が多い。ただし，中点が出てくればいつでも使えるとは限らないので注意しよう。たとえば，1 つの中点とその点を通り辺に平行な直線が与えられている場合は，三角形と線分の比の定理を使うよ。

p.96〜97　ぴたトレ 1

1　約 45 m

解き方

1000 分の 1 の縮図をかくと，下の図のようになります。縮図上で A′B′ の長さを測ると約 4.5 cm だから，A，B 間の距離(きょり)は

AB＝4.5×1000÷100＝45(m)

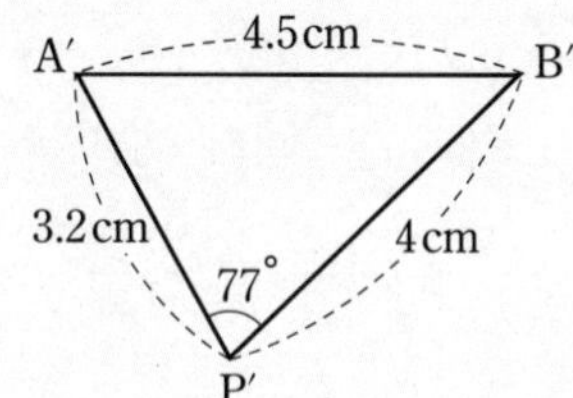

2　6.25 m

解き方

木の高さを x m とすると

x：1＝7.5：1.2　　1.2x＝7.5

x＝6.25

3 **8倍**

解き方
内側の円と外側の円は相似で，
その相似比は半径の比より　1：3
面積の比は　$1^2：3^2=1：9$
イの部分は外側の円の面積から内側の円の面積をひいた面積だから，アの部分とイの部分の面積の比は　1：(9−1)=1：8
したがって，緑色の絵の具は黄色の絵の具の8倍必要です。

p.98〜99　ぴたトレ2

1 **約24.5 m**

解き方
500分の1の縮図をかくと，下の図のようになります。
縮図上でA′B′の長さを測ると約4.9 cmだから
AB=4.9×500÷100=24.5(m)

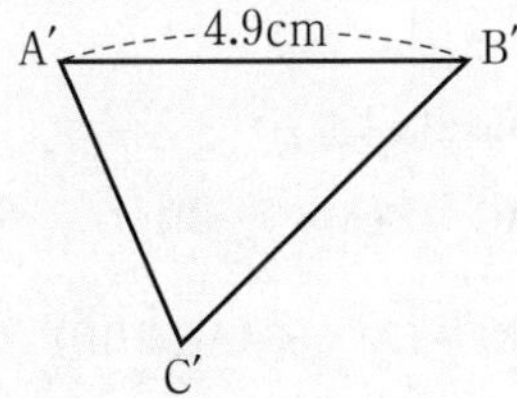

2 **約410 m**

解き方
5000分の1の縮図をかくと，下の図のようになります。
縮図上で，A′B′の長さを測ると約8.2 cmだから
AB=8.2×5000÷100=410(m)

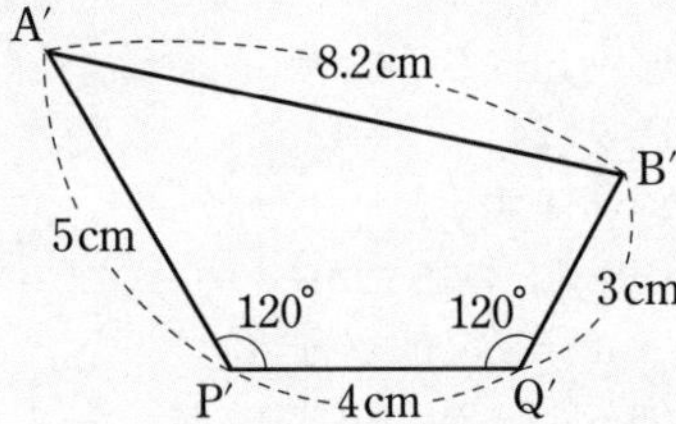

3 **5 m**

解き方
壁に映った木DEの影が地面に映っていた場合を考えます。
AB：BC=1：1.3より　木DEの影がすべて地面に映っていた場合の影の長さは　5.2+1.3=6.5(m)

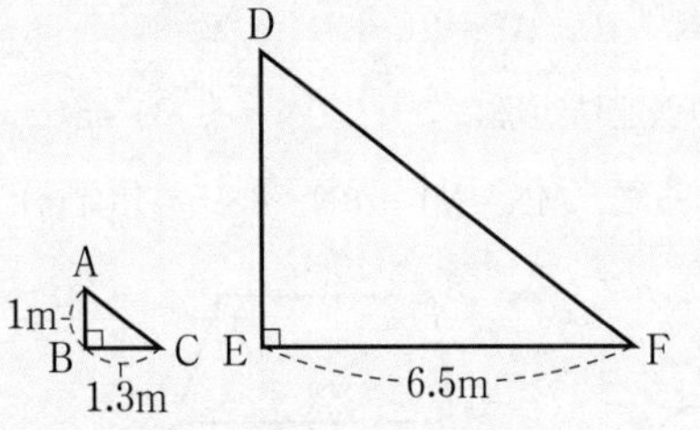

DE：EF=AB：BC=1：1.3だから，
DE：6.5=1：1.3　　1.3DE=6.5　　DE=5(m)

4 **75 mL**

解き方
内側の円と外側の円は相似で，
その相似比は半径の比より　1：4
面積の比は　$1^2：4^2=1：16$
イの部分は外側の円の面積から内側の円の面積をひいた面積だから，アの部分とイの部分の面積の比は　1：(16−1)=1：15
5×15=75(mL)

5 (1)$\dfrac{9}{64}$倍　(2)$\dfrac{27}{512}$倍　(3)1400 cm^3

解き方
(1)水が入った部分と容器は相似だから，
その相似比は　(16−10)：16=3：8
水面の面積と容器の口の面積の比は
$3^2：8^2=9：64$
(2)水の体積と容器の体積の比は
$3^3：8^3=27：512$
(3)最初の水が入った部分と水を加えた後の水が入った部分は相似で，その相似比は
(16−10)：(16−4)=1：2
体積の比は　$1^3：2^3=1：8$
加える水の量は　$200×(8−1)=1400(cm^3)$

6 **105π cm^3**

解き方
辺BA，辺CDを延長しその交点をOとします。
OC=x cmとすると
6：3=x：$(x-5)$から　$x=10$
△OBC，台形ABCDを1回転させてできる回転体の体積の比は，△OBC，△OADを1回転させてできる円錐(えんすい)の体積の比を考えて
$2^3：(2^3-1^3)=8：7$
求める体積は
$\left(\dfrac{1}{3}\times\pi\times6^2\times10\right)\times\dfrac{7}{8}=105\pi(cm^3)$

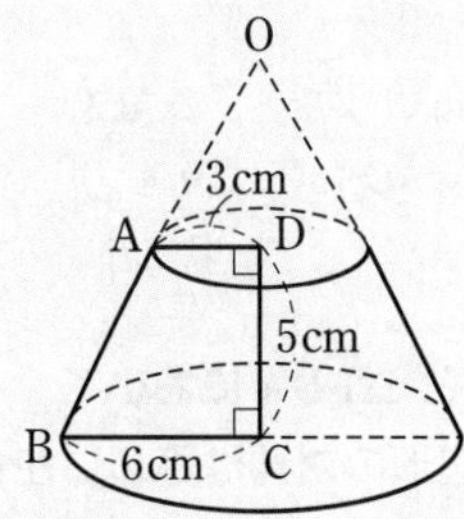

理解のコツ

・相似比が $m:n$ である平面図形の面積の比が $m^2:n^2$ であるということは，たとえば図形を２倍，３倍，……に拡大しても，面積は単純に２倍，３倍，……になるのではないということだよ。このことは，たとえば，１辺２cm の正方形の中に，１辺１cm の正方形が $4(=2^2)$ 個入ることなどから考えると理解しやすいよ。

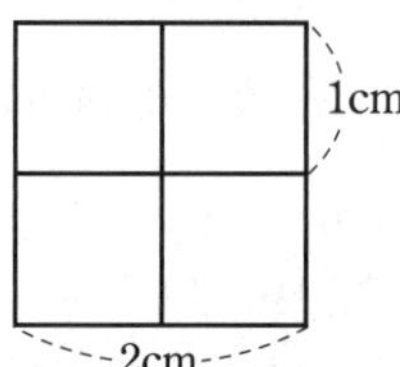

・相似な立体の表面積の比は，平面図形の場合とセットで覚えておこう。
・相似比が $m:n$ である立体の体積の比が $m^3:n^3$ であることも，たとえば，１辺２cm の立方体の中に１辺１cm の立方体が $8(=2^3)$ 個入ることなどを考えると理解しやすいよ。

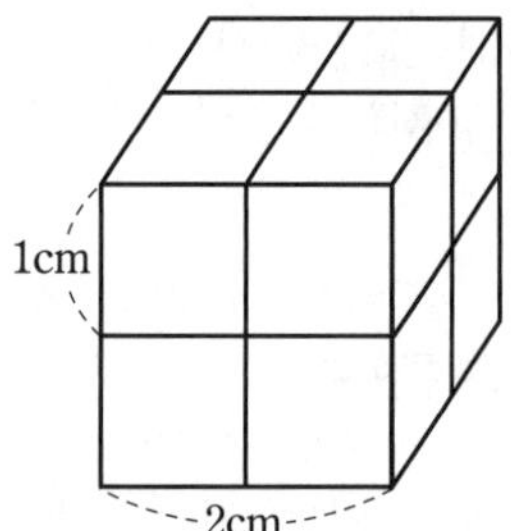

p.100～101　ぴたトレ３

❶ **(1)△ACF∽△AEB，△BCD∽△FED**

(2) $\frac{16}{3}$ cm

解き方
(1)ともに，２組の角がそれぞれ等しいことに注目します。
(2)AF＝x cm とすると，△ACF∽△AEB より
AF：AB＝AC：AE だから
$x:4=8:6$　　$x=\frac{16}{3}$

❷ **(1)△ABE と △FDA において**
平行四辺形の対角は等しいから
∠ABE＝∠FDA　……①
AB∥DF より，錯角は等しいから
∠BAE＝∠DFA　……②
①，②より，２組の角がそれぞれ等しいから
△ABE∽△FDA

(2) $\frac{45}{4}$ cm

解き方
(2)BE＝x cm とすると
△ABE∽△FDA より
BE：DA＝AB：FD だから
$x:15=9:12$　　$x=\frac{45}{4}$

❸ **(1)$x=18$，$y=\frac{64}{5}$　(2)$x=\frac{75}{16}$，$y=\frac{9}{4}$**

解き方
(1)$14:21=12:x$　　$x=18$
$y:(32-y)=14:21=2:3$
$3y=2(32-y)$　　$y=\frac{64}{5}$
(2)△ACD∽△BDE だから
$\frac{15}{4}:4=x:5$　　$x=\frac{75}{16}$
△BDE∽△DAE だから
$3:y=4:3$　　$y=\frac{9}{4}$

❹ **12 cm**

解き方
中点連結定理により
$\mathrm{KL}=\frac{1}{2}\mathrm{AC}$　　$\mathrm{LM}=\frac{1}{2}\mathrm{BD}$
よって　$\mathrm{KL}+\mathrm{LM}=\frac{1}{2}(\mathrm{AC}+\mathrm{BD})$
$=\frac{1}{2}\times12=6(\mathrm{cm})$
同様にして　MN＋NK＝6(cm)
したがって　KL＋LM＋MN＋NK＝12(cm)

❺ **16 cm**

解き方
BF＝x cm とすると
BF：BC＝EF：DC だから
$x:36=8:24$　　$x=12$
GF＝y cm とすると
GF：GB＝EF：AB だから
$y:(y+12)=8:20$　　$y=8$
GC＝36−(12＋8)＝16(cm)

❻ **13 cm**

解き方
AC と MN の交点を P とします。
MP∥BC，AM＝MB より　AP＝PC
中点連結定理により　$\mathrm{MP}=\frac{1}{2}\mathrm{BC}=8(\mathrm{cm})$
PN∥AD，AP＝PC より　DN＝NC
中点連結定理により　$\mathrm{PN}=\frac{1}{2}\mathrm{AD}=5(\mathrm{cm})$
よって，MN＝MP＋PN＝8＋5＝13(cm)

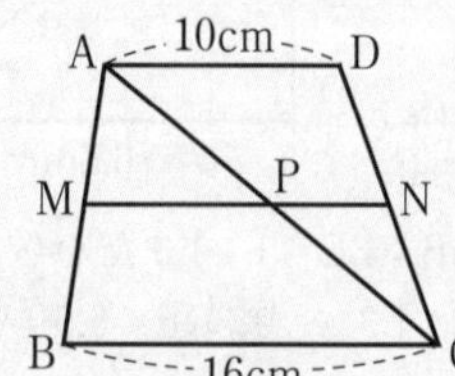

❼ (1)4：9 (2)$\frac{5}{24}$倍

解き方
(1)△AGH∽△AEF であり，相似比は AG：AE
AG：EG＝AD：EB＝2：1 だから
AG：AE＝2：(2＋1)＝2：3
△AGH：△AEF＝2^2：3^2＝4：9
(2)平行四辺形 ABCD の面積を S とすると
$\triangle ABE=\frac{1}{2}\triangle ABC=\frac{1}{2}\times\frac{1}{2}S=\frac{1}{4}S$
同様にして　$\triangle ADF=\frac{1}{4}S$
△CEF∽△CBD であり，相似比は 1：2 だから
△CEF：△CBD＝1^2：2^2＝1：4
より　$\triangle CEF=\frac{1}{4}\triangle CBD=\frac{1}{4}\times\frac{1}{2}S=\frac{1}{8}S$
$\triangle AEF=S-\left(\frac{1}{4}S+\frac{1}{4}S+\frac{1}{8}S\right)=\frac{3}{8}S$
(1)より　四角形 GEFH：△AEF
＝(9−4)：9＝5：9 だから
四角形 GEFH $=\frac{5}{9}\triangle AEF$
$=\frac{5}{9}\times\frac{3}{8}S=\frac{5}{24}S$

❽ 袋 A

解き方
大きいチョコレートと小さいチョコレートは相似で，
その相似比は　3：1
体積の比は　3^3：1^3＝27：1
袋(ふくろ) A と袋 B に入っているチョコレートの体積比は
27×2：1×30＝54：30
よって，袋 A の方が得であるといえます。

6章　円

p.103　ぴたトレ 0

❶ (1)80°　(2)75°　(3)35°　(4)30°

解き方
(1)$\angle x=180°-48°-52°=80°$
(2)$\angle x=35°+40°=75°$
(3)$\angle x+95°=130°$
$\angle x=130°-95°=35°$
(4)$\angle x+70°=45°+55°$
$\angle x=45°+55°-70°=30°$

❷ (1)$\angle x=70°$，$\angle y=110°$
(2)$\angle x=36°$，$\angle y=72°$

解き方
二等辺三角形の 2 つの底角は等しいことを使います。
(1)$\angle x=(180°-40°)\div 2=70°$
$\angle y=180°-70°=110°$
(2)$\angle x=180°-144°=36°$
$\angle y=144°\div 2=72°$

p.104～105　ぴたトレ 1

1 ∠APB＝∠a とする。
OP＝OA であるから　∠PAO＝∠a
三角形の内角と外角の性質から
∠AOB＝∠APB＋∠PAO
＝∠a＋∠a＝2∠a
よって　∠AOB＝2∠APB
したがって　$\angle APB=\frac{1}{2}\angle AOB$

2 (1)$\angle x=52°$，$\angle y=104°$　(2)$\angle x=90°$，$\angle y=25°$
(3)$\angle x=36°$，$\angle y=83°$　(4)$\angle x=60°$，$\angle y=120°$

解き方
(1)$\angle y=2\times 52°=104°$
(2)半円の弧(こ)に対する円周角の大きさは 90° だから
$\angle x=90°$　$\angle y=180°-(65°+90°)=25°$
(3)$\angle y=36°+47°=83°$
(4)$\angle x=\frac{1}{2}\times 120°=60°$
$\angle y=\frac{1}{2}\times(360°-120°)=120°$

3 (1)25°　(2)32°

解き方
(1)$\angle x=\angle CQD=25°$
(2)$\overset{\frown}{AB}:\overset{\frown}{BC}=6\pi:8\pi=3:4$
$\angle x=\frac{4}{3}\times 24°=32°$

p.106～107 ぴたトレ1

1 線分 AP と円周の交点を Q とすると，
円周角の定理により
∠AQB＝∠ACB
△PBQ の内角と外角の性質から
∠APB＝∠AQB－∠PBQ
　　　＝∠ACB－∠PBQ
したがって　∠APB＜∠ACB

2 ㋐，㋒

解き方
㋑∠BAC＝180°－(32°＋60°＋45°)＝43° で，
∠BAC≠∠BDC だから，1 つの円周上にありません。
㋒∠CAD＝63°－25°＝38°

3 (1)43°　(2)102°

解き方
(1)∠BAC＝∠BDC＝90° だから，4 点 A，B，C，D は 1 つの円周上にあります。
∠ADB＝∠ACB＝25° だから，△ABD において　∠x＝180°－(22°＋90°＋25°)＝43°
(2)∠DAC＝∠DBC＝50° だから，4 点 A，B，C，D は 1 つの円周上にあります。
∠ADB＝∠ACB＝55°
∠BDC＝∠BAC＝47°
だから　∠x＝55°＋47°＝102°

p.108～109 ぴたトレ1

1 (1)71°　(2)115°

解き方
(1)PA＝PB だから
∠x＝$\frac{1}{2}$×(180°－38°)＝71°
(2)点 O と A，B を結ぶと
∠AOB＝2×50°＝100°
∠OAP＝∠OBP＝90° だから
∠APB＝360°－(100°＋90°×2)＝80°
点 A と B を結ぶと，PA＝PB だから
∠PAB＝$\frac{1}{2}$×(180°－80°)＝50°
QA＝QB だから
∠QAB＝$\frac{1}{2}$×(180°－50°)＝65°
∠x＝50°＋65°＝115°

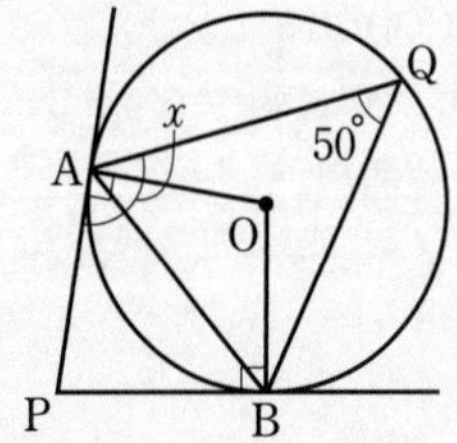

2 (例)

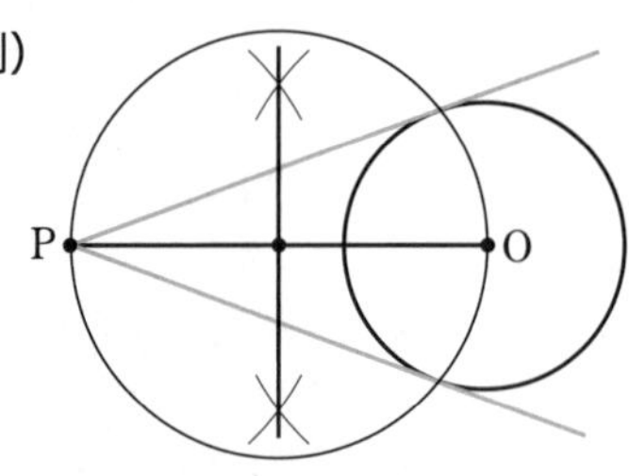

3 △APD と △CPB において
共通な角であるから
∠APD＝∠CPB　……①
円周角の定理により
∠PAD＝∠PCB　……②
①，②より，2 組の角がそれぞれ等しいから
△APD∽△CPB
よって　PD：PB＝AD：CB

4 △BCD と △BEC において
共通な角であるから
∠CBD＝∠EBC　……①
円周角の定理により
∠BDC＝∠BAC　……②
BA＝BC であるから
∠BAC＝∠BCA　……③
②，③より　∠BDC＝∠BCA
すなわち　∠BDC＝∠BCE　……④
①，④より，2 組の角がそれぞれ等しいから
△BCD∽△BEC

p.110～111 ぴたトレ2

◆1 直径 PQ をひき，∠APO＝∠a，∠BPO＝∠b とする。
OP＝OA であるから　∠PAO＝∠a
三角形の内角と外角の性質により
∠AOQ＝∠APO＋∠PAO
　　　＝∠a＋∠a＝2∠a　……①
同様にして　∠BOQ＝2∠b　……②
①，②より
∠AOB＝∠BOQ－∠AOQ＝2(∠b－∠a)
∠APB＝∠b－∠a であるから
∠AOB＝2∠APB
よって　∠APB＝$\frac{1}{2}$∠AOB

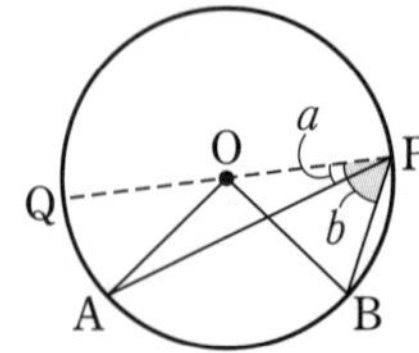

2 (1)$\angle x=50°$　(2)$\angle x=50°$　(3)$\angle x=53°$
(4)$\angle x=63°$，$\angle y=27°$

解き方
(1)$\angle x=70°+15°-\frac{1}{2}\times70°=50°$
(2)$\angle x=\frac{1}{2}\times(180°-40°\times2)=50°$
(3)$\angle x=25°+28°=53°$

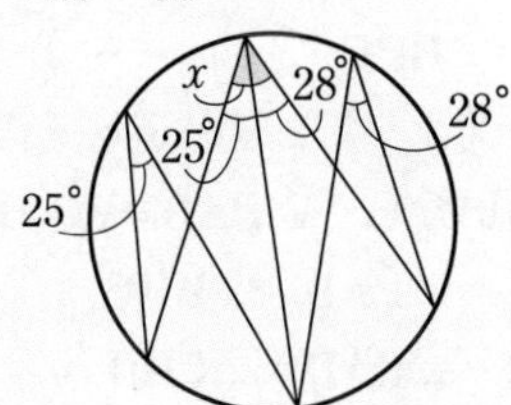

(4)$\angle x=95°-32°=63°$　$\angle y=90°-63°=27°$

3 (1)$\angle x=76°$　(2)$\angle x=23°$，$\angle y=37°$

解き方
(1)点CとDを結びます。
$\angle CDB=\angle BDA=26°$ だから
$\angle CDO=26°+26°=52°$
△OCDにおいて，OC＝OD だから
$\angle COD=180°-2\times52°=76°$
よって　$\angle x=\angle COD=76°$
(2)$\angle BDC=180°-(60°+72°)=48°$ だから
$\angle BAC=\angle BDC$ となり，4点A，B，C，D は1つの円周上にあります。
よって　$\angle x=\angle ACB=23°$
$\angle y=60°-23°=37°$

4 (1)110°　(2)3：6：4：5

解き方
(1)$\angle ADB=\angle ACB=30°$ だから
$\angle x=180°-(40°+30°)=110°$
(2)$\angle BDC=\angle ADC-\angle ADB=90°-30°=60°$
$\angle ACD=180°-(40°+90°)=50°$
$\overset{\frown}{AB}:\overset{\frown}{BC}:\overset{\frown}{CD}:\overset{\frown}{DA}$
$=\angle ACB:\angle BDC:\angle CAD:\angle ACD$
$=30:60:40:50=3:6:4:5$

5 **平行四辺形の対角は等しいから**
$\angle BAD=\angle BCD$
平行四辺形を折り返したから
$\angle BED=\angle BCD$
よって　$\angle BAD=\angle BED$
したがって，円周角の定理の逆により，4点A，B，D，Eは1つの円周上にある。

6 3 cm

解き方
AD＝AF＝x cm とすると
BE＝BD＝$9-x$(cm)　CE＝CF＝$7-x$(cm)
よって　$(9-x)+(7-x)=10$　$x=3$

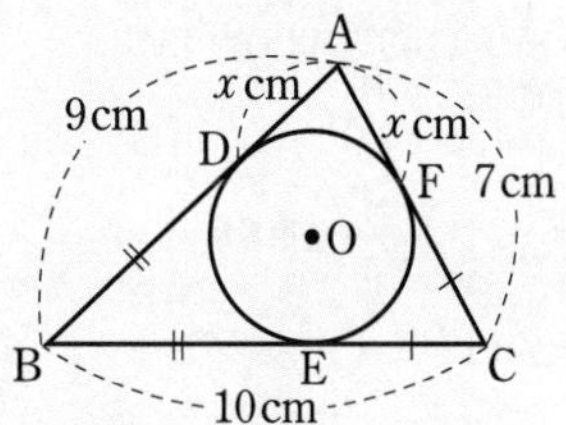

7 (1)**△ABE と △ACD において**
円周角の定理により
$\angle ABE=\angle ACD$　……①
$\overset{\frown}{BC}=\overset{\frown}{CD}$ より，長さの等しい弧に対する円周角は等しいから
$\angle BAE=\angle CAD$　……②
①，②より，2組の角がそれぞれ等しいから
△ABE∽△ACD

(2)$\frac{15}{4}$ cm

解き方
(2)$\overset{\frown}{BC}=\overset{\frown}{CD}$ より，$\angle BDC=\angle DBC$ だから
CD＝CB
よって　CD＝5 cm
△ABE∽△ACD だから
AB：AC＝BE：CD
6：8＝BE：5
8BE＝6×5　BE＝$\frac{15}{4}$(cm)

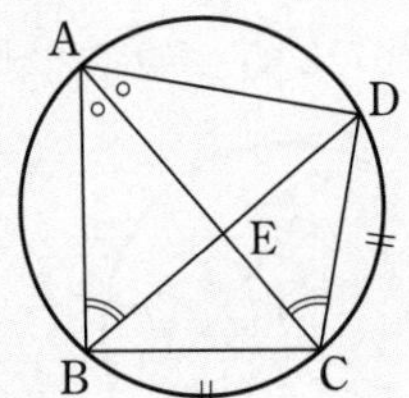

理解のコツ
・円周角の定理(p.104)を確実に覚えよう。また，円周角と弧(こ)の定理(p.104)も重要だよ。
・「図に書いてある情報だけでは解けない」と思ったら補助線をひいてみよう。
・円と相似の証明の融合(ゆうごう)問題では，ほぼ確実に円周角の定理を使うよ。1つの弧に対する円周角(等しい角)はどれとどれかをチェックする習慣をつけよう。

❶ (1)48°　(2)45°　(3)35°　(4)110°

解き方

(1)$\angle x=\frac{1}{2}\times 96°=48°$

(2)$\angle x=\frac{1}{2}\times(180°-90°)=45°$

(3)$\angle x+2\times 30°=30°+65°$ から　$\angle x=35°$

(4)$\angle x=\frac{1}{2}\times(360°-140°)=110°$

❷ (1)52°　(2)117°

解き方

(1)$\overset{\frown}{AB}:\overset{\frown}{BC}=8:6=4:3$ だから

$\angle x=\frac{4}{3}\times 39°=52°$

(2)点 A と B を結ぶと　$\angle BAC=\frac{1}{2}\times 54°=27°$

$\angle EAD=90°-27°=63°$ だから

$\angle x=54°+63°=117°$

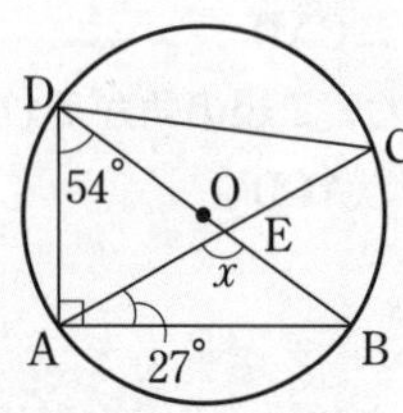

❸ $\angle x=20°$，$\angle y=50°$

解き方

下の図において，△ACD の外角について

$\angle x+30°=\angle y$　……①

△AFE の外角について

$\angle x+\angle y=70°$　……②

①を②に代入すると　$\angle x+\angle x+30°=70°$

$2\angle x=40°$　　$\angle x=20°$

これを①に代入して　$\angle y=20°+30°=50°$

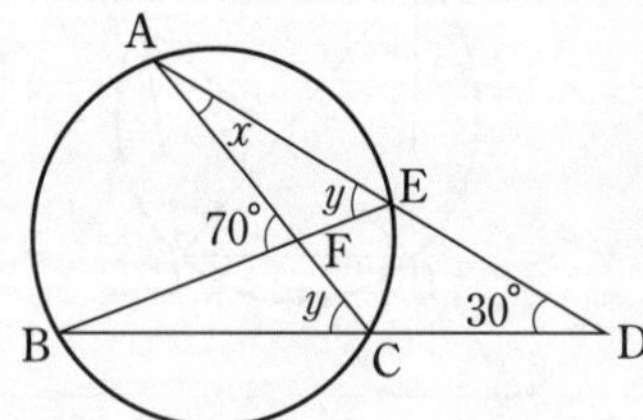

❹ $\frac{20}{3}$ cm

解き方

△PAC∽△PDB です。

AP：DP＝CP：BP

AP：4＝10：6　　6AP＝4×10

$AP=\frac{20}{3}$(cm)

❺ 点 A と D，点 B と C をそれぞれ結ぶ。

△PAD と △PBC において

円の外部の点からその円にひいた接線の長さは等しいから　PA＝PB　……①

仮定から　PD＝PC　……②

共通な角であるから

∠APD＝∠BPC　……③

①，②，③より，2 組の辺とその間の角がそれぞれ等しいから　△PAD≡△PBC

よって　∠PAD＝∠PBC

すなわち　∠CAD＝∠CBD

したがって，円周角の定理の逆により，4 点 A，B，C，D は 1 つの円周上にある。

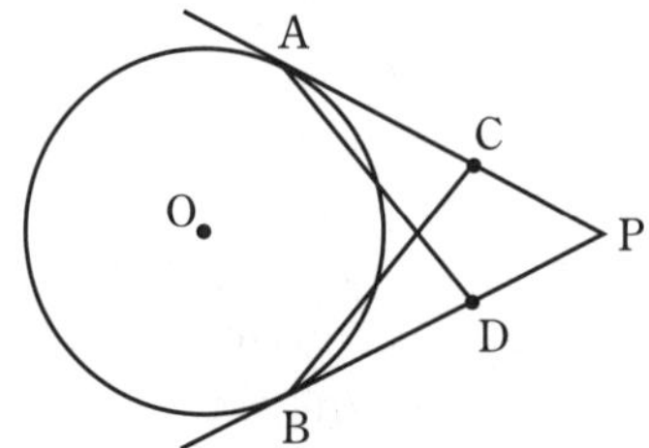

❻ (1)△ABD と △ACE において

仮定から　AB＝AC　……①

BD＝CE　……②

円周角の定理により

∠ABD＝∠ACE　……③

①，②，③より，2 組の辺とその間の角がそれぞれ等しいから　△ABD≡△ACE

(2)$\frac{5}{2}$ cm

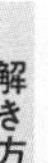

(2)△ABC と △ADE において

円周角の定理により

∠ACB＝∠ADB

(1)の結果から　∠ADB＝∠AED

よって　∠ACB＝∠AED　……①

また　∠BAC＝∠BAD－∠CAD

∠DAE＝∠CAE－∠CAD

ここで，(1)の結果より，∠BAD＝∠CAE だから　∠BAC＝∠DAE　……②

①，②より，2 組の角がそれぞれ等しいから

△ABC∽△ADE

よって　AB：AD＝BC：DE

8：4＝5：DE　　8DE＝4×5

$DE=\frac{5}{2}$(cm)

7章　三平方の定理

p.115　ぴたトレ 0

1 (1)13 cm^2　(2)17 cm^2

解き方
1 辺が 5 cm の大きな正方形から，周りの直角三角形をひいて考えます。

(1)$5\times5-\left(\frac{1}{2}\times2\times3\right)\times4$
$=25-12=13(\text{cm}^2)$

(2)$5\times5-\left(\frac{1}{2}\times1\times4\right)\times4$
$=25-8=17(\text{cm}^2)$

2 (1)$x=\pm3$　(2)$x=\pm\sqrt{13}$
(3)$x=\pm\sqrt{17}$　(4)$x=\pm4\sqrt{2}$

解き方
(1)$x^2=9$
$x=\pm\sqrt{9}=\pm3$
(4)$x^2=32$
$x=\pm\sqrt{32}=\pm4\sqrt{2}$

3 (1)256 cm^3　(2)180π cm^3

解き方
角錐（かくすい），円錐の体積を求める公式は，
$\frac{1}{3}\times$底面積$\times$高さです。
(1)底面の 1 辺が 8 cm で，高さが 12 cm の正四角錐です。
$\frac{1}{3}\times(8\times8)\times12=256(\text{cm}^3)$
(2)底面の半径が 6 cm，高さが 15 cm の円錐です。
$\frac{1}{3}\times(\pi\times6^2)\times15=180\pi(\text{cm}^3)$

p.116～117　ぴたトレ 1

1 (1)△ABC は直角三角形であるから
∠ABC＋∠CAB＝90°　……①
△ABC≡△BED であるから
∠CAB＝∠DBE　……②
①，②から　∠ABC＋∠DBE＝90°
よって　∠ABE＝180°－90°＝90°

(2)台形 ACDE $=\frac{1}{2}\times(a+b)\times(a+b)$
$=\frac{1}{2}(a^2+b^2+2ab)$　……③
台形 ACDE ＝△ABC＋△ABE＋△BED
$=\frac{1}{2}ab+\frac{1}{2}c^2+\frac{1}{2}ab$
$=\frac{1}{2}(c^2+2ab)$　……④
③，④から
$\frac{1}{2}(a^2+b^2+2ab)=\frac{1}{2}(c^2+2ab)$
整理すると　$a^2+b^2=c^2$

解き方
(2)台形 ACDE の面積を 2 通りに表します。
台形 ACDE は上底が a，下底が b，高さが $a+b$ の台形です。また，台形 ACDE の面積は，3 つの直角三角形 ABC，ABE，BED の面積の和になっています。

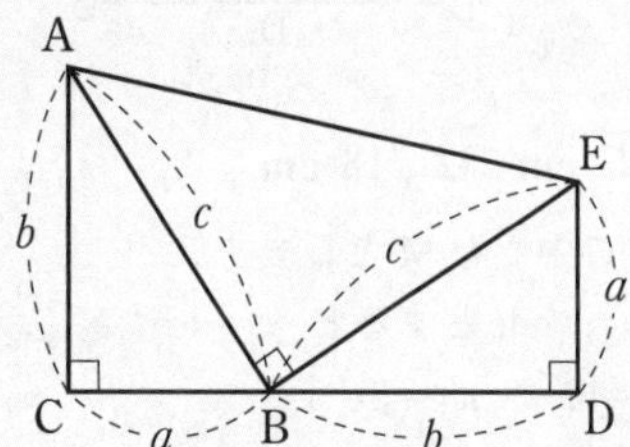

2 (1)$x=2\sqrt{5}$　(2)$x=12$　(3)$x=\sqrt{13}$
(4)$x=\sqrt{2}$　(5)$x=\sqrt{65}$　(6)$x=9$

解き方
(1)$4^2+2^2=x^2$ から　$x^2=20$　$x=2\sqrt{5}$
(2)$x^2+5^2=13^2$ から　$x^2=144$　$x=12$
(3)$x^2+6^2=7^2$ から　$x^2=13$　$x=\sqrt{13}$
(4)$3^2+x^2=(\sqrt{11})^2$ から　$x^2=2$　$x=\sqrt{2}$
(5)$7^2+4^2=x^2$ から　$x^2=65$　$x=\sqrt{65}$
(6)$6^2+x^2=(3\sqrt{13})^2$ から　$x^2=81$　$x=9$

3 ㋐と㋒

解き方
㋐$9^2+12^2=225$　$15^2=225$
直角三角形です。
㋑$7^2+8^2=113$　$12^2=144$
直角三角形ではありません。
㋒$3^2+(\sqrt{7})^2=16$　$4^2=16$
直角三角形です。
㋓$(\sqrt{2})^2+(\sqrt{3})^2=5$　$2^2=4$
直角三角形ではありません。

p.118～119　ぴたトレ 1

1 (1)$2\sqrt{5}$ cm　(2)$4\sqrt{2}$ cm

解き方
(1)対角線の長さを x cm とします。

$4^2+2^2=x^2$ から　$x^2=20$　　$x=2\sqrt{5}$

(2)対角線の長さを x cm とします。

$4^2+4^2=x^2$ から　$x^2=32$　　$x=4\sqrt{2}$

2 **高さ…$\sqrt{3}$ cm，面積…$\sqrt{3}$ cm^2**

解き方
下の図の正三角形 ABC の高さを AD とすると

BD＝1 cm

BD：AD＝1：$\sqrt{3}$ であることから

AD＝$\sqrt{3}$ BD＝$\sqrt{3}$

よって　$\triangle \mathrm{ABC}=\dfrac{1}{2}\times2\times\sqrt{3}=\sqrt{3}$

したがって，正三角形の面積は $\sqrt{3}$ cm^2 です。

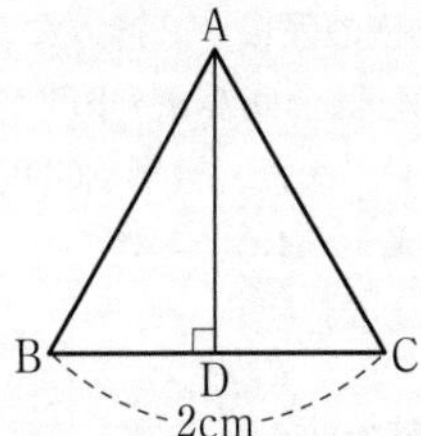

3 **(1)$6\sqrt{5}$ cm　(2)$\sqrt{13}$ cm**

解き方
弦(げん) AB の中点を M とします。

(1)AM＝x cm とすると　$x^2+6^2=9^2$

$x^2=45$　　$x=3\sqrt{5}$

AB＝$2\times3\sqrt{5}=6\sqrt{5}$ (cm)

(2)AM＝12÷2＝6(cm)

OM＝x cm とすると　$6^2+x^2=7^2$

$x^2=13$　　$x=\sqrt{13}$

4 **(1)$\sqrt{61}$　(2)$2\sqrt{10}$**

解き方
(1)$\sqrt{(7-1)^2+(8-3)^2}=\sqrt{6^2+5^2}=\sqrt{61}$

(2)$\sqrt{(6-4)^2+\{-7-(-1)\}^2}=\sqrt{2^2+6^2}=2\sqrt{10}$

p.120～121　ぴたトレ 1

1 **(1)$\sqrt{134}$ cm　(2)$6\sqrt{3}$ cm**

解き方
縦，横，高さがそれぞれ a，b，c である直方体の対角線の長さは $\sqrt{a^2+b^2+c^2}$ となることを利用するとよいでしょう。

(1)$\sqrt{5^2+10^2+3^2}=\sqrt{134}$ (cm)

(2)$\sqrt{6^2+6^2+6^2}=\sqrt{6^2\times3}=6\sqrt{3}$ (cm)

2 **$\dfrac{32\sqrt{14}}{3}$ cm^3**

解き方
$\mathrm{AH}=\dfrac{1}{2}\mathrm{AC}=\dfrac{1}{2}\times4\sqrt{2}=2\sqrt{2}$ (cm)

直角三角形 OAH において

$\mathrm{OH}^2=\mathrm{OA}^2-\mathrm{AH}^2=8^2-(2\sqrt{2})^2=56$

OH＞0 だから　OH＝$2\sqrt{14}$ (cm)

体積は　$\dfrac{1}{3}\times4^2\times2\sqrt{14}=\dfrac{32\sqrt{14}}{3}$ (cm^3)

3 **高さ…$6\sqrt{2}$ cm，体積…$98\sqrt{2}\pi$ cm^3**

解き方
高さを h cm とすると

$h^2=11^2-7^2=72$

$h>0$ だから　$h=6\sqrt{2}$

体積は　$\dfrac{1}{3}\times\pi\times7^2\times6\sqrt{2}=98\sqrt{2}\pi$ (cm^3)

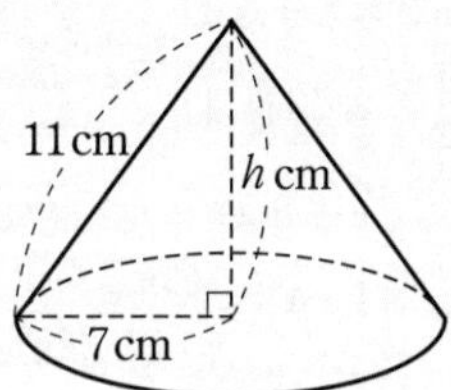

4 **$3\sqrt{13}$ cm**

解き方
側面の展開図を下のようにかいたとき，糸がもっとも短くなるのは，図のような線分 AD′ になるときです。

△ADD′ において，三平方の定理により

$\mathrm{AD'}^2=6^2+(3\times3)^2=117$

AD′＞0 だから　AD′＝$\sqrt{117}=3\sqrt{13}$ (cm)

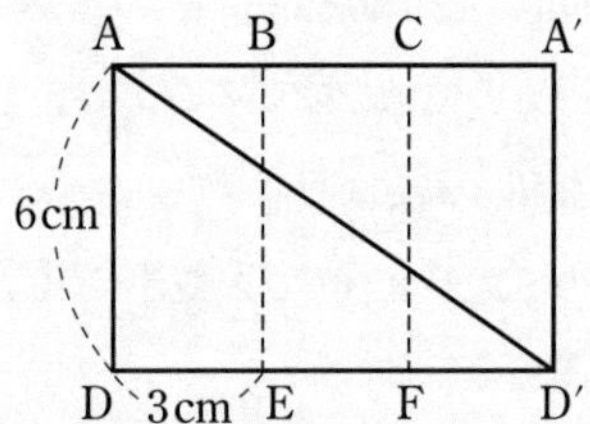

p.122～123　ぴたトレ 2

1 **26 cm**

解き方
斜辺(しゃへん)の長さを x cm とすると，残りの辺は

$60-10-x=50-x$ (cm)

よって　$10^2+(50-x)^2=x^2$

$100+2500-100x+x^2=x^2$

$100x=2600$　　$x=26$

2 **(1)$3\sqrt{6}$ cm　(2)$(27+18\sqrt{3})$ cm^2**

解き方
(1)△BCD は 30°，60°，90° の直角三角形だから，辺の比は 1：2：$\sqrt{3}$ となります。

BD＝$6\sqrt{3}$ cm から

AB：$6\sqrt{3}$＝1：$\sqrt{2}$

$\mathrm{AB}=\dfrac{6\sqrt{3}}{\sqrt{2}}=3\sqrt{6}$ (cm)

(2)四角形 ABCD＝△ABD＋△BCD

$=\dfrac{1}{2}\times3\sqrt{6}\times3\sqrt{6}+\dfrac{1}{2}\times6\sqrt{3}\times6$

$=27+18\sqrt{3}$ (cm^2)

3 $\dfrac{9}{10}$ **cm**

解き方

CF$=x$ cm とすると

MF$=$FD$=5-x$(cm)

直角三角形 MCF において

$4^2+x^2=(5-x)^2$　　$16+x^2=25-10x+x^2$

$10x=9$　　$x=\dfrac{9}{10}$

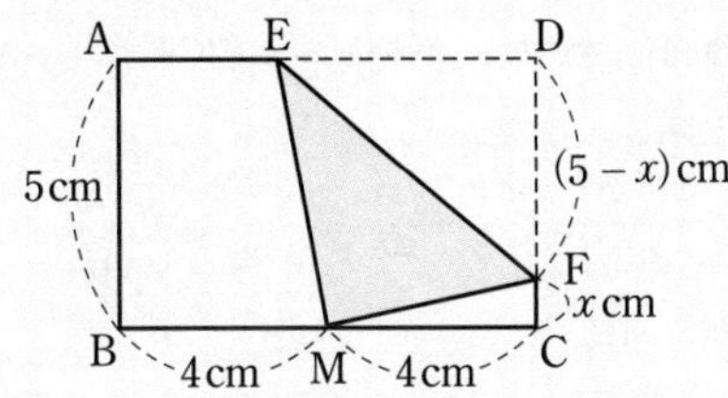

4 **(1)$4\sqrt{3}$ cm　(2) 8 cm**

解き方

(1)$AP^2+4^2=8^2$

$AP^2=48$　　$AP=4\sqrt{3}$ (cm)

(2)$15^2+OP^2=17^2$　　$OP^2=64$　　OP$=8$(cm)

5 **AB＝BC の直角二等辺三角形**

解き方

$AB^2=(4-1)^2+\{2-(-2)\}^2=25$

$BC^2=\{1-(-3)\}^2+(-2-1)^2=25$

$CA^2=\{(-3)-4\}^2+(1-2)^2=50$

AB＝BC，$AB^2+BC^2=CA^2$ が成り立ちます。

6 **(1)$2\sqrt{3}$ cm　(2)$36\sqrt{21}\pi$ cm^3**

解き方

(1)横の長さを x cm とすると

$6^2+x^2+4^2=8^2$　　$x^2=12$　　$x=2\sqrt{3}$

(2)展開図の側面のおうぎ形の半径を r cm とすると，おうぎ形の弧の長さは，底面の円周の長さに等しいから

$2\pi r\times\dfrac{144}{360}=2\pi\times6$　　$r=15$

これは，円錐(えんすい)の母線の長さになるから，円錐の高さを h cm とすると

$h^2+6^2=15^2$　　$h^2=189$

$h>0$ だから　$h=3\sqrt{21}$

体積は　$\dfrac{1}{3}\times\pi\times6^2\times3\sqrt{21}=36\sqrt{21}\pi$(cm^3)

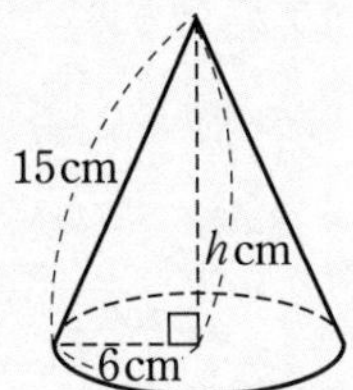

7 **(1)$6\sqrt{11}$ cm^2　(2)$\dfrac{6\sqrt{11}}{11}$ cm**

解き方

(1)AC$=6\sqrt{2}$ cm

$PA^2=PC^2=6^2+2^2=40$

AC を底辺とみたときの高さを x cm とすると

$(3\sqrt{2})^2+x^2=40$　　$x^2=22$　　$x=\sqrt{22}$

$\triangle PAC=\dfrac{1}{2}\times6\sqrt{2}\times\sqrt{22}=6\sqrt{11}$ (cm^2)

(2)三角錐の体積は

$\dfrac{1}{3}\times\left(\dfrac{1}{2}\times6\times2\right)\times6=12$(cm^3)

△PAC を底面とみたときの高さを h cm とすると　$\dfrac{1}{3}\times6\sqrt{11}\times h=12$

$h=\dfrac{12}{2\sqrt{11}}=\dfrac{6\sqrt{11}}{11}$

8 **13 cm**

解き方

$AC^2=4^2+3^2=25$ より，AC$=5$ cm だから，

側面の展開図は下のようになります。

$(AP+PQ+QD)^2=5^2+12^2=13^2$

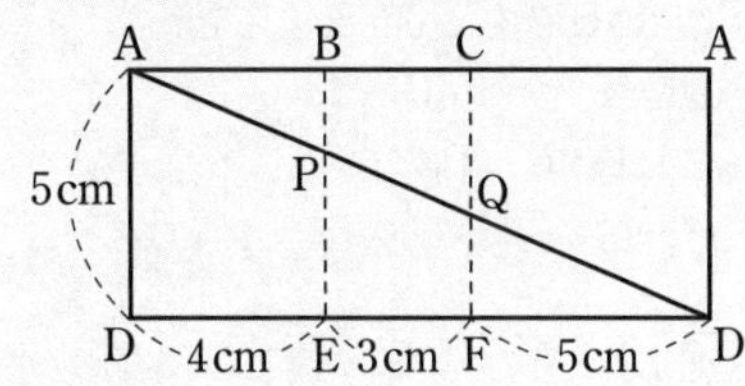

理解のコツ

・問題の図の中で直角三角形になっている部分を見つけ出し，三平方の定理を適用しよう。直角三角形が目に見える形で現れていない場合も多いので，自分で補助線をひき，直角三角形をつくり出すくふうをすることも必要だよ。

・三角定規の形の直角三角形の辺の比は，よく出題されるだけでなく，計算の短縮にも役立つ場合があるよ。必ず覚えておこう。

p.124～125　ぴたトレ 3

1 **(1)$x=\dfrac{3\sqrt{3}}{2}$　(2)$x=5\sqrt{2}$**

解き方

(1)△ABC において，∠BAC$=90°$，

AC：BC$=3：6=1：2$ だから，△ABC は 30°，60°，90° の直角三角形です。

△ABC∽△DAC だから

$3：x=2：\sqrt{3}$　　$x=\dfrac{3\sqrt{3}}{2}$

(2)BC$=\sqrt{(5\sqrt{5})^2-5^2}=10$(cm)

DC$=10-5=5$(cm) だから　$x=5\sqrt{2}$

❷ (1)18 cm^2 (2)$2\sqrt{5}$ cm^2 (3)24 cm (4)$2\sqrt{21}$ cm

解き方

(1)正方形の1辺を x cm とすると

$x:6=1:\sqrt{2}$ $x=3\sqrt{2}$

面積は $(3\sqrt{2})^2=18(\text{cm}^2)$

(2)$2\sqrt{5}$ cm の辺を底辺とみたときの高さは

$\sqrt{3^2-(\sqrt{5})^2}=2(\text{cm})$

面積は $\frac{1}{2}\times2\sqrt{5}\times2=2\sqrt{5}(\text{cm}^2)$

(3)$\sqrt{20^2-16^2}=12(\text{cm})$

$12\times2=24(\text{cm})$

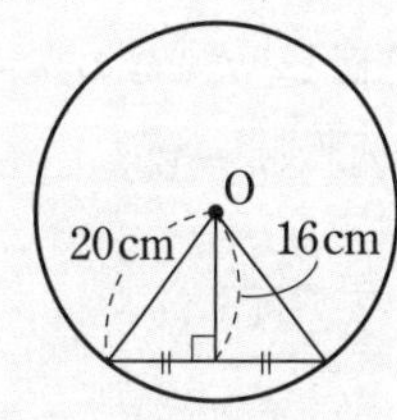

(4)$\sqrt{4^2+8^2+2^2}=2\sqrt{21}(\text{cm})$

❸ $\frac{9}{4}$ cm

解き方

線分 CF の長さを x cm とすると,

$\text{FG}=\text{DF}=6-x(\text{cm})$

△FGC は直角三角形だから,

$3^2+x^2=(6-x)^2$

$x=\frac{9}{4}$

❹ 30

解き方

$\text{AB}^2=\{8-(-1)\}^2+(1-4)^2=90$

$\text{BC}^2=\{-1-(-3)\}^2+\{4-(-2)\}^2=40$

$\text{CA}^2=\{(-3)-8\}^2+\{(-2)-1\}^2=130$

よって,$\text{AB}^2+\text{BC}^2=\text{CA}^2$ が成り立ち $\angle\text{B}=90°$

$\text{AB}=3\sqrt{10}$,$\text{BC}=2\sqrt{10}$ だから

$\triangle\text{ABC}=\frac{1}{2}\times3\sqrt{10}\times2\sqrt{10}=30$

❺ (1)$2\sqrt{7}$ cm (2)$96\sqrt{7}$ cm^3

解き方

(1)底面の正方形の対角線の長さの半分は

$12\sqrt{2}\div2=6\sqrt{2}(\text{cm})$

正四角錐(せいしかくすい)の高さを h cm とします。

$h^2=10^2-(6\sqrt{2})^2$ から $h=2\sqrt{7}$

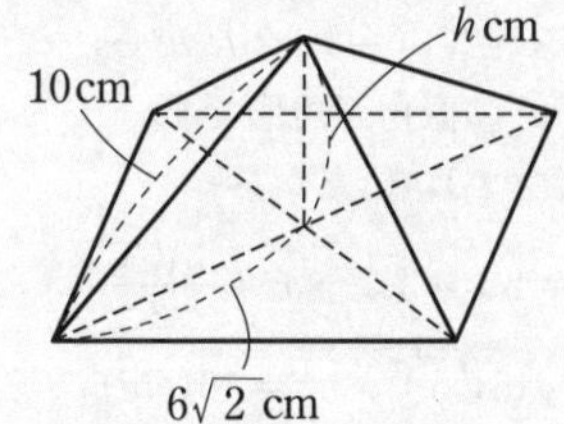

(2)$\frac{1}{3}\times12^2\times2\sqrt{7}=96\sqrt{7}(\text{cm}^3)$

❻ 162 cm^2

解き方

辺 FG の中点を N とすると,切り口の面は点 N を通ります。

$\text{AC}=\text{EG}=12\sqrt{2}$ cm,

$\text{MN}=\frac{1}{2}\text{EG}=6\sqrt{2}(\text{cm})$,MN∥AC,

$\text{AM}=\text{CN}=\sqrt{12^2+6^2}=6\sqrt{5}(\text{cm})$ より,切り口は下の図のような台形になります。

下の図において,△AJM≡△CKN より,AJ=CK だから

$\text{AJ}=(12\sqrt{2}-6\sqrt{2})\div2=3\sqrt{2}(\text{cm})$

$\text{JM}=\sqrt{(6\sqrt{5})^2-(3\sqrt{2})^2}=9\sqrt{2}(\text{cm})$

求める面積は

$\frac{1}{2}\times(12\sqrt{2}+6\sqrt{2})\times9\sqrt{2}=162(\text{cm}^2)$

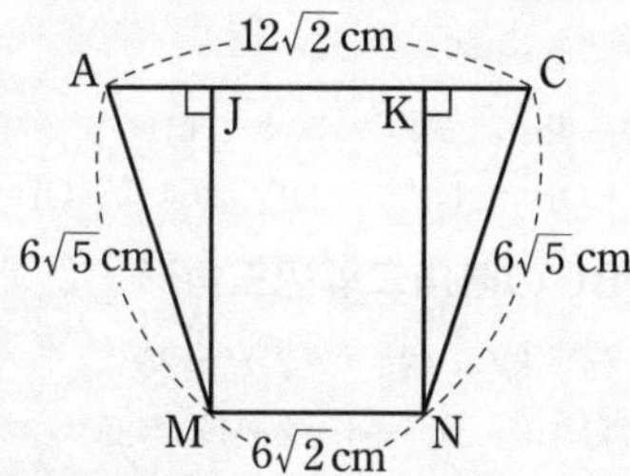

❼ $6\sqrt{3}$ cm

解き方

側面の展開図のおうぎ形の中心角を $a°$ とします。おうぎ形の弧(こ)の長さについて

$2\pi\times6\times\frac{a}{360}=2\pi\times2$ $a=120$

下の図で線分 AA′ の長さを求めます。

$\text{AH}=\frac{\sqrt{3}}{2}\times6=3\sqrt{3}(\text{cm})$

$\text{AA}'=2\times3\sqrt{3}=6\sqrt{3}(\text{cm})$

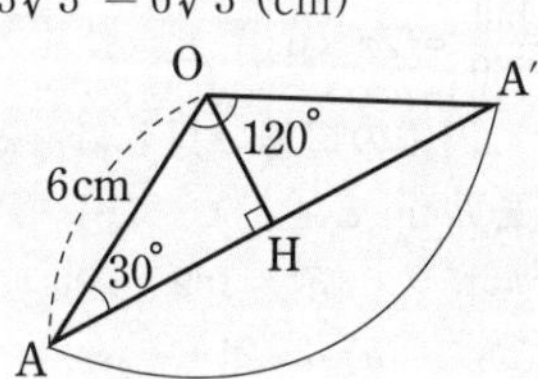

8章　標本調査

p.127　ぴたトレ0

❶ (1)0.27　(2)0.60

解き方
1000回の結果を使って相対度数を求めます。
(1)265÷1000＝0.265 → 0.27
(2)602÷1000＝0.602 → 0.60

❷ (1)0.4倍　(2)2.5倍

解き方
割合＝くらべる量÷もとにする量で求められます。
(1)中庭全体の面積に対する花だんの面積の割合だから，くらべる量は花だんの面積，もとにする量は中庭全体の面積です。
240÷600＝0.4(倍)
(2)600÷240＝2.5(倍)

❸ 1960円

解き方
3割引きということは，定価の(10−3)割で買うことになります。
2800×(1−0.3)＝1960(円)

p.128〜129　ぴたトレ1

1 (1)全数調査　(2)標本調査
(3)標本調査　(4)全数調査

解き方
(1)空港では，機内への危険物の持ち込みを防ぐために，すべての乗客を対象に手荷物検査を行っています。
(2)全数調査を行うと，売り物になる商品がなくなってしまいます。
(3)すべての有権者を対象にすると，労力やコストがかかり過ぎます。
(4)すべての従業員の健康状態を知る必要があります。また，企業が従業員に対して健康診断(しんだん)を実施することは法律で義務付けられています。

2 (1)全国の有権者　(2)8000

解き方
(1)標本調査において，調査対象全体を母集団といいます。
全国の有権者から8000人を選ぶので，母集団は全国の有権者です。
(2)調査のために母集団から取り出されたものの集まりを標本といい，標本にふくまれるものの個数を標本の大きさといいます。
標本は8000人の有権者だから，標本の大きさは8000です。

3 (1)157 cm　(2)154.8 cm　(3)近い

解き方
(1)(154＋162＋157＋161＋156＋152)÷6
＝942÷6＝157(cm)
(2)(153＋154.5＋158＋152.5＋155＋155.5)÷6
＝928.5÷6＝154.75(cm) → 154.8 cm
(3)標本平均の平均値は，母集団の平均値により近い値(あたい)になります。

p.130〜131　ぴたトレ1

1 (1)およそ90人　(2)およそ850個
(3)およそ260個

解き方
(1)50人のうちの虫歯のない生徒の割合は
$\frac{15}{50}=\frac{3}{10}$
よって　$300\times\frac{3}{10}=90$(人)
(2)20個のうちの発芽した種の割合は $\frac{17}{20}$
よって　$1000\times\frac{17}{20}=850$(個)
(3)20個のうち黒の基石の割合は $\frac{13}{20}$
よって　$400\times\frac{13}{20}=260$(個)

2 (1)2個　(2)およそ250個

解き方
(1)(2＋3＋1＋2＋2)÷5＝10÷5＝2(個)
(2)5日間に取り出した製品の合計は
200×5＝1000(個)
このうち，不良品は10個だから，不良品の割合は $\frac{10}{1000}=\frac{1}{100}$
$1000\times25\times\frac{1}{100}=250$(個)

p.132〜133　ぴたトレ2

❶ ㋒，㋓

解き方
標本は，かたよりなく選ぶ必要があるから，㋐，㋑，㋔は適当ではありません。

❷ およそ1160時間

解き方
10個の電球の寿命(じゅみょう)の合計は11550時間だから
11550÷10＝1155 → 1160(時間)

❸ (1)母集団…10000，標本…500
(2)およそ6400人

解き方
(1)母集団は調査対象全体，標本は調査のために母集団から取り出されたものの集まりです。
(2)64％ → 0.64
10000×0.64＝6400

❹ $\frac{2}{5}$

解き方
$(21+23+16+20)\div 4=20$(個)

黒玉の割合は $\frac{20}{50}=\frac{2}{5}$

❺ (1)3：2　(2)およそ 120 個

解き方
(1)取り出した赤と青のビー玉の個数の合計の比を求めます。
$54:36=3:2$

(2)$200\times\frac{3}{3+2}=120$(個)

❻ およそ 2310 ぴき

解き方
池の金魚の総数を x ひきとすると
$26:200=300:x$　　$26x=60000$
$x=\frac{30000}{13}$　　$x=2307.\cdots\to 2310$

理解のコツ

・全数調査と標本調査の区別のしかたは，おおよそ次のようになるよ。
全数調査…どうしてもすべての調査対象について調べる必要性があるとき
標本調査…全数調査を行うとすると，労力やコストがかかり過ぎるときや，不合理が生じるとき

・個数を推定する問題は，大別して次の 2 つのタイプがあるよ。
(ア)標本での割合を使って，母集団において，ある性質をもつ集団の個数を推定する。
(イ)標本での割合を使って，母集団の個数を推定する。
(ア)の場合は，単純に，(母集団の個数)×(標本での割合)で求められるけれど，(イ)の場合は，母集団の個数を x とおき，比例式などを用いて x の値(あたい)を求める必要があるよ。

p.134～135 ぴたトレ 3

❶ (1)母集団…P 市の全有権者
標本…有権者 400 人
(2)44 %　(3)およそ 9800 人

解き方
(1)P 市の全有権者から有権者 400 人を抽出するので，母集団は P 市の全有権者，標本は有権者 400 人です。
(2)標本における A 党の支持率は
$\frac{176}{400}\times 100=44$(%)
これを母集団における A 党の支持率と考えます。
(3)$42600\times\frac{92}{400}=9798\to 9800$(人)

❷ (1)34.6 個　(2)36.4 個　(3)およそ 42410 個

解き方
(1)$173\div 5=34.6$(個)
(2)$546\div(5\times 3)=36.4$(個)
(3)$36.4\times 1165=42406\to 42410$(個)

❸ およそ 250 個

解き方
白玉の個数を x 個とすると，x 個と 50 個の比が 40 個と 8 個の比に等しくなるから
$x:50=40:8$
$8x=2000$
$x=250$

❹ $\frac{23}{80}$

解き方
5 回の標本調査における赤玉の割合は
$\frac{21}{80}$，$\frac{18}{80}$，$\frac{27}{80}$，$\frac{24}{80}$，$\frac{25}{80}$
この 5 回の割合の平均は
$\left(\frac{21}{80}+\frac{18}{80}+\frac{27}{80}+\frac{24}{80}+\frac{25}{80}\right)\div 5=\frac{23}{80}$

❺ およそ 5600 個

解き方
最初に箱に入っていた黒玉を x 個とすると，300 個と白玉 20 個の比が，$(x+400)$ 個と白玉 400 個の比に等しくなるから
$300:20=(x+400):400$
$20(x+400)=300\times 400$
$x+400=300\times 20$　　$x=5600$

定期テスト予想問題〈解答〉 p.138~152

p.138~139　予想問題 1

出題傾向

公式を使った式の展開や因数分解は必ず出題されるよ。確実に得点するためにも，公式を正確に覚えよう。
式の計算の利用では，式を使った証明や図形に関する問題が多く出題されるよ。いろいろな整数の表し方，図形の面積や体積の表し方を復習しておこう。

1 (1)$15x^2y-20xy^2$　(2)$-10a^2+4ab-6a$
(3)$-3a+4$　(4)$8a-28b$

解き方

(1)$(3x-4y)\times 5xy$
$=3x\times 5xy-4y\times 5xy$
$=15x^2y-20xy^2$

(2)$(15a-6b+9)\times\left(-\frac{2}{3}a\right)$
$=15a\times\left(-\frac{2}{3}a\right)+(-6b)\times\left(-\frac{2}{3}a\right)+9\times\left(-\frac{2}{3}a\right)$
$=-10a^2+4ab-6a$

(3)$(12a^2-16a)\div(-4a)$
$=(12a^2-16a)\times\left(-\frac{1}{4a}\right)$
$=12a^2\times\left(-\frac{1}{4a}\right)-16a\times\left(-\frac{1}{4a}\right)$
$=-3a+4$

(4)$(18a^2b-63ab^2)\div\frac{9}{4}ab$
$=(18a^2b-63ab^2)\times\frac{4}{9ab}$
$=18a^2b\times\frac{4}{9ab}-63ab^2\times\frac{4}{9ab}$
$=8a-28b$

2 (1)$xy+4x-5y-20$　(2)$2a^2+5a-63$
(3)$x^2+14x+45$　(4)$a^2-18a+81$
(5)$25b^2-49a^2$　(6)$16x^2+40xy+25y^2$
(7)$a^2-5ab-24b^2$　(8)$\frac{x^2}{4}-\frac{y^2}{9}$

解き方

(1)$(x-5)(y+4)=xy+4x-5y-20$
(2)$(a+7)(2a-9)=2a^2-9a+14a-63$
$=2a^2+5a-63$
(3)$(x+5)(x+9)=x^2+(5+9)x+5\times 9$
$=x^2+14x+45$
(4)$(a-9)^2=a^2-2\times 9\times a+9^2$
$=a^2-18a+81$
(5)$(7a+5b)(-7a+5b)=(5b+7a)(5b-7a)$
$=(5b)^2-(7a)^2$
$=25b^2-49a^2$
(6)$(4x+5y)^2=(4x)^2+2\times 5y\times 4x+(5y)^2$
$=16x^2+40xy+25y^2$
(7)$(a+3b)(a-8b)$
$=a^2+\{3b+(-8b)\}a+3b\times(-8b)$
$=a^2-5ab-24b^2$
(8)$\left(\frac{x}{2}+\frac{y}{3}\right)\left(\frac{x}{2}-\frac{y}{3}\right)=\left(\frac{x}{2}\right)^2-\left(\frac{y}{3}\right)^2$
$=\frac{x^2}{4}-\frac{y^2}{9}$

3 (1)$-5a+24$　(2)$2x^2+18$　(3)$-5x-25$
(4)$a^2+2ab+b^2-18a-18b+81$

解き方

(1)$(a-4)(a-6)-a(a-5)$
$=a^2-10a+24-(a^2-5a)$
$=-5a+24$
(2)$(x-3)^2+(x+3)^2$
$=x^2-6x+9+x^2+6x+9$
$=2x^2+18$
(3)$(x+5)(x-10)-(x-5)(x+5)$
$=x^2-5x-50-(x^2-25)$
$=x^2-5x-50-x^2+25$
$=-5x-25$
(4)$(a+b-9)^2=(a+b)^2-2\times 9\times(a+b)+9^2$
$=a^2+2ab+b^2-18a-18b+81$

4 (1)$3ab(2a-3b-7)$　(2)$(x-4)(x-6)$
(3)$(5a+b)(5a-b)$　(4)$\left(x+\frac{1}{4}\right)\left(x-\frac{1}{4}\right)$
(5)$(3x-1)^2$　(6)$3(x+1)^2$　(7)$(x-2)(x-5)$
(8)$(x-4)(y-2)$

解き方

(1)$6a^2b-9ab^2-21ab$
$=3ab\times 2a+3ab\times(-3b)+3ab\times(-7)$
$=3ab(2a-3b-7)$
(2)$x^2-10x+24$
$=x^2+\{(-4)+(-6)\}x+(-4)\times(-6)$
$=(x-4)(x-6)$
(3)$25a^2-b^2=(5a)^2-b^2$
$=(5a+b)(5a-b)$
(4)$x^2-\frac{1}{16}=x^2-\left(\frac{1}{4}\right)^2$
$=\left(x+\frac{1}{4}\right)\left(x-\frac{1}{4}\right)$
(5)$9x^2-6x+1=(3x)^2-2\times 1\times 3x+1^2$
$=(3x-1)^2$

(6) $3x^2+6x+3=3(x^2+2x+1)$
$=3(x+1)^2$
(7) $(x-6)(x-1)+4=x^2-7x+6+4$
$=x^2-7x+10$
$=(x-2)(x-5)$
(8) $xy-2x-4y+8=x(y-2)-4(y-2)$
$=(x-4)(y-2)$

5 (1) -3 (2) 14

解き方
(1) $(a-3)^2-a(a+4)$
$=a^2-6a+9-(a^2+4a)=-10a+9$
$a=1.2$ を代入すると
$-10\times1.2+9=-12+9=-3$
(2) $(x-2y)^2-(x+2y)^2$
$=x^2-4xy+4y^2-(x^2+4xy+4y^2)$
$=-8xy$
$x=-\frac{1}{4}$，$y=7$ を代入すると
$-8\times\left(-\frac{1}{4}\right)\times7=14$

6 6

解き方
$150=2\times3\times5^2$ だから，2×3 をかけると，
$(2\times3\times5)^2=30^2$ となります。

7 $a:b$

解き方
P の面積は
$\frac{1}{2}\pi a^2+\frac{1}{2}\pi\left\{\frac{1}{2}(2a+2b)\right\}^2-\frac{1}{2}\pi b^2$
$=\frac{1}{2}\pi\{a^2+(a+b)^2-b^2\}=\pi a(a+b)$
Q の面積は
$\frac{1}{2}\pi b^2+\frac{1}{2}\pi\left\{\frac{1}{2}(2a+2b)\right\}^2-\frac{1}{2}\pi a^2$
$=\frac{1}{2}\pi\{b^2+(a+b)^2-a^2\}=\pi b(a+b)$
よって　$\pi a(a+b):\pi b(a+b)=a:b$

p.140~141　予想問題 2

出題傾向

この章では，まず平方根の意味をきちんと理解しておくことが大切。平方根の性質を使った**8**のような問題がよく出題されるよ。また，計算問題も必ず出題されるよ。展開の公式を使った展開，$a\sqrt{b}=\sqrt{a^2b}$ の変形，分母の有理化などがポイントとなる問題が多いから，重点的にチェックしておこう。

1 (1) 6 (2) 4 (3) 0.9 (4) ○

解き方
(1) $\sqrt{36}=\sqrt{6^2}=6$
(2) $\sqrt{(-4)^2}=\sqrt{16}=\sqrt{4^2}=4$
(3) $\sqrt{0.81}=\sqrt{0.9^2}=0.9$
(4) $\sqrt{(-7)^2}=\sqrt{49}=\sqrt{7^2}=7$ だから
$-\sqrt{(-7)^2}=-7$ となり，正しいです。

2 (1) $3>\sqrt{7}$ (2) $-5<-\sqrt{24}$

解き方
(1) $3^2=9$　$9>7$ から　$3>\sqrt{7}$
(2) $5^2=25$　$25>24$ から　$5>\sqrt{24}$
よって　$-5<-\sqrt{24}$

3 $\frac{11}{\sqrt{12}}$，$\sqrt{\frac{11}{12}}$，$\frac{11}{12}$，$\frac{\sqrt{11}}{12}$

解き方
$\left(\frac{11}{12}\right)^2=\frac{121}{144}$　$\left(\sqrt{\frac{11}{12}}\right)^2=\frac{11}{12}=\frac{132}{144}$
$\left(\frac{\sqrt{11}}{12}\right)^2=\frac{11}{144}$　$\left(\frac{11}{\sqrt{12}}\right)^2=\frac{121}{12}=\frac{1452}{144}$
$\frac{1452}{144}>\frac{132}{144}>\frac{121}{144}>\frac{11}{144}$ より
$\frac{11}{\sqrt{12}}>\sqrt{\frac{11}{12}}>\frac{11}{12}>\frac{\sqrt{11}}{12}$

4 (1) 4 (2) $-12\sqrt{15}$ (3) $\frac{\sqrt{3}}{3}$ (4) $2\sqrt{5}$
(5) $12\sqrt{3}$ (6) 30

解き方
(1) $\sqrt{2}\times\sqrt{8}=\sqrt{16}=4$
(2) $2\sqrt{6}\times(-3\sqrt{10})=2\times(-3)\times\sqrt{6\times10}$
$=-6\sqrt{60}=-6\sqrt{2^2\times15}=-12\sqrt{15}$
(3) $\sqrt{2}\div\sqrt{6}=\sqrt{\frac{2}{6}}=\sqrt{\frac{1}{3}}=\frac{1}{\sqrt{3}}$
$=\frac{1\times\sqrt{3}}{\sqrt{3}\times\sqrt{3}}=\frac{\sqrt{3}}{3}$
(4) $4\sqrt{10}\div\sqrt{8}=4\sqrt{10}\div2\sqrt{2}=2\sqrt{\frac{10}{2}}=2\sqrt{5}$
(5) $\sqrt{3}\times\sqrt{8}\times\sqrt{18}=\sqrt{3}\times2\sqrt{2}\times3\sqrt{2}$
$=2\times3\times\sqrt{3\times2\times2}=6\times2\sqrt{3}=12\sqrt{3}$
(6) $\sqrt{40}\div\sqrt{2}\times3\sqrt{5}=\sqrt{20}\times3\sqrt{5}$
$=3\sqrt{100}=3\times10=30$

❺ (1)$4\sqrt{2}$ (2)0 (3)$5\sqrt{2}+8$ (4)$-13-2\sqrt{2}$
(5)$8-4\sqrt{3}$ (6)11 (7)$2\sqrt{2}$ (8)$4+6\sqrt{6}$

解き方

(1)$\sqrt{2}+\sqrt{18}=\sqrt{2}+3\sqrt{2}=4\sqrt{2}$

(2)$\sqrt{12}-\dfrac{6}{\sqrt{3}}=2\sqrt{3}-\dfrac{6\sqrt{3}}{3}$
$=2\sqrt{3}-2\sqrt{3}=0$

(3)$\sqrt{2}(5+4\sqrt{2})=\sqrt{2}\times 5+\sqrt{2}\times 4\sqrt{2}$
$=5\sqrt{2}+4\times 2=5\sqrt{2}+8$

(4)$(\sqrt{2}-5)(\sqrt{2}+3)$
$=(\sqrt{2})^2+\{(-5)+3\}\sqrt{2}+(-5)\times 3$
$=2-2\sqrt{2}-15$
$=-13-2\sqrt{2}$

(5)$(\sqrt{6}-\sqrt{2})^2=(\sqrt{6})^2-2\times\sqrt{2}\times\sqrt{6}+(\sqrt{2})^2$
$=6-2\sqrt{12}+2=8-4\sqrt{3}$

(6)$(2\sqrt{3}+1)(2\sqrt{3}-1)=(2\sqrt{3})^2-1^2$
$=12-1=11$

(7)$\sqrt{18}-\sqrt{24}\div 2\sqrt{3}=3\sqrt{2}-\dfrac{2\sqrt{6}}{2\sqrt{3}}$
$=3\sqrt{2}-\sqrt{2}=2\sqrt{2}$

(8)$(\sqrt{3}+\sqrt{8})^2-(\sqrt{6}-1)^2$
$=3+2\sqrt{24}+8-(6-2\sqrt{6}+1)$
$=11+4\sqrt{6}-7+2\sqrt{6}$
$=4+6\sqrt{6}$

❻ (1)7 (2)$12\sqrt{2}$ (3)$7\sqrt{2}+2$

解き方

(1)$xy=(3+\sqrt{2})(3-\sqrt{2})$
$=3^2-(\sqrt{2})^2=9-2=7$

(2)$x^2-y^2=(x+y)(x-y)$
$=\{(3+\sqrt{2})+(3-\sqrt{2})\}\{(3+\sqrt{2})-(3-\sqrt{2})\}$
$=6\times 2\sqrt{2}=12\sqrt{2}$

(3)$x^2+x-12=(x-3)(x+4)$
$=(3+\sqrt{2}-3)(3+\sqrt{2}+4)$
$=\sqrt{2}\times(7+\sqrt{2})$
$=7\sqrt{2}+2$

❼ (1)26.46 (2)0.8367

解き方

(1)$\sqrt{700}=\sqrt{7\times 10^2}=10\sqrt{7}=26.46$

(2)$\sqrt{0.7}=\sqrt{\dfrac{70}{100}}=\dfrac{\sqrt{70}}{10}=0.8367$

❽ (1)$n=5$, 14, 21, 26, 29, 30 (2)$15-4\sqrt{7}$
(3)3個 (4)$16\sqrt{5}$ m

解き方

(1)nは自然数だから，$30-n$の値(あたい)は29以下です。
よって，$30-n=0$, 1, 4, 9, 16, 25となるときだから
$n=30$, 29, 26, 21, 14, 5

(2)$2<\sqrt{7}<3$から　$a=2$, $b=\sqrt{7}-2$
よって　$a^2+b^2=2^2+(\sqrt{7}-2)^2$
$=4+7-4\sqrt{7}+4$
$=15-4\sqrt{7}$

(3)$3.5^2<(\sqrt{x})^2<4^2$　$3.5^2=12.25$　$4^2=16$
よって　$x=13$, 14, 15

(4)正方形の1辺の長さは
$\sqrt{80}=4\sqrt{5}$ (m)
よって，周の長さは
$4\times 4\sqrt{5}=16\sqrt{5}$ (m)

p.142~143 予想問題 3

出題傾向

2次方程式の解法では，因数分解を使って解く問題がもっとも多く出題されるよ。右辺を0にしたときは，左辺が因数分解できるかどうかを瞬時に判断できるように練習しよう。
応用問題では，面積や体積の問題がよく出題される。図を使って数量関係を正確につかもう。

1 (1)$x=-5$ (2)$x=5,\ -8$
(3)$x=-6,\ 6$ (4)$y=1,\ 5$
(5)$x=4,\ 5$ (6)$x=-1,\ 3$

解き方
(1)$x^2+10x+25=0$ $(x+5)^2=0$
$x=-5$
(2)$x^2+3x-40=0$ $(x-5)(x+8)=0$
$x=5,\ -8$
(3)$x^2-36=0$ $(x+6)(x-6)=0$
$x=-6,\ 6$
(4)$y^2-6y+5=0$ $(y-1)(y-5)=0$
$y=1,\ 5$
(5)$x^2=9x-20$ $x^2-9x+20=0$
$(x-4)(x-5)=0$ $x=4,\ 5$
(6)$3x^2-6x-9=0$ $x^2-2x-3=0$
$(x+1)(x-3)=0$ $x=-1,\ 3$

2 (1)$x=\pm2$ (2)$x=\pm5\sqrt{3}$
(3)$x=-5\pm\sqrt{2}$ (4)$x=6,\ 0$

解き方
どのように解いてもよいですが，平方根の考えを使った解き方がもっとも速く解けます。
(1)$2x^2-8=0$
$x^2-4=0$ $x^2=4$ $x=\pm2$
(2)$x^2-75=0$ $x^2=75$ $x=\pm5\sqrt{3}$
(3)$(x+5)^2=2$ $x+5=\pm\sqrt{2}$ $x=-5\pm\sqrt{2}$
(4)$(x-3)^2=9$ $x-3=\pm3$
$x=3\pm3$ $x=6,\ 0$

3 (1)$x=\dfrac{-1\pm\sqrt{33}}{2}$ (2)$x=\dfrac{5\pm\sqrt{21}}{2}$
(3)$x=\dfrac{-3\pm\sqrt{33}}{4}$ (4)$x=1,\ \dfrac{1}{4}$
(5)$x=-2\pm2\sqrt{3}$ (6)$x=\dfrac{4\pm\sqrt{10}}{2}$

解き方
解の公式を使って解きます。(5)，(6)のようにxの係数が偶数のときは，約分できるから注意しましょう。また，(4)は$\sqrt{\quad}$の部分が有理数になります。

(1)$x=\dfrac{-1\pm\sqrt{1^2-4\times1\times(-8)}}{2\times1}=\dfrac{-1\pm\sqrt{33}}{2}$
(2)$x=\dfrac{-(-5)\pm\sqrt{(-5)^2-4\times1\times1}}{2\times1}$
$=\dfrac{5\pm\sqrt{21}}{2}$
(3)$x=\dfrac{-3\pm\sqrt{3^2-4\times2\times(-3)}}{2\times2}=\dfrac{-3\pm\sqrt{33}}{4}$
(4)$x=\dfrac{-(-5)\pm\sqrt{(-5)^2-4\times4\times1}}{2\times4}$
$=\dfrac{5\pm\sqrt{9}}{8}=\dfrac{5\pm3}{8}$
よって $x=1,\ \dfrac{1}{4}$
(5)$x=\dfrac{-4\pm\sqrt{4^2-4\times1\times(-8)}}{2\times1}=\dfrac{-4\pm\sqrt{48}}{2}$
$=\dfrac{-4\pm4\sqrt{3}}{2}=-2\pm2\sqrt{3}$
(6)$x=\dfrac{-(-8)\pm\sqrt{(-8)^2-4\times2\times3}}{2\times2}$
$=\dfrac{8\pm\sqrt{40}}{4}=\dfrac{8\pm2\sqrt{10}}{4}=\dfrac{4\pm\sqrt{10}}{2}$

4 (1)$x=-2,\ 3$ (2)$x=0,\ -3$

解き方
(1)$(x+3)(x-2)=2x$ $x^2+x-6=2x$
$x^2-x-6=0$ $(x+2)(x-3)=0$
$x=-2,\ 3$
(2)$2x^2-4x=x(4x+2)$
$2x^2-4x=4x^2+2x$ $-2x^2-6x=0$
$x^2+3x=0$ $x(x+3)=0$
$x=0,\ -3$

5 (1)$a=1$ (2)$x=-2$

解き方
(1)与えられた方程式に$x=1$を代入して，aについての方程式をつくります。
$1+a-2a=0$ から $a=1$
(2)$a=1$ を代入すると $x^2+x-2=0$
$(x-1)(x+2)=0$ $x=1,\ -2$

6 $x=15$

解き方
$2(x+5)=x^2+5-190$
$x^2-2x-195=0$ $x=-13,\ 15$
$x>0$ だから $x=15$

❼ **6，7，8**

解き方
中央の自然数をxとおくと，小さい方の自然数は$x-1$，大きい方の自然数は$x+1$と表されます。
$(x-1)^2+x^2+(x+1)^2=x^2+100$
$2x^2-98=0$　　$x^2=49$　　$x=\pm7$
$x=7$のとき，小さい方の自然数は6，大きい方の自然数は8
$x=-7$は問題に適しません。

❽ **$(4+\sqrt{6})$秒後と$(4-\sqrt{6})$秒後**

解き方
x秒後における線分PC，CQの長さはそれぞれ$(16-2x)$ cm，x cm
よって　$\frac{1}{2}\times(16-2x)\times x=10$
$x^2-8x+10=0$　　$x=4\pm\sqrt{6}$
$0\leqq x\leqq 8$だから，これらは，ともに問題に適しています。

❾ **10 cm**

解き方
縦の長さをx cmとすると，横の長さは$(x+5)$ cmと表されます。
容器の底面の縦の長さは$x-3\times2=x-6$(cm)
横の長さは$(x+5)-3\times2=x-1$(cm)だから
$(x-6)(x-1)\times3=108$
$3(x^2-7x+6)=108$　　$x^2-7x+6=36$
$x^2-7x-30=0$　　$x=-3,\ 10$
$x>6$だから　$x=10$

p.144～145　予想問題 4

出題傾向
変域と変化の割合の問題は，必ず出題されるから，1次関数と合わせて，求め方をよく復習しておこう。
他には，グラフを使った出題が圧倒的に多いよ。グラフ上の点を使った図形の問題など，応用範囲（はんい）が広いから，グラフの特徴（とくちょう）をしっかり理解しておくことが大切だよ。

❶ **(1)$y=-\frac{1}{2}x^2$　(2)$y=18$**

解き方
(1)$y=ax^2$に$x=-2$，$y=-2$を代入すると
$-2=a\times(-2)^2$　　$a=-\frac{1}{2}$
(2)(1)と同様にして式を求めると　$y=2x^2$
これに$x=3$を代入すると　$y=2\times3^2=18$

❷ **(1)$y=-\frac{1}{4}x^2$**

(2)
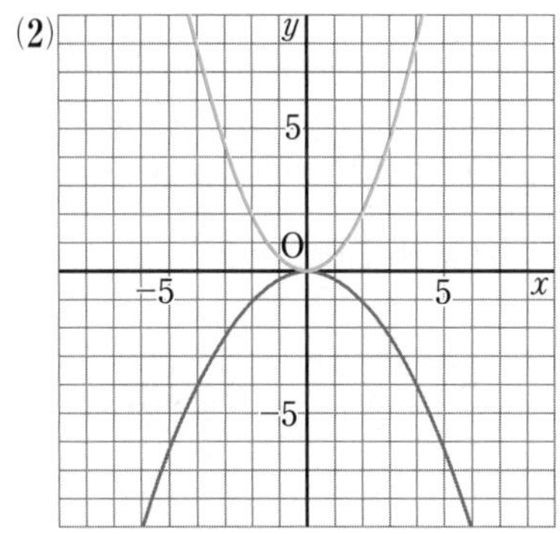

解き方
(1)(4，−4)を通るから
$-4=a\times4^2$　　$a=-\frac{1}{4}$

❸ **(1)$1\leqq y\leqq16$　(2)$0\leqq y\leqq8$**
(3)$0\leqq y\leqq18$　(4)$-9\leqq y\leqq0$

解き方
グラフのおよその形をかいて確認します。
(1)xの変域に0をふくみません。
yの最大値は　$y=4^2=16$
yの最小値は　$y=1^2=1$
(2)yの最大値は　$y=\frac{1}{2}\times4^2=8$
xの変域に0をふくむから，yの最小値は0
(3)yの最大値は　$y=2\times3^2=18$
xの変域に0をふくむから，yの最小値は0
(4)xの変域に0をふくむから，yの最大値は0
yの最小値は　$y=-\frac{1}{4}\times6^2=-9$

❹ $a=\dfrac{2}{3}$，$b=0$

解き方
x の変域に 0 をふくむから　$b=0$
y の変域より，$a>0$ だから，$x=-3$ のとき $y=6$
$6=a\times(-3)^2$　$a=\dfrac{2}{3}$

❺ (1)-18　(2)$a=\dfrac{1}{3}$

解き方
(1)$\dfrac{-3\times5^2-(-3)\times1^2}{5-1}=-18$
(2)$\dfrac{a\times6^2-a\times3^2}{6-3}=3$ から　$9a=3$　$a=\dfrac{1}{3}$

❻ (1)$y=4.9x^2$　(2) 4 秒後　(3)秒速 58.8 m

解き方
(1)$y=ax^2$ に $x=3$，$y=44.1$ を代入すると
$44.1=a\times3^2$　$a=4.9$
(2)$y=4.9x^2$ に $y=78.4$ を代入すると
$78.4=4.9x^2$　$x^2=16$　$x^2=\pm4$
$x>0$ だから　$x=4$
(3)x の値(あたい)が 5 から 7 まで増加するときの変化の割合に等しくなります。
$\dfrac{4.9\times7^2-4.9\times5^2}{7-5}=58.8$ より　秒速 58.8 m

❼ (1)$a=\dfrac{1}{2}$　(2)$y=x+4$　(3)12 cm²

解き方
(1)$y=ax^2$ は Q (4, 8) を通るから
$8=a\times4^2$　$a=\dfrac{1}{2}$
(2)P (−2, 2)，Q (4, 8) より，直線の傾きは
$\dfrac{8-2}{4-(-2)}=1$
$y=x+k$ に点 Q の座標の値を代入すると
$8=4+k$ から　$k=4$
(3)直線 PQ と y 軸(じく)との交点を R とすると，R の座標は (0, 4)
$\triangle POQ=\triangle POR+\triangle QOR$
$=\dfrac{1}{2}\times4\times2+\dfrac{1}{2}\times4\times4=12$

p.146~147　予想問題 5

出題傾向
三角形の相似や，三角形と線分の比の定理を利用して長さを求める問題が，もっともよく出題されるよ。また，面積についての問題では，高さの等しい三角形の底辺の比や，相似比の 2 乗をよく利用するよ。立体の体積についての問題が出題されたときは，相似比の 3 乗の利用を考えよう。

❶ (1)$\dfrac{45}{4}$ cm　(2)$\dfrac{35}{4}$ cm

解き方
$\triangle ABC\backsim\triangle ACD$ において，相似比は
BC : CD＝24 : 18＝4 : 3
(1)AC : AD＝4 : 3 から　15 : AD＝4 : 3
$AD=\dfrac{45}{4}$(cm)
(2)AB : AC＝4 : 3 から　AB : 15＝4 : 3
AB＝20(cm)
$BD=AB-AD=20-\dfrac{45}{4}=\dfrac{35}{4}$(cm)

❷ (1)△ADF と △CFE において
$\angle DAF=\angle FCE=60^\circ$　……①
また　$\angle AFD=\angle AFE-\angle DFE$
$=\angle AFE-\angle B$　……②
△CFE の内角と外角の性質により
$\angle CEF=\angle AFE-\angle C$　……③
$\angle B=\angle C=60^\circ$ であるから，②，③より
$\angle AFD=\angle CEF$　……④
①，④より，2 組の角がそれぞれ等しいから
$\triangle ADF\backsim\triangle CFE$

(2)$\dfrac{9}{2}$ cm

解き方
(2)BE＝FE＝7 cm だから
AC＝BC＝7＋8＝15(cm)より
AF＝AC−FC＝15−3＝12(cm)
(1)より，$\triangle ADF\backsim\triangle CFE$ だから
AF : CE＝AD : CF
12 : 8＝AD : 3　$AD=\dfrac{9}{2}$(cm)

❸ (1)$x=12$，$y=25$　(2)$x=14$，$y=12$

解き方
(1)x : 8＝9 : 6＝3 : 2　$x=12$
15 : y＝9 : 15＝3 : 5　$y=25$
(2)x : 7＝18 : 9＝2 : 1　$x=14$
y : 6＝18 : 9＝2 : 1　$y=12$

❹ (1)9：16 (2)9：25 (3)4：1

解き方

△ADE と △ABC の相似比は

3：(3+2)=3：5

(1)△ADE：△ABC=3^2：5^2=9：25

△ADE：台形 DBCE=9：(25−9)=9：16

(2)DE：BC=AD：AB=3：5 だから

△EDG：△BCG=3^2：5^2=9：25

(3)BG：GE=BC：DE=5：3 だから

$\triangle BCG=\dfrac{5}{5+3}\triangle BCE=\dfrac{5}{8}\times\dfrac{2}{2+3}\triangle ABC$

$=\dfrac{1}{4}\triangle ABC$

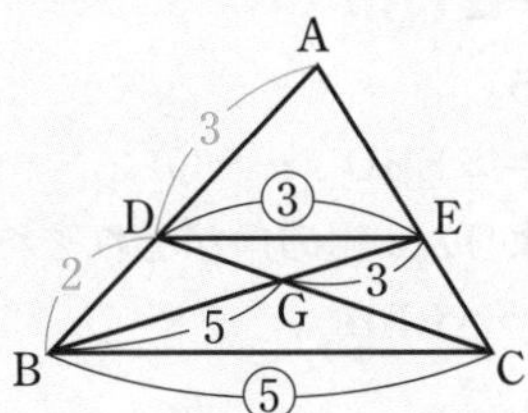

❺ 8 cm

解き方

EC=x cm とすると

△BFD において，中点連結定理により

DF=2EC=$2x$ ……①

EC∥DG より

DG：EC=AD：AE=1：2

よって　$DG=\dfrac{1}{2}EC=\dfrac{1}{2}x$

よって　$DF=\dfrac{1}{2}x+12$(cm) ……②

①，②より，$2x=\dfrac{1}{2}x+12$　$x=8$(cm)

❻ (1)$x=18$ (2)$x=16$

解き方

(1)x：12=21：14=3：2

$2x=36$　$x=18$

(2)x：$(28-x)$=12：9=4：3　$3x=4(28-x)$

$7x=112$　$x=16$

❼ (1)12 cm^3 (2)84 cm^3

解き方

(1)L と (L+M+N) の相似比は

1：3 だから，体積の比は　1^3：3^3=1：27

よって，L の体積は　$324\times\dfrac{1}{27}=12(cm^3)$

(2)L と (L+M) と (L+M+N) の相似比は

1：2：3 だから，体積の比は

1^3：2^3：3^3=1：8：27

よって，M と (L+M+N) の体積の比は

(8−1)：27=7：27

したがって，M の体積は　$324\times\dfrac{7}{27}=84(cm^3)$

p.148〜149　予想問題 6

出題傾向

円周角の定理や，円周角と弧(こ)の定理を使って角度を求める問題を中心として出題されることが多いよ。円がないときは，円周角の定理の逆を使って，かくれた円がないかを考えよう。また，円の接線は接点を通る半径に垂直になるよ。

❶ (1)55° (2)90° (3)28° (4)44° (5)34° (6)30°

解き方

(1)∠AOB=180°−35°×2=110°

よって　$\angle x=\dfrac{1}{2}\times110°=55°$

(2)∠BCD=90° から，BD は直径です。

(3)$\angle DOC=\angle BCO=\dfrac{1}{2}\times112°=56°$

よって　$\angle x=\dfrac{1}{2}\times56°=28°$

(4)∠FDB=∠ACB=100°−72°=28°

よって　$\angle x$=72°−28°=44°

(5)C と D を結ぶと　∠BCD=90°

∠BDC=∠BAC=56° だから

$\angle x$=180°−(90°+56°)=34°

(6)$\overset{\frown}{ABC}$ に対する中心角は　2×130°=260°

$\overset{\frown}{ADC}$ に対する中心角は

360°−260°=100°

$\overset{\frown}{ADC}$ に対する円周角は

$\angle ABC=\dfrac{1}{2}\times100°=50°$

OB=OA，OB=OC より

∠OBA=∠OAB，∠OBC=∠OCB

よって　20°+$\angle x$=50°　$\angle x$=30°

❷ (1)2：3 (2)13：5 (3)38°

解き方

(1)$\overset{\frown}{BC}$：$\overset{\frown}{CD}$=26：(65−26)

=26：39=2：3

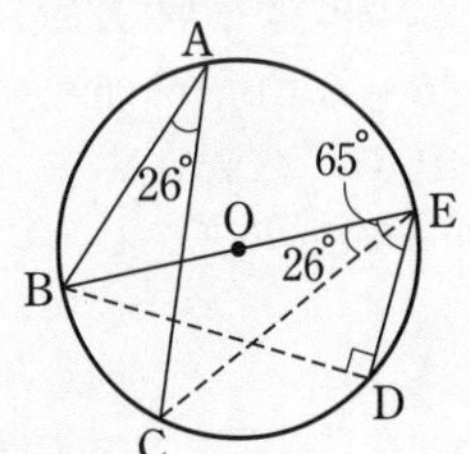

(2)$\overset{\frown}{BCD}$：$\overset{\frown}{DE}$=65：(180−90−65)

=65：25=13：5

(3)$\angle AEB = 2\angle BAC = 2\times 26° = 52°$

よって　$\angle ABE = 180° - (90° + 52°) = 38°$

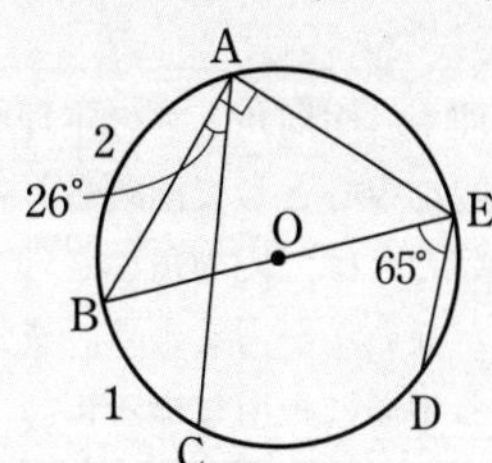

❸　**点 A，B，D，F と点 A，F，C，E**

解き方

円周角の定理の逆を使います。

$\angle ABF = \angle ADF$ だから，4点 A，B，D，F は，1つの円周上にあります。

$\angle AEF = \angle ACF$ だから，4点 A，F，C，E は，1つの円周上にあります。

❹　**70°**

解き方

中心 O と点 A，B を結びます。

$\overset{\frown}{ACB}$ に対する中心角の大きさは

$\angle AOB = 360° - 2\times 110° = 360° - 220° = 140°$

$OA \perp PA$，$OB \perp PB$ だから

四角形 APBO において

$\angle APB = 360° - (90°\times 2 + 140°) = 40°$

二等辺三角形 PAB において

$\angle PAB = \frac{1}{2}\times(180° - 40°) = 70°$

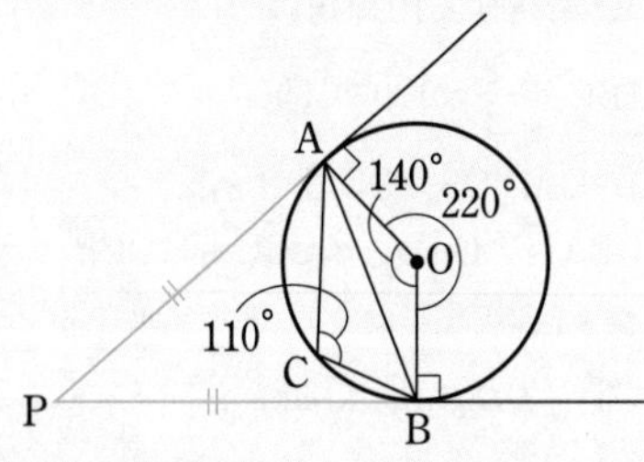

(別解) $\angle AOB = 140°$ より

$\angle OAB = \frac{1}{2}\times(180° - 140°) = 20°$

$OA \perp PA$ だから　$\angle PAO = 90°$

$\angle PAB = \angle PAO - \angle OAB$

$= 90° - 20° = 70°$

❺　**$\triangle ABC$ と $\triangle BED$ において**

半円の弧に対する円周角の大きさは 90° であるから

$\angle ACB = 90°$　……①

$\angle ADB = 90°$　……②

②より　$\angle BDE = 180° - \angle ADB$

$= 180° - 90° = 90°$　……③

①，③より　$\angle ACB = \angle BDE$　……④

$\overset{\frown}{BC} = \overset{\frown}{CD}$ より，長さの等しい弧に対する円周角は等しいから

$\angle BAC = \angle CBD$

すなわち

$\angle BAC = \angle EBD$　……⑤

④，⑤より，2組の角がそれぞれ等しいから

$\triangle ABC \backsim \triangle BED$

❻　**3 cm**

解き方

$\angle P$ は共通で，円周角の定理により

$\angle PAD = \angle PCB$ だから

$\triangle ADP \backsim \triangle CBP$

よって　$AP : CP = DP : BP$

$10 : CP = 5 : 4$

$5CP = 10\times 4$

$CP = 8$(cm)

したがって　$CD = 8 - 5 = 3$(cm)

p.150〜151　予想問題 7

出題傾向

直角三角形において，求める長さを x とおいて，三平方の定理や特別な直角三角形の辺の比を使い，方程式をつくって解くパターンが，もっともよく出題されるよ。円や立体の高さの問題では，直角三角形をつくり出して解こう。なお，直方体の対角線の長さを求める問題では，3辺が a，b，c のときの対角線の長さは，$\sqrt{a^2+b^2+c^2}$ で求められることを覚えておくと便利だよ。

❶ (1)$x=\sqrt{7}$　(2)$x=4\sqrt{5}$

解き方

(1)$3^2+x^2=4^2$ から

$x^2=16-9=7$　　$x=\sqrt{7}$

(2)$4^2+8^2=x^2$ から

$x^2=16+64=80$　　$x=4\sqrt{5}$

❷ (1)$4\sqrt{6}$ cm　(2)$(32+16\sqrt{3})$ cm^2

解き方

(1)$AB : AC=1 : \sqrt{2}$

$8 : AC=1 : \sqrt{2}$ から　$AC=8\sqrt{2}$ (cm)

$AC : AD=2 : \sqrt{3}$ から　$8\sqrt{2} : AD=2 : \sqrt{3}$

$2AD=8\sqrt{2}\times\sqrt{3}$　　$AD=4\sqrt{6}$ (cm)

(2)$BC=AB=8$ cm　　$AC : CD=2 : 1$ から

$8\sqrt{2} : CD=2 : 1$　　$CD=4\sqrt{2}$ (cm)

$\triangle ABC+\triangle ACD=\frac{1}{2}\times8\times8+\frac{1}{2}\times4\sqrt{2}\times4\sqrt{6}$

$=32+16\sqrt{3}$ (cm^2)

❸ (1)14 cm　(2)$2\sqrt{6}$ cm

解き方

(1)下の図において

$AH^2=11^2-(6\sqrt{2})^2=49$

$AH>0$ だから　$AH=7$(cm)

$AB=2AH=2\times7=14$(cm)

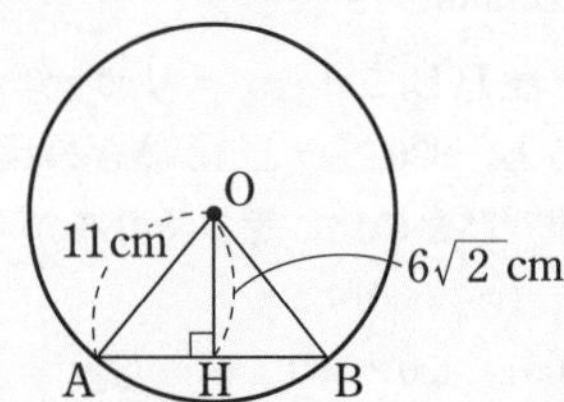

(2)$AB^2=7^2-5^2=24$

$AB>0$ だから　$AB=2\sqrt{6}$ (cm)

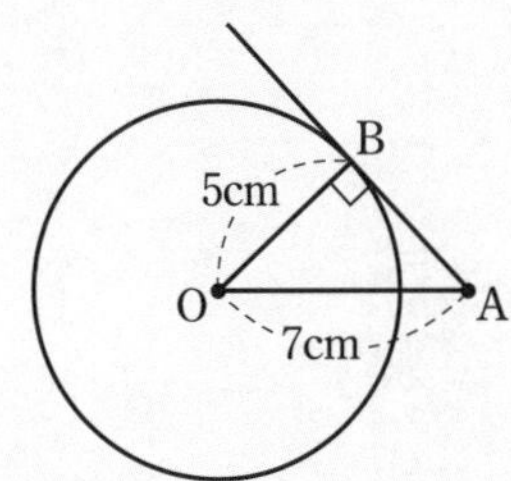

❹ 15

解き方

$OA=\sqrt{4^2+2^2}=2\sqrt{5}$

$AB=\sqrt{\{4-(-1)\}^2+(2-7)^2}=5\sqrt{2}$

$BO=\sqrt{\{(-1)-0\}^2+(7-0)^2}=5\sqrt{2}$

$\triangle OAB$ は下の図のようになります。

$BH^2=(5\sqrt{2})^2-(\sqrt{5})^2=45$ だから

$BH=3\sqrt{5}$

よって　$\triangle OAB=\frac{1}{2}\times2\sqrt{5}\times3\sqrt{5}=15$

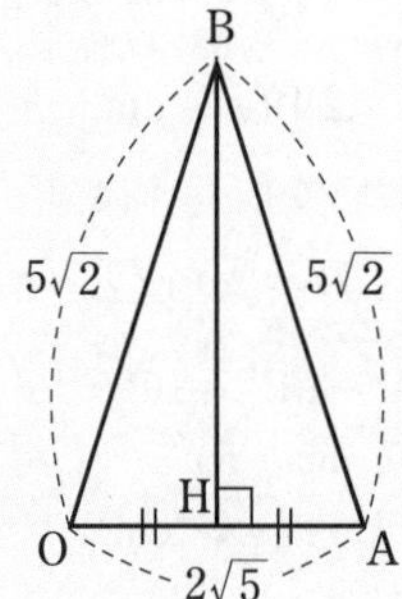

❺ 12 cm

解き方

$BH=x$ cm とおき，AH^2 を2通りの x の式で表して，x の値(あたい)を求めます。

$\triangle ABH$ において　$AH^2=20^2-x^2$

$\triangle AHC$ において　$AH^2=13^2-(21-x)^2$

よって　$20^2-x^2=13^2-(21-x)^2$

$400-x^2=169-(441-42x+x^2)$

$672=42x$　　$x=16$

したがって　$AH^2=20^2-16^2$

$=400-256=144$

よって　$AH=12$(cm)

❻ (1)12 cm　(2) 5 cm

解き方

(1)$FC=BC=15$ cm，$DC=AB=9$ cm だから，

$\triangle DFC$ において三平方の定理を利用します。

$DF^2=FC^2-DC^2=15^2-9^2=144$

よって　$DF=12$(cm)

(2)$BE=x$ cm とすると，$EF=x$ cm

$AE=9-x$(cm)　　$AF=15-12=3$(cm)

$\triangle AEF$ において　$(9-x)^2+3^2=x^2$

$81-18x+x^2+9=x^2$　　$-18x=-90$

$x=5$

❼ (1)$5\sqrt{5}$ cm　(2)$3\sqrt{3}$ cm

解き方

(1)$\sqrt{6^2+8^2+5^2}=\sqrt{36+64+25}$

$=\sqrt{125}=5\sqrt{5}$ (cm)

(2) 1辺の長さを x cm とすると，対角線の長さは

$\sqrt{x^2+x^2+x^2}=\sqrt{3x^2}=\sqrt{3}\,x$(cm)

$\sqrt{3}\,x=9$ から　$x=3\sqrt{3}$

8 (1) 6 cm (2) $36\sqrt{5}\pi$ cm^3

解き方

(1)側面のおうぎ形の弧（こ）の長さと底面の円周の長さは等しいから，底面の半径を r cm とすると

$2\pi\times9\times\frac{240}{360}=2\pi r \qquad r=6$

(2)高さを h cm とします。

$6^2+h^2=9^2$ から $h^2=45 \qquad h=3\sqrt{5}$

よって，体積は

$\frac{1}{3}\times\pi\times6^2\times3\sqrt{5}=36\sqrt{5}\pi(\text{cm}^3)$

9 (1) $5\sqrt{2}$ cm (2) $10\sqrt{3}$ cm

解き方

(1)下の図において

$\text{AH}=\frac{1}{2}\text{AC}=\frac{1}{2}\times10\sqrt{2}=5\sqrt{2}$ (cm)

$\text{OH}^2=\text{OA}^2-\text{AH}^2=10^2-(5\sqrt{2})^2$

$=100-50=50$

よって $\text{OH}=5\sqrt{2}$ (cm)

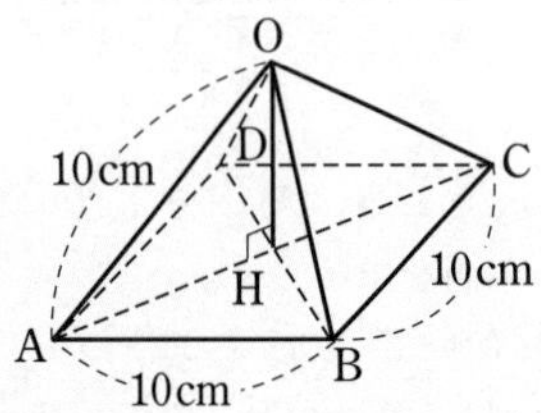

(2)下の図は展開図の一部で，求める長さは，線分 AC の長さです。

$\text{PC}:10=\sqrt{3}:2$ から $\text{PC}=5\sqrt{3}$ (cm)

よって $\text{AC}=2\text{PC}=10\sqrt{3}$ (cm)

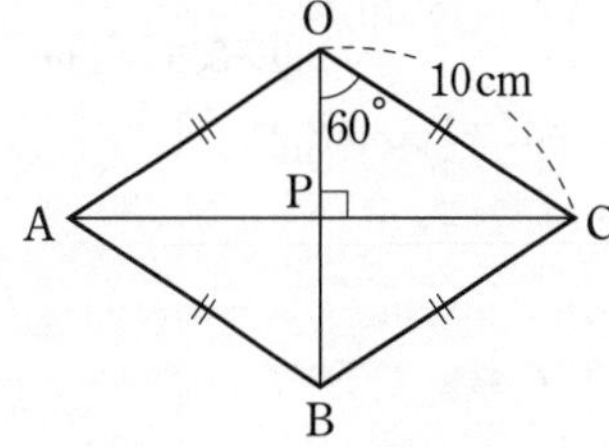

p.152 予想問題 8

出題傾向

それほど難しい問題が出題されることはないけど，母集団や標本，無作為に抽出（ちゅうしゅつ）するといった用語や全数調査と標本調査のちがいはしっかりと理解しておこう。また，個数の推定の問題では，(標本の状況)＝(母集団の状況)を利用して解けるものがほとんどだよ。

1 (1)標本調査 (2)全数調査

(3)全数調査 (4)標本調査

解き方

(1)全数調査を行うと，売り物にする電球がなくなってしまいます。

(2)すべての生徒の学力を調べて，成績をつける必要があります。

(3)国勢（こくせい）調査は，国民の生活の実態を調べる目的で5年ごとに実施され，すべての世帯が回答を義務付けられている全数調査です。

(4)労力とコストがかかり過ぎるので，全数調査の実施は不可能です。

2 (1)A 中学校の生徒 386 人 (2)12

(3)およそ 14.8 分

解き方

(1)A 中学校の生徒 386 人から 12 人を抽出するので，母集団は A 中学校の生徒 386 人です。

(2)標本は 12 人の生徒だから，標本の大きさは 12 です。

(3)12 人の通学時間の合計は 178 分だから，12 人の平均値は

$178\div12=14.83\cdots\rightarrow14.8$(分)

これを 386 人の平均値と考えます。

3 およそ 12000 びき

解き方

もともと生息していたアメリカザリガニを x ひきとすると，300 ぴきと 12 ひきの比が $(x+500)$ ひきと 500 ぴきの比に等しくなるから

$300:12=(x+500):500$

$12(x+500)=300\times500$

$x+500=25\times500 \qquad x=12000$

教科書ぴったりトレーニング付録

赤シート×直前対策!

ぴたトレ mini book

テストに出る!

重要問題チェック!

数学3年

赤シートでかくしてチェック!

お使いの教科書や学校の学習状況により，ページが前後したり，学習されていない問題が含まれていたり，表現が異なる場合がございます。
学習状況に応じてお使いください。

「ぴたトレ mini book」は取り外してお使いください。

式の展開と因数分解

テストに出る！重要問題

〈特に重要な問題は□の色が赤いよ！〉

□次の計算をしなさい。

(1) $-2x(x+1)$

$=-2x\times\boxed{x}+(-2x)\times\boxed{1}$

$=\boxed{-2}x^2-\boxed{2}x$

(2) $(8y^2-6y)\div2y$

$=\dfrac{\boxed{8y^2}}{2y}-\dfrac{\boxed{6y}}{2y}$

$=\boxed{4y}-\boxed{3}$

□次の式を展開しなさい。

(1) $(x+1)(y-1)$

$=\boxed{xy}-\boxed{x}+y-1$

(2) $(2x-1)(x-3)$

$=\boxed{2}x^2-\boxed{6}x-x+3$

$=\boxed{2}x^2-\boxed{7}x+3$

□$(x+5)(x-1)-(x+2)^2$ を計算しなさい。

$(x+5)(x-1)-(x+2)^2=(x^2+4x-5)-(x^2+\boxed{4}x+\boxed{4})$

$=x^2+4x-5-x^2-\boxed{4}x-\boxed{4}$

$=\boxed{-9}$

□次の式を因数分解しなさい。

(1) $2x^2-xy$

$=x\times\boxed{2x}-x\times\boxed{y}$

$=\boxed{x(2x-y)}$

(2) $4a^2-b^2$

$=(\boxed{2a})^2-b^2$

$=\boxed{(2a+b)(2a-b)}$

(3) $9x^2-12x+4$

$=(\boxed{3x})^2-2\times\boxed{3x}\times2+2^2$

$=\boxed{(3x-2)^2}$

(4) $2ax^2+2ax-4a$

$=\boxed{2a}(x^2+x-2)$

$=\boxed{2a(x-1)(x+2)}$

テストに出る！重要事項

〈テスト前にもう一度チェック！〉

□乗法の公式

$(x+a)(x+b)=x^2+(a+b)x+ab$　　$(x+a)^2=x^2+2ax+a^2$

$(x-a)^2=x^2-2ax+a^2$　　$(x+a)(x-a)=x^2-a^2$

式の展開と因数分解 ●式の計算の利用

テストに出る！重要問題 〈特に重要な問題は□の色が赤いよ！〉

□展開を利用して，22^2 を計算しなさい。

［解答］ $22^2=(20+\boxed{2})^2=20^2+2\times20\times\boxed{2}+\boxed{2}^2$

$=400+\boxed{80}+\boxed{4}$

$=\boxed{484}$

□因数分解を利用して，16^2-14^2 を計算しなさい。

［解答］ $16^2-14^2=(16+\boxed{14})\times(16-14)$

$=\boxed{30}\times2$

$=\boxed{60}$

□$x=3$，$y=11$ のとき，$(x-2y)^2-(x-y)(x-4y)$ の値を求めなさい。

［解答］ $(x-2y)^2-(x-y)(x-4y)$

$=(x^2-4xy+4y^2)-(x^2-\boxed{5}\,xy+\boxed{4}\,y^2)$

$=x^2-4xy+4y^2-x^2+\boxed{5}\,xy-\boxed{4}\,y^2$

$=\boxed{xy}$

だから，求める値は，$3\times\boxed{11}=\boxed{33}$

□連続する2つの偶数（ぐうすう）で，大きい方の数の2乗から小さい方の数の2乗をひいた差は，4の倍数になることを証明しなさい。

［証明］ 連続する2つの偶数は，整数 n を使って，$2n$，$2n+\boxed{2}$ と表される。

それらの数の2乗の差は，

$(2n+\boxed{2})^2-(2n)^2=(4n^2+\boxed{8}\,n+\boxed{4})-4n^2$

$=\boxed{8}\,n+\boxed{4}=4(\boxed{2n+1})$

したがって，連続する2つの偶数で，大きい方の数の2乗から小さい方の数の2乗をひいた差は，4の倍数になる。

テストに出る！重要事項 〈テスト前にもう一度チェック！〉

□式の値の計算は，因数分解や式の展開を利用して，計算してから代入する。

平方根

●平方根
●有理数と無理数
●真の値と近似値

テストに出る！重要問題

〈特に重要な問題は□の色が赤いよ！〉

□次の数の平方根を，記号 ± を使って表しなさい。

(1) 49

〔 ± 7 〕

(2) 0.81

〔 ± 0.9 〕

□次の数を，$\sqrt{}$ を使わないで表しなさい。

(1) $\sqrt{16}$

〔 4 〕

(2) $-\sqrt{\dfrac{4}{9}}$

$\left[-\dfrac{2}{3} \right]$

□次の各組の数の大小を，不等号を使って表しなさい。

(1) $\sqrt{2}$，$\sqrt{3}$

［解答］ $2<3$ だから，

$\sqrt{2}$ $\boxed{<}$ $\sqrt{3}$

(2) $\sqrt{10}$，3

［解答］ $3=\sqrt{\boxed{9}}$ で，

$10>9$ だから，$\sqrt{10}>\sqrt{9}$

よって，$\sqrt{10}$ $\boxed{>}$ 3

□次の数のうち，有理数はどれですか。また，無理数はどれですか。

π，0，1，$-\sqrt{5}$，$\dfrac{1}{3}$

有理数 $\left[0,\ 1,\ \dfrac{1}{3} \right]$ 無理数 $\left[\pi,\ -\sqrt{5} \right]$

□有効数字 3 けたで表した近似値 38000m^2 を，整数部分が 1 けたの小数と，10 の何乗かの積の形に表しなさい。

〔 3.80×10^4 (m^2) 〕

テストに出る！重要事項

〈テスト前にもう一度チェック！〉

□正の数 a，b について，$a<b$ ならば，$\sqrt{a}<\sqrt{b}$

平方根

●根号をふくむ式の計算

テストに出る！重要問題

〈特に重要な問題は□の色が赤いよ！〉

□次の計算をしなさい。

(1) $\sqrt{2}\times(-\sqrt{3})=\boxed{-\sqrt{6}}$

(2) $(-\sqrt{35})\div(-\sqrt{5})=\boxed{\sqrt{7}}$

□$\sqrt{18}$を変形して，$\sqrt{\ }$の中をできるだけ簡単な数にしなさい。

［解答］ $\sqrt{18}=\sqrt{\boxed{9}\times 2}=\boxed{3}\sqrt{2}$

□$\sqrt{6}\times\sqrt{15}$を計算しなさい。

［解答］ $\sqrt{6}\times\sqrt{15}=\sqrt{2\times\boxed{3}}\times\sqrt{\boxed{3}\times 5}$

$=\sqrt{2\times\boxed{3}^2\times 5}=\boxed{3}\sqrt{10}$

□$\dfrac{\sqrt{2}}{\sqrt{3}}$の分母を有理化しなさい。

［解答］ $\dfrac{\sqrt{2}}{\sqrt{3}}=\dfrac{\sqrt{2}\times\sqrt{\boxed{3}}}{\sqrt{3}\times\sqrt{\boxed{3}}}=\boxed{\dfrac{\sqrt{6}}{3}}$

□$\sqrt{3}+\sqrt{27}-\sqrt{12}$を計算しなさい。

［解答］ $\sqrt{3}+\sqrt{27}-\sqrt{12}=\sqrt{3}+\boxed{3}\sqrt{3}-\boxed{2}\sqrt{3}=\boxed{2\sqrt{3}}$

□次の計算をしなさい。

(1) $(\sqrt{6}-1)(\sqrt{6}+2)=(\boxed{\sqrt{6}})^2+(-1+2)\sqrt{6}+(-1)\times 2$

$=\boxed{6}+\sqrt{6}-2=\boxed{4+\sqrt{6}}$

(2) $(\sqrt{3}-\sqrt{2})^2=(\boxed{\sqrt{3}})^2-2\times\sqrt{3}\times\sqrt{2}+(\sqrt{2})^2$

$=\boxed{3}-2\sqrt{6}+2=\boxed{5-2\sqrt{6}}$

テストに出る！重要事項

〈テスト前にもう一度チェック！〉

□正の数 a，b について，

$$\sqrt{a}\times\sqrt{b}=\sqrt{ab},\quad \frac{\sqrt{a}}{\sqrt{b}}=\sqrt{\frac{a}{b}}$$

2 次方程式

●2 次方程式

テストに出る！重要問題

〈特に重要な問題は□の色が赤いよ！〉

□次の方程式を解きなさい。

(1) $x^2-9x=0$

$x(x-\boxed{9})=0$

$x=\boxed{0},\ \boxed{9}$

(2) $x^2-10x+25=0$

$(x-\boxed{5})^2=0$

$x=\boxed{5}$

□次の方程式を解きなさい。

(1) $3x^2=12$

$x^2=\boxed{4}$

$x=\boxed{\pm 2}$

(2) $(x-1)^2=3$

$x-1=\boxed{\pm\sqrt{3}}$

$x=\boxed{1\pm\sqrt{3}}$

□方程式 $2x^2-7x+1=0$ を解きなさい。

［解答］ 解の公式で，$a=\boxed{2}$，$b=\boxed{-7}$，$c=\boxed{1}$ の場合だから，

$$x=\frac{-(\boxed{-7})\pm\sqrt{(\boxed{-7})^2-4\times\boxed{2}\times\boxed{1}}}{2\times\boxed{2}}$$

$$=\frac{\boxed{7}\pm\sqrt{\boxed{49}-\boxed{8}}}{\boxed{4}}=\frac{\boxed{7}\pm\sqrt{\boxed{41}}}{\boxed{4}}$$

□方程式 $(x+2)(x-5)=-8x-16$ を解きなさい。

［解答］ $(x+2)(x-5)=-8x-16$

$x^2-\boxed{3}x-\boxed{10}=-8x-16$

$x^2+\boxed{5}x+\boxed{6}=0$

$(x+\boxed{2})(x+\boxed{3})=0$

$x=\boxed{-2},\ \boxed{-3}$

テストに出る！重要事項

〈テスト前にもう一度チェック！〉

□ 2 次方程式 $ax^2+bx+c=0$ の解は，

$$x=\frac{-b\pm\sqrt{b^2-4ac}}{2a}$$

テストに出る！重要問題

〈特に重要な問題は□の色が赤いよ！〉

□連続する 2 つの正の整数があります。それぞれを 2 乗した数の和が 113 になるとき，これら 2 つの整数を求めなさい。

［解答］ 2 つの正の整数のうち，小さい方の整数を x とすると，
大きい方の整数は $\boxed{x+1}$ となり，

$$x^2+(\boxed{x+1})^2=113$$
$$x^2+(\boxed{x^2+2x+1})=113$$
$$2x^2+2x-112=0$$
$$x^2+x-\boxed{56}=0$$
$$(x-7)(x+\boxed{8})=0$$
$$x=7,\ \boxed{-8}$$

x は正の整数だから，$x=\boxed{-8}$ は問題にあわない。
$x=7$ のとき，求める 2 つの整数は 7，$\boxed{8}$ となり，
これは問題にあっている。　　2 つの整数は，$\boxed{7}$ と $\boxed{8}$

□周の長さが 16 cm で，面積が 15 cm^2 である長方形の縦の長さを求めなさい。

［解答］ 縦の長さを x cm とすると，横の長さは $(\boxed{8}-x)$ cm となる。
面積が 15cm^2 だから，

$$x(\boxed{8}-x)=15$$
$$x^2-\boxed{8}x+15=0$$
$$(x-3)(x-\boxed{5})=0$$
$$x=3,\ \boxed{5}$$

$x=3$ も $x=5$ も問題にあっている。　　3 cm と $\boxed{5}$ cm

テストに出る！重要事項

〈テスト前にもう一度チェック！〉

□連続する 2 つの整数は，小さい方の整数を x とすると，大きい方の整数は $x+1$ と表される。

関数 $y=ax^2$

- 関数 $y=ax^2$
- 関数 $y=ax^2$ のグラフ

テストに出る！重要問題

〈特に重要な問題は□の色が赤いよ！〉

□ y は x の 2 乗に比例し，$x=2$ のとき $y=12$ です。
このとき，y を x の式で表しなさい。

［解答］ 比例定数を a とすると，$y=ax^2$

$x=2$ のとき $y=12$ だから，

$12=a\times\boxed{2}^2$

$a=\boxed{3}$

したがって，$y=\boxed{3x^2}$

□右の図は，3 つの関数

$y=x^2$

$y=-2x^2$

$y=\frac{1}{2}x^2$

のグラフを，同じ座標軸(じく)を使ってかいたものです。①～③ は，それぞれどの関数のグラフになっていますか。

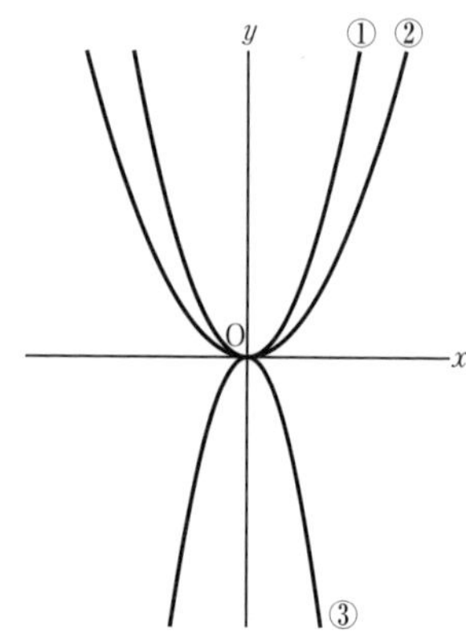

① $\left[\ y=x^2\ \right]$ ② $\left[\ y=\frac{1}{2}x^2\ \right]$ ③ $\left[\ y=-2x^2\ \right]$

テストに出る！重要事項

〈テスト前にもう一度チェック！〉

□関数 $y=ax^2$ のグラフは放物線で，対称(たいしょう)の軸は y 軸，頂点は原点である。

□関数 $y=ax^2$ のグラフは，比例定数 a の符号(ふごう)によって，次のようになる。

- $a>0$ のとき，x 軸の上側にあり，上に開いている。
- $a<0$ のとき，x 軸の下側にあり，下に開いている。

□関数 $y=ax^2$ のグラフは，比例定数 a の絶対値が大きいほど，開き方が小さくなる。

関数 $y=ax^2$

テストに出る！重要問題

〈特に重要な問題は□の色が赤いよ！〉

□関数 $y=x^2(-2\leqq x\leqq 1)$ について，次の問いに答えなさい。

(1) グラフをかきなさい。

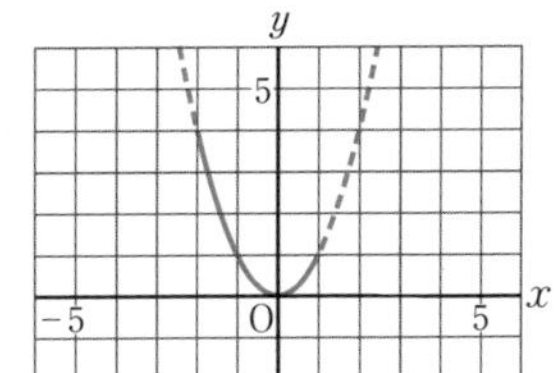

(2) y の変域を求めなさい。

〔 $0\leqq y\leqq 4$ 〕

□関数 $y=x^2$ について，x の値が 2 から 4 まで増加するときの変化の割合を求めなさい。

［解答］ $x=2$ のとき，$y=2^2=4$

$x=4$ のとき，$y=4^2=$ 16

だから，変化の割合は，

$$\frac{y\text{の増加量}}{x\text{の増加量}}=\frac{\boxed{16}-4}{4-2}=\frac{\boxed{12}}{2}=\boxed{6}$$

□ボールが斜面（しゃめん）をころがりはじめてからの時間を x 秒，その間にころがる距離（きょり）を y m とすると，$y=2x^2$ という関係がありました。このとき，3 秒後から 6 秒後までの平均の速さを求めなさい。

［解答］ $x=3$ のとき，$y=2\times3^2=18$

$x=6$ のとき，$y=2\times6^2=$ 72

だから，平均の速さは，

$$\frac{\text{ころがった距離}}{\text{かかった時間}}=\frac{\boxed{72}-18}{6-3}=\frac{\boxed{54}}{3}=\boxed{18}$$

秒速 18 m

テストに出る！重要事項

〈テスト前にもう一度チェック！〉

□関数 $y=ax^2$ の変化の割合は，一定ではない。

相似な図形

●三角形の相似条件
●証明

テストに出る！重要問題

〈特に重要な問題は□の色が赤いよ！〉

□右の図の 2 つの三角形は相似です。このことを記号 ∽ を使って表し，そのとき使った相似条件を答えなさい。

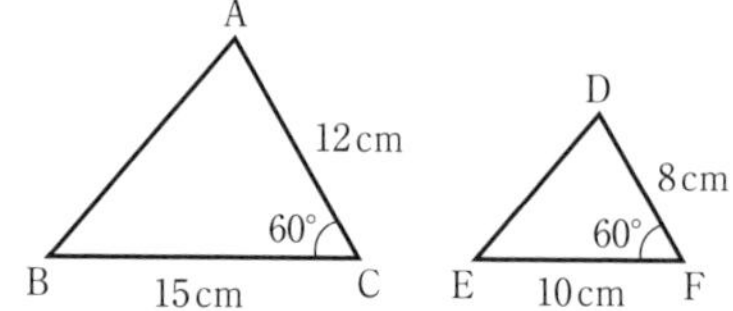

相似な三角形〔　△ABC∽△DEF　〕
相似条件〔 2 組の辺の比とその間の角が，それぞれ等しい。〕

□右の図で，**AB＝AC，AD＝CD，AB＝6 cm，BC＝9 cm** です。このとき，**AD** の長さを求めなさい。

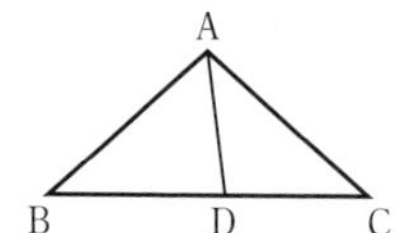

［解答］　△ABC と △DAC で，
共通な角だから，
　∠ACB＝∠[DCA]　……①
AB＝AC，AD＝CD より，
　∠[ABC]＝∠ACB(∠DCA)＝∠[DAC]　……②
①，②から，[2 組の角]が，それぞれ等しいので，
　△ABC∽△DAC
BA：AD＝[BC]：AC だから，
AD の長さを x cm とすると，
　6：x＝[9]：6
　　x＝[4]

[4] cm

テストに出る！重要事項

〈テスト前にもう一度チェック！〉

□三角形の相似条件
① 3 組の辺の比が，すべて等しい。
② 2 組の辺の比とその間の角が，それぞれ等しい。
③ 2 組の角が，それぞれ等しい。

相似な図形

●平行線と線分の比
●中点連結定理

テスト に出る！重要問題

〈特に重要な問題は□の色が赤いよ！〉

□右の図で，**PQ∥BC** のとき，x，y の値を求めなさい。

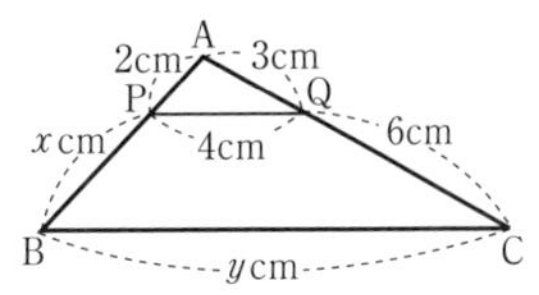

［解答］ AP：PB＝AQ：QC より，

$2 : x = 3 : \boxed{6}$

$3x = \boxed{12}$

$x = \boxed{4}$

AQ：AC＝PQ：BC より，

$3 : (3+\boxed{6}) = 4 : y$

$3y = \boxed{36}$

$y = \boxed{12}$

□右の図で，点 **P**，**Q**，**R** がそれぞれ，辺 **AB**，**AC**，**CD** の中点であるとき，x，y の値を求めなさい。

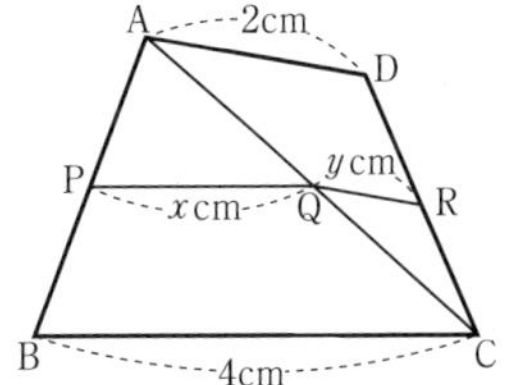

［解答］ △ABC で，点 P，Q は，それぞれ辺 AB，AC の中点だから，中点連結定理より，

$x = \frac{1}{2} \times \boxed{4} = \boxed{2}$

△CDA で，点 Q，R は，それぞれ辺 CA，CD の中点だから，中点連結定理より，

$y = \frac{1}{2} \times \boxed{2} = \boxed{1}$

テストに出る！重要事項

〈テスト前にもう一度チェック！〉

□中点連結定理

△ABC の 2 辺 AB，AC の中点を，それぞれ M，N とすると，

$$\mathbf{MN /\!/ BC,\ MN = \frac{1}{2}BC}$$

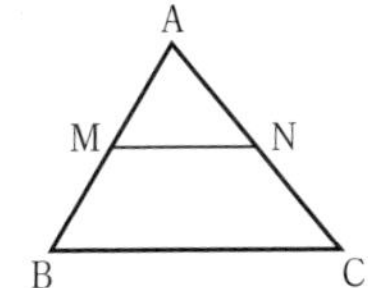

相似な図形

●相似な図形の計量

テストに出る！重要問題

〈特に重要な問題は□の色が赤いよ！〉

□相似比が 2：3 の相似な 2 つの図形 F，G があります。
F の面積が 48cm² のとき，G の面積を求めなさい。

［解答］ G の面積を x cm² とすると，

$48 : x = 2^2 : \boxed{3}^2$

$4x = \boxed{48} \times \boxed{9}$

$x = \boxed{108}$

$\boxed{108}$ cm²

□相似な 2 つの三角錐 P，Q があり，その高さの比は 4：3 です。

(1) P と Q の相似比を求めなさい。

〔 4：3 〕

(2) P の表面積が 320 cm² のとき，Q の表面積を求めなさい。

［解答］ Q の表面積を x cm² とすると，

$320 : x = 4^2 : \boxed{3}^2$

$16x = 320 \times \boxed{9}$

$x = \boxed{180}$

$\boxed{180}$ cm²

(3) P の体積が 320 cm³ のとき，Q の体積を求めなさい。

［解答］ Q の体積を y cm³ とすると，

$320 : y = 4^3 : \boxed{3}^3$

$64y = \boxed{320} \times \boxed{27}$

$y = \boxed{135}$

$\boxed{135}$ cm³

テストに出る！重要事項

〈テスト前にもう一度チェック！〉

□相似な 2 つの図形で，
　相似比が $m : n$ ならば，面積の比は $m^2 : n^2$ である。

□相似な 2 つの立体で，
　相似比が $m : n$ ならば，表面積の比は $m^2 : n^2$ である。
　相似比が $m : n$ ならば，体積の比は $m^3 : n^3$ である。

円周角の定理

●円周角の定理
●円周角の定理の利用

テストに出る！重要問題

〈特に重要な問題は□の色が赤いよ！〉

□右の図で，$\angle x$，$\angle y$ の大きさを求めなさい。

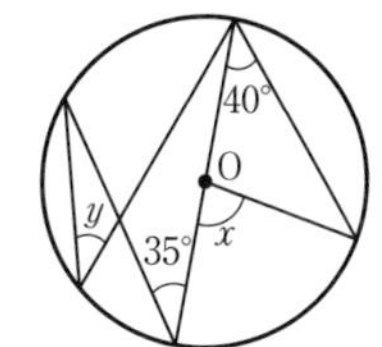

［解答］ $\angle x = 2 \times$ 40 °
　　　　　$=$ 80 °
　　　　$\angle y =$ 35 °

□右の図の四角形 ABCD で，4 点 A，B，C，D は同じ円周上にありますか。

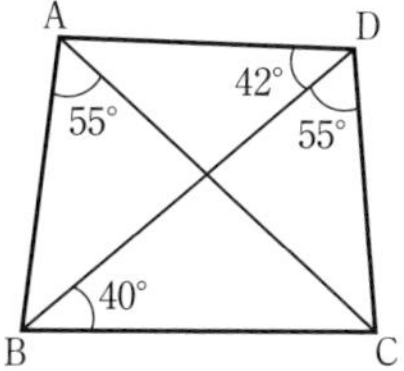

［解答］ ∠BAC＝∠ BDC だから，
　　　　4 点 A，B，C，D は同じ円周上に ある 。

□右の図のように，円周上の 3 点 A，B，C を頂点とする △ABC があります。
∠BAC の二等分線が，辺 BC，$\overset{\frown}{BC}$ と交わる点を，それぞれ，D，E とするとき，△ABE∽△ADC であることを証明しなさい。

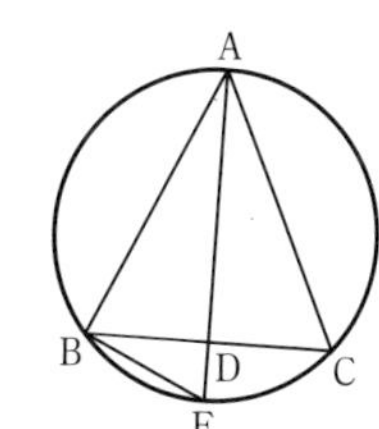

［証明］ △ABE と △ADC で，
　　　　$\overset{\frown}{AB}$ に対する円周角だから，
　　　　　∠BEA＝∠ DCA ……①
　　　　仮定より，
　　　　　∠EAB＝∠ CAD ……②
　　　　①，②から， 2 組の角 が，それぞれ等しいので，
　　　　　△ABE∽△ADC

テストに出る！重要事項

〈テスト前にもう一度チェック！〉

□同じ弧（こ）に対する円周角の大きさは等しい。
□半円の弧に対する円周角は，直角である。

三平方の定理

●三平方の定理

テストに出る！重要問題

〈特に重要な問題は□の色が赤いよ！〉

□下の図の直角三角形で，残りの辺の長さを求めなさい。

(1)

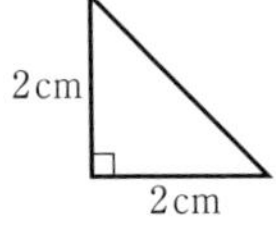

［解答］ 求める辺の長さを x cm とすると，

$2^2+\boxed{2}^2=x^2$

$x^2=\boxed{8}$

$x>0$ だから，

$x=\boxed{2\sqrt{2}}$

$\boxed{2\sqrt{2}}$ cm

(2)

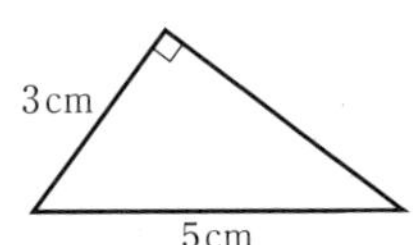

［解答］ 求める辺の長さを x cm とすると，

$3^2+x^2=\boxed{5}^2$

$x^2=\boxed{16}$

$x>0$ だから，

$x=\boxed{4}$

$\boxed{4}$ cm

□3 辺が 2 cm，3 cm，4 cm である三角形は，直角三角形かどうか答えなさい。

［解答］ いちばん長い 4 cm の辺を c とし，2 cm，3 cm の辺を，それぞれ a，b とする。このとき，

$a^2+b^2=\boxed{2}^2+\boxed{3}^2$

$=\boxed{13}$

$c^2=\boxed{4}^2=\boxed{16}$

だから，$a^2+b^2=c^2$ の関係が成り立たないので，

この三角形は，直角三角形 $\boxed{\text{ではない}}$ 。

テストに出る！重要事項

〈テスト前にもう一度チェック！〉

□三平方の定理

直角三角形の直角をはさむ 2 辺の長さを a，b，

斜辺（しゃへん）の長さを c とすると，次の関係が成り立つ。

$\boldsymbol{a^2+b^2=c^2}$

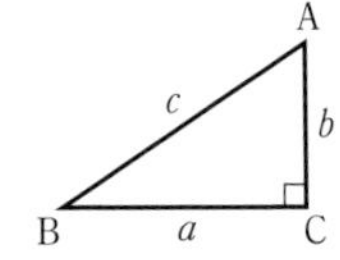

三平方の定理

●三平方の定理の利用

テストに出る！重要問題

〈特に重要な問題は□の色が赤いよ！〉

□右の図で，x，y の値を求めなさい。

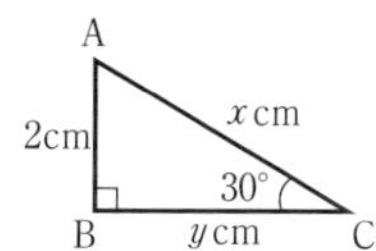

［解答］ AB：AC＝1：[2]だから，

2：x＝1：[2]

x＝2×[2]＝[4]

AB：BC＝1：[$\sqrt{3}$]だから，

2：y＝1：[$\sqrt{3}$]

y＝2×[$\sqrt{3}$]＝[$2\sqrt{3}$]

□半径 **2 cm** の円 **O** で，中心 **O** からの距離(きょり)が **1 cm** である弦 **AB** の長さを求めなさい。

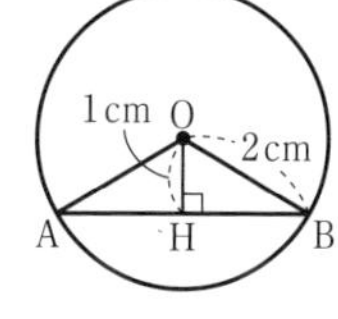

［解答］ 円の中心 O から弦 AB へ垂線 OH をひく。

H は弦 AB の中点だから，

AB＝[2]AH

△OAH で

OA＝[2]cm，OH＝[1]cm，∠OHA＝[90]°

だから，AH＝x cm とすると，三平方の定理より，

x^2＋[1]^2＝[2]^2

x^2＝[3]

$x>0$ だから，x＝[$\sqrt{3}$]

したがって，AB＝2×[$\sqrt{3}$]＝[$2\sqrt{3}$](cm)

[$2\sqrt{3}$] cm

テストに出る！重要事項

〈テスト前にもう一度チェック！〉

□三角定規の 3 辺の長さの割合

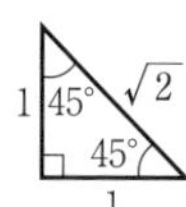

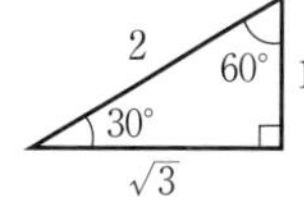

標本調査

●標本調査

テストに出る！重要問題

〈特に重要な問題は□の色が赤いよ！〉

□ある中学校の全校生徒 470 人の中から，30 人を無作為(むさくい)に抽出(ちゅうしゅつ)して，スポーツ観戦が好きかきらいかの調査をすることにしました。
標本の選び方として，次の(ア)〜(ウ)のうち，適切なものはどれですか。

(ア) 3 年生の中から 30 人を選ぶ。

(イ) 生徒全員に通し番号をつけ，乱数表を使って 30 人を選ぶ。

(ウ) 野球部の部員の中から 30 人を選ぶ。

〔 (イ) 〕

□ある中学校の 3 年生 280 人を対象に数学のテストを実施し，その中から 70 人を無作為に抽出して得点を調べました。次の問いに答えなさい。

(1) 母集団は何ですか。

〔 ある中学校の 3 年生 280 人 〕

(2) 標本の大きさを求めなさい。

〔 70 〕

(3) 標本として調査した 70 人の中に 90 点以上の人が 8 人いました。
3 年生 280 人では，90 点以上の人はおよそ何人いると推定されますか。

[解答] 3 年生 280 人に対する 90 点以上の人の割合は，

$\frac{\boxed{8}}{70}$ と考えられる。

よって，3 年生 280 人のうち，90 点以上の人は，

$280\times\frac{\boxed{8}}{70}=\boxed{32}$

およそ $\boxed{32}$ 人

テストに出る！重要事項

〈テスト前にもう一度チェック！〉

□調査の対象となる集団すべてについて調査することを全数調査という。

□調査の対象となる集団の一部を調査し，集団の性質や傾向を推定する調査を標本調査という。